全国高等院校计算机基础教育研究会重点立项项目

深度学习理论与实践

主　编　杨博雄

副主编　李社蕾　肖　衡　高华玲

梁志勇　于　营

北京邮电大学出版社
www.buptpress.com

内容简介

本书系统地介绍了对新一代人工智能发展起主导作用的深度学习算法的来源、发展现状、工作机理及数学基础等。在此基础上，本书对典型的深度学习算法（如卷积神经网络、图卷积神经网络、循环神经网络、递归神经网络、深度置信网络、生成对抗网络、深度迁移学习等）进行了深入介绍，通过严密的理论推导、各种新型算法的比较，并配合丰富生动的案例讲解，来增强读者对深度学习算法的基本原理、开发方法、应用部署等的全面掌握。本书既具备一定的理论深度，也具有一定的应用高度，不仅可作为高等院校人工智能、智能科学与技术、计算机科学与技术、数据科学与大数据、模式识别与智能系统等专业及相关专业的本科生、研究生的教材，也可作为从事基于深度学习的各类智能化应用的工程技术人员的参考书。

图书在版编目(CIP)数据

深度学习理论与实践 / 杨博雄主编. -- 北京：北京邮电大学出版社，2020.9

ISBN 978-7-5635-6202-2

Ⅰ. ①深… Ⅱ. ①杨… Ⅲ. ①机器学习—算法 Ⅳ. ①TP181

中国版本图书馆 CIP 数据核字(2020)第 170320 号

策划编辑：马晓仟　　**责任编辑**：孙宏颖　　**封面设计**：七星博纳

出版发行：北京邮电大学出版社
社　　址：北京市海淀区西土城路 10 号
邮政编码：100876
发 行 部：电话：010-62282185　**传真**：010-62283578
E-mail：publish@bupt.edu.cn
经　　销：各地新华书店
印　　刷：保定市中画美凯印刷有限公司
开　　本：787 mm×1 092 mm　1/16
印　　张：15.75
字　　数：412 千字
版　　次：2020 年 9 月第 1 版
印　　次：2020 年 9 月第 1 次印刷

ISBN 978-7-5635-6202-2　　定价：40.00 元

·如有印装质量问题，请与北京邮电大学出版社发行部联系·

前　言

自从在1956年的达特茅斯会议上“人工智能”(Artificial Intelligence,AI)的概念被首次提出以及图灵提出将“图灵测试”作为人工智能发展的目标以来,人类对于人工智能的研究和逐梦已经走过了半个多世纪的风雨历程,其间取得了一系列辉煌成果,同时也经历了数次寒冬。近几年,人工智能再度进入爆发期,究其原因,主要得益于3种技术的进步:算力、数据和算法。以GPU为代表的并行计算单元的应用和普及使得各种AI应用计算能力大幅提升,显著地提高了数据处理速度。大数据的出现为人工智能的发展注入了燃料,大幅地提高了机器学习效率。2016年3月阿尔法围棋(AlphaGo)的诞生让深度学习(Deep Learning,DL)算法声名鹊起,其成为推动新一代人工智能技术发展的主要动力。

相比前几代人工智能技术的起起落落,新一代人工智能技术真正产生了明显的经济效益和社会效益,极大地提升了人民的生活质量,市场中出现了很多全新的高智能产品(如天猫精灵、小度在家、Apollo自动驾驶、讯飞翻译机等)。以深度学习为代表的新一代人工智能技术不仅大大地促进了科技的发展和社会的进步,而且极大地影响甚至改变了人们的生产生活与思维方式。在学术界和产业界的共同推动下,新一代人工智能技术不仅有技术研究的原创推动力,而且有产业应用的强大牵引力,具有以往人工智能技术发展所无法具备的良好商业模式,形成了能持续前行、不断超越的良性循环。我们所处的时代已经从大数据时代推演到基于大数据和移动互联网驱动的新一代人工智能技术时代,形成了异彩纷呈的“AI+应用”。基于智能时代涌现出的各种新技术、新应用层出不穷,新产品、新服务日新月异,极大地影响甚至改变着我们当今的生产生活乃至思维方式,推动了多个领域的变革和跨域式发展。

深度学习无疑在新一代人工智能技术的发展中扮演着极其重要的角色,它原是机器学习(Machine Learning,ML)领域中一个新的研究方向,它被引入机器学习使人工智能更接近人类的追求目标,让机器能够像人一样具有分析学习能力,能够识别文字、图像和声音等数据。深度学习的理论虽然有待研究,但其取得的效果远远超过先前相关技术。如今,深度学习在搜索技术、数据挖掘、机器学习、机器翻译、自然语言处理、多媒体学习、语音识别、推荐和个性化技术,以及其他相关领域都取得了很多成果。深度学习使机器模仿视听和思考等人类的活动,解决了很多复杂的模式识别难题,使得与人工智能相关的技术取得了很大进步。

本书对人工智能的发展之路以及深度学习的产生背景进行了详细的阐述，对深度学习在新一代人工智能技术中所起到的主导作用进行了分析。在此基础上，本书对深度学习的基本理论和工作机理进行了详细的介绍，对典型的深度学习算法如卷积神经网络、图卷积神经网络、循环神经网络、递归神经网络、深度置信网络、生成对抗网络等进行了深入研究和探讨。通过严密的理论推导、与各种新型算法的比较，并结合丰富生动的各种案例，本书不仅具有一定的理论深度，同时也具有一定的应用高度。本书不仅适合基础理论研究，而且适用于实际工程应用，可以作为当前“智能科学与技术”“机器人工程”等专业的高年级本科生或者研究生阶段的教材。

本书由三亚学院杨博雄、李社蕾、肖衡、高华玲、梁志勇、于营6位老师共同编写。由于写作时间仓促，本书难免会有一些纰漏，敬请读者谅解并欢迎批评指正！

作 者

2020年8月

目　　录

第1章　概　　述

2016年3月，自一台名叫阿尔法狗(AlphaGo)的围棋机器人以4∶1的成绩击败了代表人类围棋界最高水准的李世石以来，“深度学习”算法再一次掀起了人工智能(Artificial Intelligence,AI)的发展热潮，人工智能又一次成为全球瞩目的焦点，并蓬勃发展，进而出现了自然语言理解、机器翻译、智能推介、虚拟客服、人脸支付、机器作词作曲、自动驾驶等更高智能化的产品与服务。与以往不同的是，这次人工智能革命既有扎实的技术驱动，又有丰富的市场拉动，形成了良好的科技、产业、商业协同发展的模式，使人工智能成了“互联网＋”行动中的领头羊，人工智能将有望成为下一轮万亿级经济发展的重要引擎。

1.1　引　　言

1950年，人工智能之父艾伦·麦席森·图灵(Alan Mathison Turing)在其发表的论文《计算机器与智能》中提出了著名的“图灵测试”(the Turing test)，如图1-1所示，即在测试者与被测试者〔被测试者为一台机器(A)和一个人(B)〕被墙壁隔开的情况下，通过一些装置(如键盘)向被测试者随意提问。如果机器平均让每个参与测试者做出超过30%的误判，那么就可以认为这台机器通过了测试，并认为该机器具有人类智能。图灵测试为人工智能发展指明了方向和验证方法，并成为人工智能发展的最高目标。

图1-1　图灵测试

1956 年，来自世界各地的一批科学家、工程师等在美国达特茅斯(Dartmouth)大学举办了一场研讨会，会议上首次提出了“Artificial Intelligence”，这标志着 AI 学科的诞生。中国将“Artificial Intelligence”翻译成“人工智能”，意指让计算机(机器)具有人类一样的智慧和能力，如判断、推理、证明、识别、感知、理解、通信、设计、思考、规划、学习和问题求解等思维活动，并让由计算机控制的智能机器代替人类进行需要脑力分析和决策的工作，由此开启了基于计算机技术的人工智能发展之路。

从人工智能概念的提出到今天，人工智能技术发展与产业应用一波三折，其间经历数次寒冬，其代表性的技术以及里程碑应用如图 1-2 所示。从时间节点和智能表现形式上看，我们将人工智能的发展归纳为 3 个阶段，第一阶段是计算智能(20 世纪 50 年代到 80 年代)，第二阶段是认知智能(20 世纪 80 年代到 21 世纪初)，第三阶段是感知智能(2000 年迄今)。

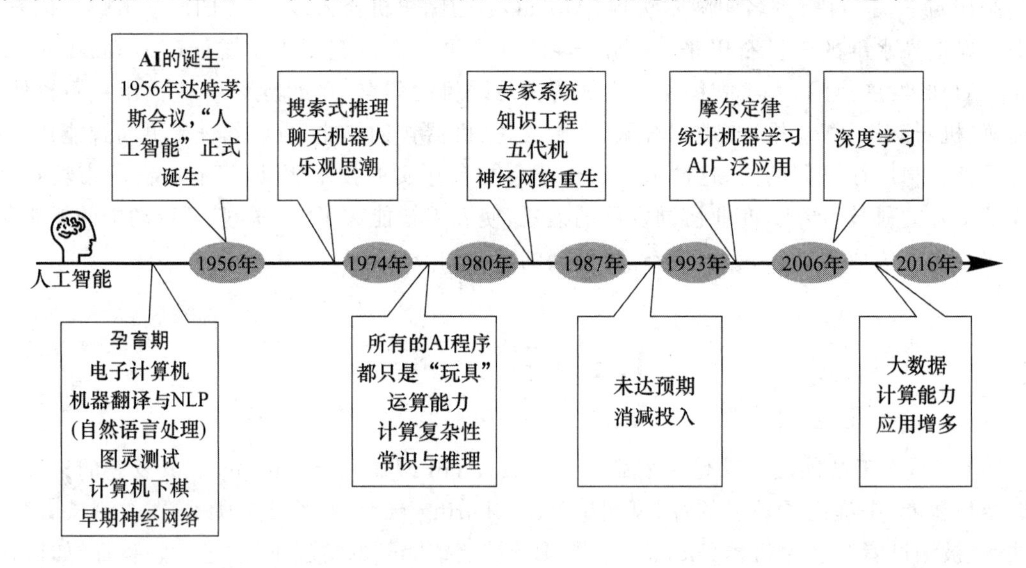

图 1-2　人工智能发展历程

1. 人工智能第一波浪潮

20 世纪 50 年代末到 80 年代初被认为是人工智能发展的第一个黄金时期。在这一时期，科学家将符号方法引入统计方法中进行语义处理，出现了基于知识的方法，人机交互开始成为可能；科学家发明了多种具有重大影响的算法，如深度学习模型的雏形——贝尔曼(Bellman)公式。

除在算法和方法论方面取得了进展外，科学家们还制作出了具有初步智能的机器，如能证明应用题的机器 STUDENT(1964 年)、可以实现简单人机对话的机器 ELIZA(1966 年)。在这一时期，人工智能发展迅猛，以至于研究者和产业界普遍认为人工智能代替人类只是时间问题。

然而，在 1974—1980 年，人工智能的瓶颈逐渐显现，逻辑证明器、感知器、增强学习只能完成指定的工作，对于超出范围的任务则无法应对，智能水平较为低级，局限性较为突出。造成这种局限的原因主要体现在两个方面：一是人工智能所基于的数学模型和数学手段被发现具有一定的缺陷；二是很多计算的复杂度呈指数级增长，依据现有算力无法完成计算任务。先天的缺陷使人工智能在早期发展过程中遇到瓶颈，研发机构的研究进展缓慢，投资界对人工智能的热情逐渐降温，对人工智能的资助也相应被缩减或取消，人工智能第一次步入低谷。

2. 人工智能第二波浪潮

进入20世纪80年代后，人工智能再次回到了公众的视野中。与人工智能相关的数学模型取得了一系列重大发明成果，其中包括著名的多层神经网络（1986年）和反向传播（Back Propagation，BP）算法（1986年）等，这进一步催生了能与人类下象棋的高度智能机器（1989年）。其他成果包括通过人工智能网络实现的能自动识别信封上邮政编码的机器，其精度可达99%以上，已经超过普通人的处理水平。

与此同时，卡内基梅隆大学为DEC公司制造出了专家系统（1980年），这个专家系统可帮助DEC公司每年节约4 000万美元的费用，特别是在决策方面能提供有价值的内容。受此鼓励，很多国家包括日本、美国都再次投入巨资开发所谓的第5代计算机（1982年），当时叫作"人工智能计算机"。

为推动人工智能的发展，研究者设计了LISP语言，并针对该语言研制了LISP计算机。该机型指令执行效率比通用型计算机更高，但价格昂贵且难以维护，始终难以大范围推广普及。与此同时，在1987—1993年间，苹果和IBM公司开始推广第一代台式计算机，随着性能的不断提升和销售价格的不断降低，这些个人计算机逐渐在消费市场上占据了优势，越来越多的计算机走入个人家庭，价格昂贵的LISP计算机由于古老陈旧且难以维护逐渐被市场淘汰，专家系统也逐渐淡出人们的视野，人工智能硬件市场出现明显萎缩。同时，政府经费开始下降，人工智能又一次步入低谷。

3. 人工智能第三波浪潮

进入21世纪后，以互联网为基础的各种新理论、新技术、新应用层出不穷，更可喜的是，这些应用都取得了良好的商业模式。人工智能在技术的推动和市场的拉动下进入良性发展大道，特别是一鸣惊人的阿尔法围棋（AlphaGo）、基于自然语言理解的语音交互、机器翻译、高精准度的人脸识别、可上路的自动驾驶智能车、可作词作诗作曲的机器人等以前只能处于想象中的应用，而今都已渐为现实，使得人们对人工智能重新恢复了往日的信心。人们将本次人工智能称为新一代人工智能，本次人工智能成为引领人工智能持久发展的主动力。

2015年11月，*Science*杂志封面刊登了一篇重磅研究：人工智能终于能像人类一样学习，并通过了图灵测试。测试的对象是一个AI系统，研究者向它展示它未见过的书写系统（例如藏文）中的一个字符例子，并让它完成写出同样的字符、创造相似字符等任务。结果表明：这个系统能够迅速学会写陌生的文字，同时还能识别出非本质特征，也就是那些因书写造成的轻微变异，通过了图灵测试，这也同时回答了很多人对人工智能发展的疑虑。

当前，国际上将人工智能划分成3类：弱人工智能、强人工智能和超人工智能。弱人工智能就是利用现有智能化技术来改善我们经济社会发展所需要的一些技术条件和功能。强人工智能则指非常接近于人的智能，这需要脑科学的突破，国际上普遍认为这个阶段要到2050年前后才能实现。超人工智能是脑科学和类脑智能有极大发展后，人工智能就成为一个超强的智能系统。从技术发展的角度看，从脑科学突破角度发展人工智能，目前还有局限性，未来还有很大的发展空间。

1.2　新一代人工智能

随着物联网的普及、传感器的泛在化、云计算的支撑、大数据的涌现、电子商务的发展、信息社区的兴起，数据和知识在人类社会、物理空间和信息空间之间交叉融合、相互作用，人工智能发展所处的信息环境和数据基础发生了巨大而深刻的变化，人类社会与物理世界的二元结构正在进阶到人类社会、信息空间和物理世界的三元结构，人与人、机器与机器、人与机器的交流互动越加频繁。人工智能发展所处的信息环境和数据基础发生了深刻变化，越加海量化的数据、持续提升的运算力、不断优化的算法模型、结合多种场景的新应用已构成相对完整的闭环，成为推动新一代人工智能发展的四大要素。可以说，这一波的人工智能是最接近人类大脑活动的智能，因为它体现了人的自学习性和自成长性，而弱化了理论性、逻辑性。

人们通常把 2016 年以深度学习为代表的人工智能技术称为新一代人工智能。新一代人工智能技术具有深度学习、跨界融合、人机协同、群智开放和自主智能的特点。与此同时，人工智能的目标和理念出现重要调整，科学基础和实现载体取得新的突破，类脑计算、深度学习、强化学习等一系列技术的萌芽也预示着内在动力的成长，人工智能的发展已经进入一个新的阶段。算法、数据和计算能力（以下简称“算力”）构成了新一代人工智能的发展基石，如图 1-3 所示。

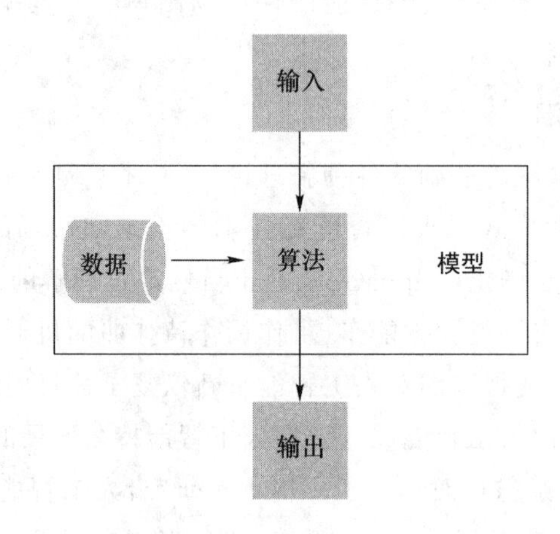

图 1-3　基于算法、数据和算力的人工智能模型

1. 基于大数据驱动的人工智能

近年来，得益于互联网、社交媒体、移动设备和无线传感的大量普及，全球产生并存储的数据量急剧增加，为通过深度学习方法来训练人工智能提供了良好的土壤。目前，全球数据总量每年都以指数级速度增长，截止到 2020 年已经超过 40 ZB（如图 1-4 所示），中国产生的数据量占全球数据总量的近 20％，并且数据的增长速度越来越快。海量的数据将为人工智能算法模型提供源源不断的素材和持续增长的动力引擎，人工智能正从监督学习向无监督学习演进升级，从各行业、各领域的海量数据中积累经验、发现规律、持续提升并更加智慧。丰富的数据训练集为人工智能技术在更多产业中应用提供了可能。

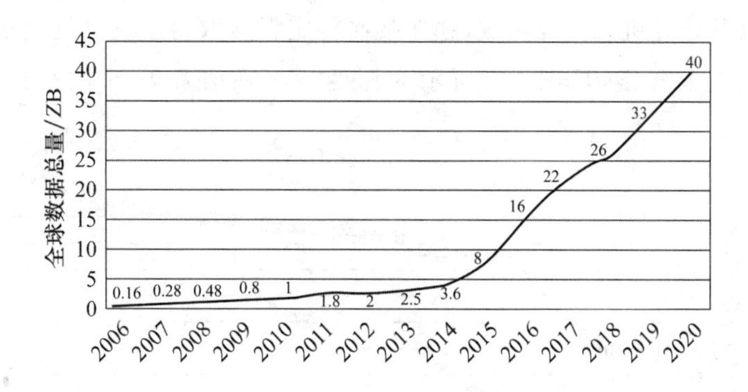

图 1-4 全球数据总量增长情况

2. 基于专用芯片的并行计算

当前,凡是人工智能的应用领域无一不是海量数据聚集的领域,传统的数据处理技术难以满足高强度、高频次、高复杂度的处理需求。人工智能芯片的出现加速了深层神经网络的训练迭代速度,让大规模的数据处理效率显著提升,极大地促进了人工智能行业的发展。2010 年以后,随着 GPU 芯片的普及,计算机的运算能力迈入新阶段,出现了 GPU、TPU、NPU 和各种各样的 AI-PU 专用芯片。相比传统的 CPU 过于复杂的逻辑和中断等设计模型,NPU 等专用芯片多采用“数据驱动并行计算”的架构,特别擅长处理视频类、图像类的海量多媒体数据,在具有更高线性代数运算效率的同时,能产生比 CPU 更快的算力,具有更低的价格和更低的功耗。随着 FPGA 和 ASIC 芯片的发展,2020 年以后,计算机的运算能力又将迈入新的层级,将会出现基于类脑计算芯片、量子计算芯片以及专用定制芯片(ASICS)的计算机,每秒能进行百亿亿次的浮点运算,如图 1-5 所示。

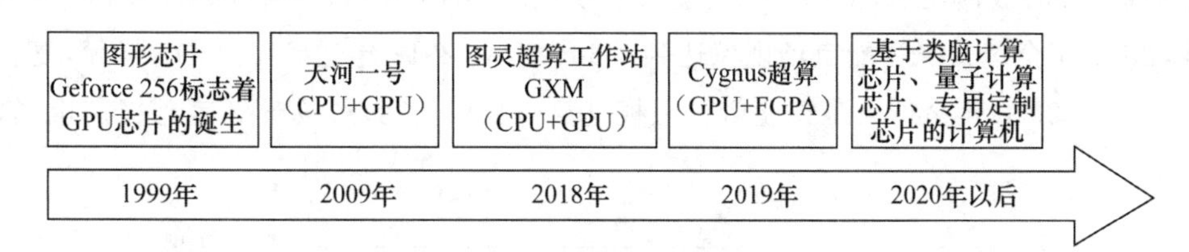

图 1-5 计算能力的提升与 GPU 的应用

3. 以深度学习为基础的智能算法

计算能力的提升和数据规模的增长,使得深度学习算法、强化学习算法发展起来。这些算法被广泛地应用到计算机视觉、语音识别、自然语言处理等领域并取得了丰硕的成果。技术适用的领域大大拓展,从而越来越多复杂和动态的场景的需求得到了满足。2006 年,加拿大多伦多大学教授杰弗里·辛顿(Geoffrey Hinton)提出了深度学习的概念,极大地发展了人工神经网络算法,提高了机器自学习的能力,例如,谷歌大脑(Google brain)团队在 2012 年通过使用深度学习技术,成功地让计算机从视频中“认出”了猫。随着算法模型的重要性进一步凸显,全球科技巨头纷纷加大了这方面的布局力度和投入,通过成立实验室,开源算法框架,打造生态体系等方式推动算法模型的优化和创新。目前,深度学习等算法已经广泛应用在自然语言处理、语音处理以及计算机视觉等领域，并在某些特定领域取得了突破性进展，从监督学习演化为半监督学习、无监督学习，图 1-6 所示为深度学习在语音识别文字方面的正确率成长曲线。

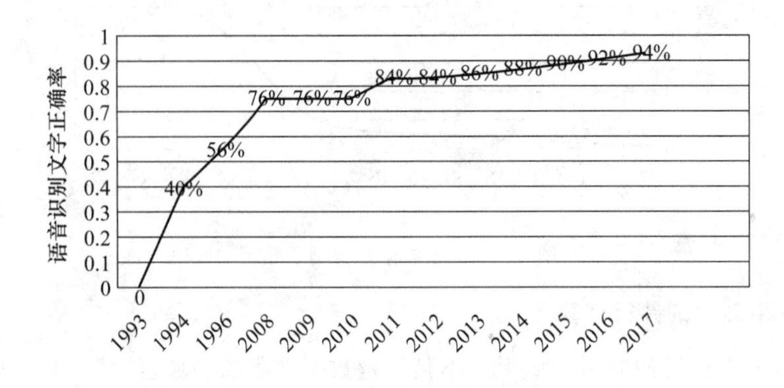

图 1-6　语音识别文字正确率成长曲线

4. 具有良好的商业驱动模式

当前，在技术突破和应用需求的双重驱动下，人工智能技术已走出实验室，加速向产业各个领域渗透，产业化水平大幅提升。在此过程中，资本作为产业发展的加速器发挥了重要的作用，一方面，跨国科技巨头以资本为杠杆，展开投资并购活动，得以不断完善产业链布局；另一方面，各类资本对初创型企业的支持使得优秀的技术型公司迅速脱颖而出。

目前，人工智能已在智能机器人、无人机、金融、医疗、安防、驾驶、搜索、教育等领域得到了较为广泛的应用。据智研咨询发布的《2018—2024 年中国人工智能行业市场深度调研及未来发展趋势报告》的数据显示，全球人工智能市场规模在 2015—2025 年将保持平均 50.7%的复合增速，2015 年全球人工智能市场规模达到 1 684 亿元，2018 年达到了 2 697 亿元，复合增长率达到 17%。2020 年全球人工智能市场规模达到 6 800 亿元，形成千亿美元级别市场，如图 1-7 所示。

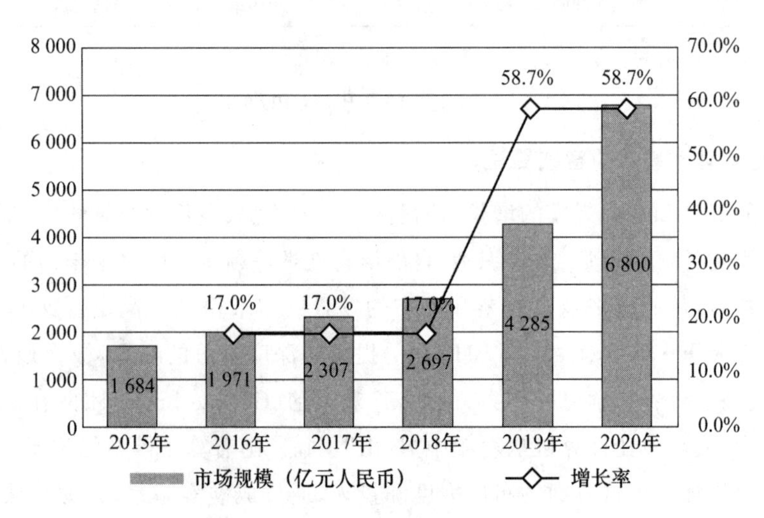

图 1-7　全球人工智能产业发展规模

1.3 深度学习

前面讲到，第三波人工智能热潮源于深度学习的复兴。那么到底什么是深度学习？为什么深度学习能让计算机一下子变得聪明起来？为什么深度学习相比其他机器学习技术，能够在机器视觉、语音识别、自然语言处理、机器翻译、数据挖掘、自动驾驶等方面取得较好的效果？下面从深度学习的起源、发展与爆发等方面来全面介绍深度学习的本质。

1.3.1 深度学习的起源

深度学习(Deep Learning,DL)起源于对神经网络(Neural Network,NN)的研究，神经网络是由大量的、简单的处理单元广泛地互相连接而形成的复杂网络系统，它反映了人脑功能的许多基本特征，是一个高度复杂的非线性动力学习系统。早在1943年，心理学家Warren McCulloch和数学逻辑学家Walter Pitts就在论文《神经活动中内在思想的逻辑演算》中提出了M-P(McCulloch-Pitts)模型。M-P模型是通过模仿神经元的结构和工作原理构造出的一个基于神经网络的数学模型，本质上是一种“模拟人类大脑”的神经元模型。M-P模型作为人工神经网络的起源，开创了人工神经网络(Artificial Neural Network,ANN)的新时代，也奠定了神经网络模型的基础。

1949年，加拿大著名心理学家唐纳德·赫布在《行为的组织》一文中提出了“一种基于无监督学习的规则——海布规则(Hebb Rule)”。海布规则通过模仿人类认知世界的过程建立一种“网络模型”，该网络模型针对训练集进行大量的训练并提取训练集的统计特征，然后按照样本的相似程度进行分类，把相互之间联系密切的样本分为一类，这样就把样本分成了若干类。海布规则与“条件反射”机理一致，为以后的神经网络学习算法奠定了基础，具有重大的历史意义。

20世纪50年代末，在M-P模型和海布规则的研究基础上，美国科学家罗森布拉特(Rosenblatt)发现了一种类似于人类学习过程的学习算法——感知机学习，并于1958年正式提出了由两层神经元组成的神经网络，称为感知器(perceptor)。感知器本质上是一种线性模型，可以对输入的训练集数据进行二分类，而且能够在训练集中自动更新权值。感知器的提出吸引了大量科学家对人工神经网络进行研究，这对神经网络的发展具有里程碑式的意义。

但是，随着研究的深入，1969年，人工智能先驱马文·明斯基(Marvin Minsky)和LOGO语言的创始人西蒙·派珀特(Seymour Papert)共同编写了一本书籍——《感知器》(*Perceptron*)，在书中，他们证明了单层感知器无法解决线性不可分问题，例如异或问题。由于这个致命的缺陷以及没有及时推广感知器到多层神经网络中，在20世纪70年代，人工神经网络进入了第一个寒冬期，人们对神经网络的研究也停滞了将近20年。

1.3.2 深度学习的发展

1982年，著名物理学家约翰·霍普菲尔德(John Hopfield)发明了Hopfield神经网络。Hopfield神经网络是一种结合存储系统和二元系统的循环神经网络。Hopfield神经网络也可以模拟人类的记忆,根据激活函数的选取不同,有连续型和离散型两种类型,分别用于优化计算和联想记忆。但由于容易陷入局部最小值的缺陷,该算法并未在当时引起很大的轰动。

直到1986年,深度学习之父杰弗里·辛顿(Geoffrey Hinton)提出了一种适用于多层感知器的反向传播算法——BP(后向传播)算法。BP算法在传统神经网络正向传播的基础上,增加了误差的反向传播过程。反向传播过程不断地调整神经元之间的权值和阈值,直到输出的误差逐步减小并达到允许的范围之内,或达到预先设定的训练次数为止。BP算法完美地解决了非线性分类问题,让人工神经网络再次引起了人们广泛的关注。

但是,由于20世纪80年代计算机的硬件水平有限,运算能力跟不上,这就导致当神经网络的规模增大时,再使用BP算法会出现“梯度消失”的问题,这使得BP算法的发展受到了很大的限制。再加上20世纪90年代中期,以支持向量机(Support Vector Machine,SVM)为代表的其他浅层机器学习算法被提出,并在分类(classification)、回归(regression)问题上均取得了很好的效果,其原理又明显不同于神经网络模型,所以人工神经网络的发展再次进入了瓶颈期。

1.3.3 深度学习的爆发

2006年,杰弗里·辛顿以及他的学生鲁斯兰·萨拉赫丁诺夫(Ruslan Salakhutdinov)正式提出了深度学习的概念。他们在世界顶级学术期刊《科学》上发表了一篇文章,该文章详细地给出了梯度消失问题的解决方案,即通过无监督的学习方法逐层训练算法,再使用有监督的反向传播算法进行调优。该深度学习方法的提出立即在学术圈引起了巨大的反响,以斯坦福大学、多伦多大学为代表的众多世界知名高校纷纷投入巨大的人力、物力、财力进行深度学习领域的相关研究,而后该深度学习方法又迅速蔓延到工业界中。

2012年,在著名的ImageNet图像识别大赛中,杰弗里·辛顿领导的小组采用深度学习模型AlexNet一举夺冠。AlexNet采用ReLU激活函数,从根本上解决了梯度消失问题,并采用图形处理器(Graphics Processing Unit,GPU)极大地提高了模型的运算速度。同年,由斯坦福大学著名的吴恩达教授和世界顶尖计算机专家Jeff Dean共同主导的深度神经网络(Deep Neural Network,DNN)技术在图像识别领域取得了惊人的成绩,在ImageNet评测中成功地把错误率从26%降低到了15%。深度学习算法在世界大赛中脱颖而出,再一次吸引了学术界和工业界对于深度学习领域的关注。

随着深度学习技术的不断进步以及数据处理能力的不断提升,2014年,Facebook基于深度学习技术的DeepFace项目,在人脸识别方面的准确率已经能达到97%以上,跟人类识别的准确率几乎没有差别,这样的结果再一次证明了深度学习算法在图像识别方面独领风骚,明显优于其他算法。

2016年,随着谷歌(Google)公司基于深度学习开发的AlphaGo以4∶1的比分战胜了国际顶尖围棋高手李世石,深度学习声名鹊起。后来,AlphaGo又接连和众多世界级围棋高手过招,均取得了完胜。这也证明了在人类最高级别的智力游戏——围棋比赛——中,基于深度学习技术的机器人已经超越了人类。

2017年,基于强化学习算法的AlphaGo升级版AlphaGo Zero出世,其采用“从零开始”“无师自通”的学习模式,以100∶0的比分轻而易举地打败了之前的AlphaGo。除了围棋,它还精通国际象棋等其他棋类游戏，可以说是真正的棋类“天才”。此外，在这一年中，深度学习的相关算法在翻译、医疗、金融、艺术、人机对话、无人驾驶等多个领域均取得了显著的成果。

因此，可以毫不夸张地说，深度学习极大地推动了人工智能的研究进程，各种基于深度学习的开源框架如雨后春笋般涌现，应用于生活的各个领域，极大地影响甚至改变着人们的生产生活和思维方式。

1.4 人工智能、机器学习与深度学习的关系

由于人工智能、机器学习和深度学习是非常相关的几个领域，人工智能与机器学习、深度学习的技术发展密不可分，因此很多人容易将三者混淆，下面将对新一代人工智能的表现形式以及机器学习、深度学习在其中的主导作用进行剖析。

从计算机发明之初，人们就希望它能够帮助甚至代替人类完成重复性、高度复杂的脑力劳作。利用巨大的存储空间和超快的运算速度，计算机已经可以非常轻易地完成一些对于人类非常困难，但对其相对简单的问题。比如，统计一本书中不同单词出现的次数，存储一个图书馆中所有的藏书，或是计算非常复杂的数学公式，都可以通过计算机轻松解决。然而，一些人类通过直觉可以很快解决的问题，目前却很难通过计算机解决，这些问题包括自然语言理解、图像识别、语音识别等，是人工智能所需要重点解决的问题。

计算机要像人类一样完成更多智能的工作，需要掌握关于这个世界海量的知识，比如要实现汽车自动驾驶，计算机至少需要能够判断哪里是路，哪里是障碍物。这个对人类非常直观的东西，对计算机却是相当困难的。路有水泥的、沥青的，也有石子的，甚至是土路，这些不同材质铺成的路在计算机看来差距非常大。如何让计算机掌握这些人类看起来非常直观的常识，这对于人工智能的发展是一个巨大的挑战。

很多早期的人工智能系统只能应用于相对特定的环境(specific domain)，在这些特定环境下，计算机需要了解的知识很容易被严格并且完整地定义。例如，IBM 的深蓝(deep blue)在 1997 年打败了国际象棋冠军卡斯帕罗夫。设计出下象棋软件是人工智能史上的重大成就，但其主要挑战不在于让计算机掌握国际象棋中的规则。国际象棋是一个特定的环境，在这个环境中，计算机只需要了解每一个棋子规定的行动范围和行动方法即可。虽然计算机早在 1997 年就可以击败国际象棋的世界冠军，但是直到二十多年后的今天，让计算机实现大部分成年人都可以完成的汽车驾驶仍然十分困难。

为了使计算机更多地掌握开放环境(open domain)下的知识，研究人员进行了很多尝试。其中一个影响力非常大的领域是知识图库(ontology)。WordNet 是在开放环境中建立的一个较大且有影响力的知识图库。WordNet 是由普林斯顿大学(Princeton University)的 George Armitage Miller 教授和 Christiane Fellbaum 教授带领开发的，它将 155 287 个单词整理为 117 659 个近义词集(synsets)。基于这些近义词集，WordNet 进一步定义了近义词集之间的关系，比如同义词集“狗”属于同义词集“犬科动物”，它们之间存在种属关系(hypernyms/hyponyms)。除了 WordNet，还有不少研究人员尝试将 Wikipedia 中的知识整理成知识图库，如谷歌的知识图库就是基于 Wikipedia 创建的。

虽然使用知识图库可以让计算机很好地掌握人工定义的知识，但建立知识图库一方面需要花费大量的人力、物力，另一方面可以通过知识图库方式明确定义的知识有限，不是所有的知识都可以明确地定义成计算机可以理解的固定格式，很大一部分无法明确定义的知识，就是人类的经验。比如，我们需要判断一封邮件是否为垃圾邮件(junk mail)，会综合考虑邮件发出的地址、邮件的标题、邮件的内容以及邮件收件人的长度等。这是收到无数垃圾邮件之后总结出来的经验。这个经验很难以固定的方式表达出来，而且不同人对垃圾邮件的判断也会不一样。如何让计算机可以跟人类一样从历史的经验中获取新的知识呢？这就是机器学习需要解决的问题。

卡内基梅隆大学(Carnegie Mellon University)的 Tom Michael Mitchell 教授在 1997 年出版的书籍《机器学习》(*Machine Learning*)中，对机器学习进行了非常专业的定义，这个定义在学术界被多次引用。在这本书中机器学习被定义为：如果一个程序可以在任务 T 上，随着经验 E 的增加，效果 P 也可以随之增加，则称这个程序可以从经验中学习。下面通过垃圾邮件分类的问题来解释机器学习的定义。在垃圾邮件分类问题中，"一个程序"指的是需要用到的机器学习算法，比如逻辑回归算法；"任务 T"是指区分垃圾邮件的任务；"经验 E"为已经区分过是否为垃圾邮件的历史邮件，在监督式机器学习问题中，这也被称为训练数据；"效果 P"为机器学习算法在区分是否为垃圾邮件任务上的正确率。

在使用逻辑回归算法解决垃圾邮件分类问题时，先从每一封邮件中提取对分类结果可能有影响的因素，比如说上面提到的发邮件的地址、邮件的标题及收件人的长度等。每一个因素都被称为一个特征(feature)。逻辑回归算法可以从训练数据中计算出每个特征和预测结果的相关度。比如，在垃圾邮件分类问题中，可能会发现一个邮件的收件人越多，那么该邮件为垃圾邮件的概率也就越高。在对一封未知的邮件做判断时，逻辑回归算法会根据从这封邮件中提取到的每一个特征以及这些特征和垃圾邮件的相关度来判断这封邮件是否为垃圾邮件。

在大部分情况下，在训练数据达到一定数量之前，训练数据越多，逻辑回归算法对未知邮件做出的判断越精准。也就是说逻辑回归算法可以根据训练数据(经验 E)提高在垃圾邮件分类问题(任务 T)上的正确率(效果 P)。之所以说在大部分情况下，是因为逻辑回归算法的效果除了依赖于训练数据，也依赖于从数据中提取的特征。假设从邮件中提取的特征只有邮件发送的时间，那么即使有再多的训练数据，逻辑回归算法也无法很好地利用。这是因为邮件发送的时间和邮件是否为垃圾邮件之间的关联不大，逻辑回归算法无法从数据中习得更好的特征表达。这也是很多传统机器学习算法共同面临的一个问题。

类似从邮件中提取特征，如何数字化地表达现实世界中的实体，一直是计算机科学中一个非常重要的问题。如果将图书馆中的图书名称储存为结构化的数据，比如储存在 Excel 表格中，那么可以非常容易地通过书名查询一本书是否在图书馆中。如果图书的书名都存在非结构化的图片中，那么完成书名查找任务的难度将大大地增加。类似的道理，从实体中提取特征的方法对于很多传统机器学习算法的性能有巨大的影响。我们看一个简单的例子，如图 1-8 所示。

如果通过笛卡儿坐标系(Cartesian coordinate)来表示数据，那么不同颜色的点无法被一条直线划分。如果将这些点映射到极角坐标系(polar coordinate)，那么使用直线划分就很容易了。同样的数据使用不同的表达方式会极大地影响解决问题的难度。一旦解决了数据表达和特征提取，很多人工智能的任务也就解决了90%。

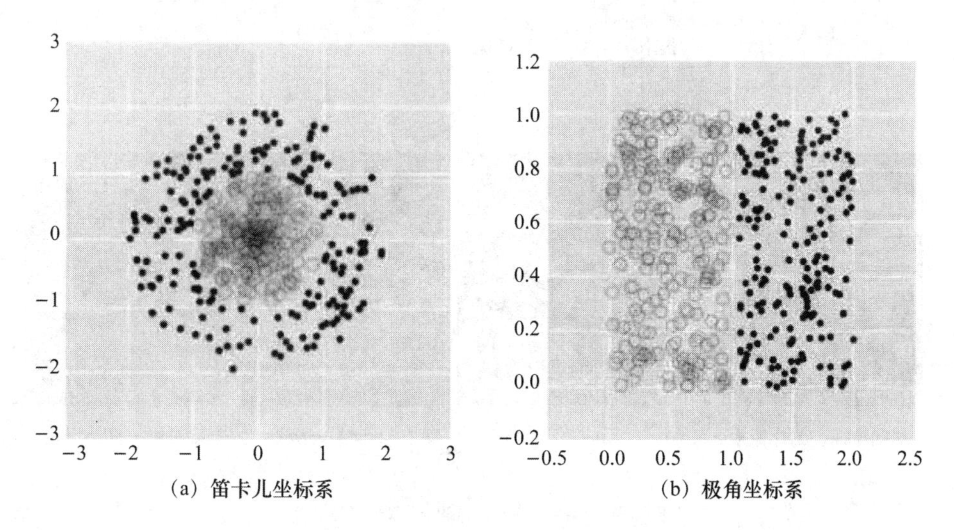

图1-8 数据采用不同坐标系分类

然而，对许多机器学习问题来说，特征提取不是一件简单的事情。在一些复杂问题上，要通过人工的方式设计有效的特征集合，需要很多的时间和精力，有时甚至需要整个领域数十年的研究投入。例如，要想从很多照片中识别有汽车的照片，现在已知的是汽车有轮子，所以希望在图片中提取"图片中是否出现了轮子"这个特征。但实际上，要从图片的像素中描述一个轮子的模式是非常难的。虽然车轮的形状很简单，但在实际图片中，车轮上可能会有来自车身的阴影、金属车轴的反光，周围的物品也可能会部分遮挡车轮，实际图片中各种不确定的因素让我们很难直接提取这样的特征。

既然人工的方式无法很好地提取实体中的特征，那么是否有自动的方式呢？答案是肯定的。深度学习解决的核心问题之一就是自动地将简单的特征组合成更加复杂的特征，并使用这些组合特征解决问题。深度学习是机器学习的一个分支，它除了可以学习特征和任务之间的关联以外，还能自动地从简单特征中提取更加复杂的特征。图1-9展示了深度学习算法和传统机器学习算法在流程上的差异。

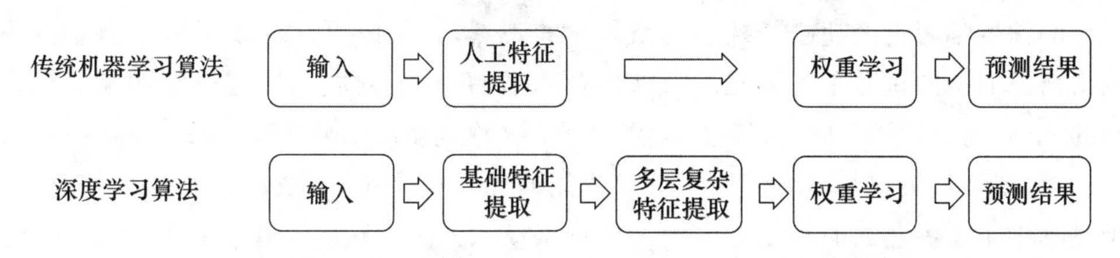

图1-9 传统机器学习算法与深度学习算法处理流程的比较

从图1-9中不难看出，深度学习算法可以从数据中学习更加复杂的特征表达，使得权重学习变得更加简单且有效。

图1-10展示了通过深度学习解决图像分类问题的具体样例。深度学习可以一层一层地将简单特征逐步转换成更加复杂的特征，从而使得不同类别的图像更加可分。比如，图1-10中展示了深度学习算法可以从图像的像素特征中逐渐组合出线条、边、角、简单形状、复杂形状等更加有效的复杂特征。

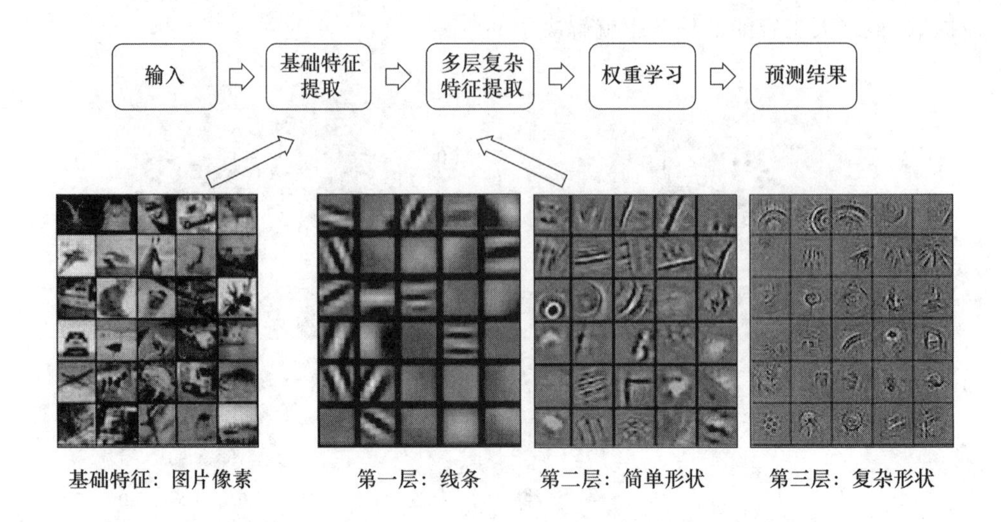

图 1-10　深度学习解决图像分类问题

早期的深度学习受到了神经科学的启发，它们之间有非常密切的联系。科学家们在神经科学上的发现使得我们相信深度学习可以胜任很多人工智能的任务。神经科学家发现，如果将小白鼠的视觉神经连接到听觉中枢，一段时间之后小白鼠可以学习使用听觉中枢"看"世界。这说明虽然哺乳动物的大脑分为很多区域，但这些区域的学习机制是相似的。在这一假想得到验证之前，机器学习的研究者们通常会为不同的任务设计不同的算法。而且直到今天，学术机构的机器学习领域也被分为自然语言处理、计算机视觉和语音识别等不同的实验室。因为深度学习的通用性，深度学习的研究者往往可以跨越多个研究方向，甚至同时活跃于所有的研究方向。

虽然深度学习领域的研究人员相比其他机器学习领域的更多地受到了大脑工作原理的启发，而且媒体界也经常强调深度学习算法和大脑工作原理的相似性，但现代深度学习的发展并不拘泥于模拟人脑神经元和人脑的工作机理。模拟人类大脑也不再是深度学习研究的主导方向。因此，我们不能简单地认为深度学习是在试图模仿人类大脑，目前科学家对人类大脑学习机制的理解还不足以为当下的深度学习模型提供指导。

现代的深度学习已经超越了神经网络科学的观点，它可以更广泛地适用于各种并不是由神经网络启发而来的机器学习框架。值得注意的是，有一个领域的研究者试图从算法层面理解大脑的工作机制，它不同于深度学习领域，被称为计算神经学（computational neuroscience）。深度学习领域主要关注如何搭建智能的计算机系统，解决人工智能中遇到的问题。计算神经学则主要关注如何建立更准确的模型来模拟人类大脑的工作。总的来说，人工智能、机器学习和深度学习是非常相关的几个领域。图 1-11 总结了它们之间的关系。

从图 1-11 中可以看出，人工智能需要解决的是一类非常广泛的问题，机器学习是解决这类问题的一个重要手段，深度学习则是机器学习的一个分支。在很多人工智能问题上，深度学习的方法突破了传统机器学习方法的瓶颈，推动了人工智能领域的发展。

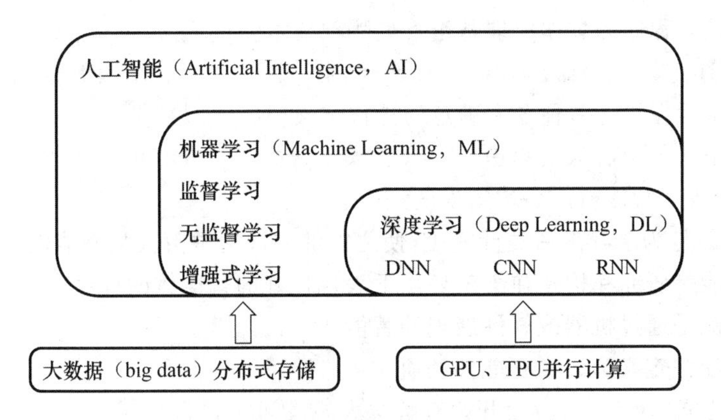

图 1-11 人工智能、机器学习与深度学习的关系

本章小结

人工智能自诞生以来，经历数次寒冬，如今再度进入爆发期。2016 年诞生的阿尔法围棋(AlphaGo)是第一个击败人类职业围棋选手、第一个战胜围棋世界冠军的人工智能机器人，由此拉开了新一代人工智能的序幕，带来了以深度学习为代表的新一轮人工智能技术及应用的蓬勃发展。计算性能的大幅提升推动了人工智能的发展，显著地提高了数据处理速度。大数据的出现为人工智能发展注入了新的燃料，极大地提高了机器学习效率。深度学习算法异军突起，成为驱动人工智能进步的主要动力。本章首先介绍了人工智能的 3 个发展阶段，接着重点介绍了新一代人工智能的主要特点，由此引入深度学习的概念，并介绍了深度学习在人工智能领域的起源与发展。深度学习是目前为止以模拟人脑神经网络来实现人工智能的连接主义的杰出代表，它通过对大量的数据进行分析统计和学习，模拟人脑的机制去分析图像以及分辨声音和文本等。最后，本章对人工智能、机器学习、深度学习等进行了分析与比较。

课后习题

一、选择题

1. 被誉为“人工智能之父”的科学家是(　　)。

A. 冯・诺依曼(John von Neumann)

B. 艾伦・麦席森・图灵(Alan Mathison Turing)

C. 比尔・盖茨(Bill Gates)

D. 史蒂夫・乔布斯(Steve Jobs)

2. 1950 年，图灵在他的论文(　　)中，提出了关于机器思维的问题。

A.《论数字计算在决断难题中的应用》

B.《论可计算数及其在判定问题中的应用》

C.《可计算性与 λ 可定义性》

D.《计算机器与智能》

3. 阿尔法围棋程序的工作原理基于下列哪项技术？(　　)

A. 量子计算　　B. 深度学习　　C. 纳米　　D. 基因编辑

4. 图灵测试旨在给哪一种令人满意的操作定义？(　　)

A. 机器动作　　B. 人类思考　　C. 人工智能　　D. 机器智能

5. 以下关于人工智能概念表述错误的是(　　)。

A. 人工智能是为了开发一类计算机，使之能够完成通常由人类所能做的事

B. 人工智能是研究和构建在给定环境下表现良好的智能体的程序

C. 人工智能是通过机器或软件展现的智能

D. 人工智能被定义为人类智能体的研究

6. 在人工智能的(　　)阶段开始有解决大规模问题的能力。

A. 形成时期　　B. 知识应用时期

C. 深度神经网络时期　　D. 算法解决复杂问题时期

二、判断题

(　　)1. 国际象棋的解空间远远大于围棋，它是世界上最复杂的棋类。

(　　)2. 目前的人工智能已经产生意识。

(　　)3. 图灵测试的价值不在于讨论人类智能与人工智能的性质差异，而在于判别机器是否已经具有智能。

(　　)4. 深度学习是机器学习领域中一个新的研究方向，它被引入机器学习，以使它更接近最初的目标——人工智能。

(　　)5. 传统的机器学习方法的表现主要是算法，目前的机器学习主要是强化学习，具有自学习的能力。

三、简答题

1. 与传统的计算机程序相比，人工智能程序有哪些特点？

2. 什么是深度学习？它主要应用在哪些领域？

第2章　深度学习基础知识

在上一章中，我们提到深度学习的概念源于人工神经网络的研究，含有多隐藏层的多层感知器就是一种深度学习结构。深度学习是机器学习研究中一个新的领域，其动机在于建立和模拟人脑进行分析学习的神经网络，其模仿人脑的机制来解释数据，例如视频、图像、声音和文本等。要想利用深度学习解决本领域的问题，必须深刻理解深度学习的基本原理以及数学基础。本章将重点介绍深度学习的基本原理和主要方法及其开发工具。

2.1　人工神经网络

人工神经网络（Artificial Neural Network，ANN）是20世纪80年代以来人工智能领域兴起的研究热点。它从信息处理角度对人脑神经元网络进行抽象，建立某种简单模型，按不同的连接方式组成不同的网络，在工程与学术界也常将其直接简称为"神经网络"或"类神经网络"。

神经网络可以看作一种运算模型，由大量的节点相互连接构成，节点又称为神经元（neuron）。每个节点都代表一种特定的输出函数，称为激励函数（activation function）或激活函数。每两个节点间的连接都代表一个通过该连接信号的加权值，称为权重，这相当于人工神经网络的记忆。网络的输出则根据网络的连接方式、权重值和激励函数的不同而不同。网络自身通常都是对自然界某种算法或者函数的逼近，也可能是对一种逻辑策略的表达。

传统的人工智能通常采用大量"如果-就"（If -Then）规则定义的自上而下的控制思路，而人工神经网络试图从信息处理的角度对人脑神经系统进行抽象，模仿大脑的神经元之间传递、处理信息的模式，按不同的连接方式组成不同的网络，并建立自我学习、自我反应、自我控制模型。由于它极大地借鉴了人脑的工作机理，高度模仿了人脑的工作过程，并在诸多领域取得了成功应用，因此在人工智能领域它被形象地称为人工神经网络。

最近十多年来，人工神经网络的研究工作不断深入，已经取得了很大的进展，其在模式识别、智能机器人、自动控制、预测估计、生物、医学、经济等领域已成功地解决了许多现代计算机难以解决的实际问题，表现出了良好的智能特性。

2.1.1　神经元

提到神经元，人们首先想到的是生物学里面组成生物神经系统最基本的结构和功能单位神经单元，例如，人类的大脑就是由上百亿神经元组成的具有超强处理功能的神经系统。据权威医学统计，人类大脑的神经元数量可以多达 1 000 亿，神经元之间形成的突触可以达到 100 万亿个。

一个神经元由树突、轴突、细胞核等组成，树突可以接收其他神经元传来的信号，对这些信号进行处理后将其传递给下一个神经元，如图 2-1 所示。神经元构成了大脑信息感知、处理、传导的基本单元。从神经元各组成部分的功能来看，树突主要用于信息感知，轴突主要用于信息传输，而细胞核则主要用于信息的加工与处理。神经元互相连接形成神经网络。

神经元可被理解为生物大脑中神经网络的子节点。在这里，变量信号抵达树突。输入信号在神经细胞体内聚集，当聚集的信号强度超过一定的阈值时，就会产生一个输出信号，并被树突传递下去。神经网络由众多这样的神经元构成。人类大脑就是一个由上百万亿计连接组成的复杂神经网络，实现感知、运动、思维等各种功能。

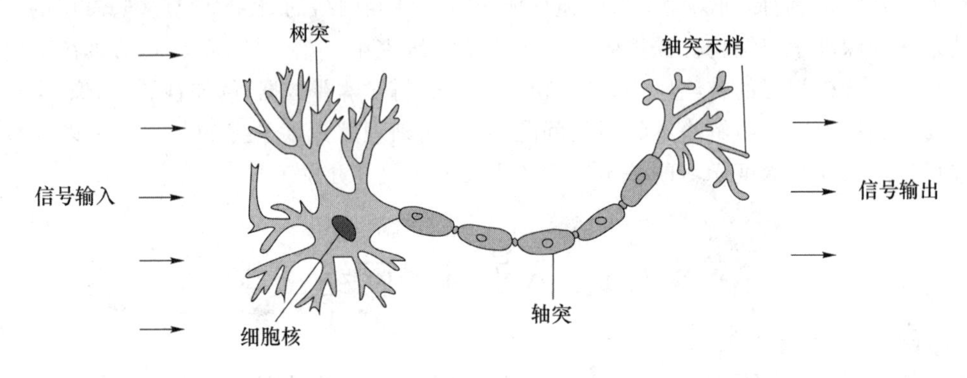

图 2-1　生物神经元

2.1.2　感知器

组成人工神经网络的基本单元通常被称为“神经元”或者“感知器”(perceptron)，它的主要特点是结构简单，对所能解决的问题存在着收敛算法，并能从数学上严格证明，从而对神经网络的研究起了重要的推动作用。在 ANN 研究领域中，组成神经系统基本单元的感知器常常被抽象为如图 2-2 所示的数学模型。

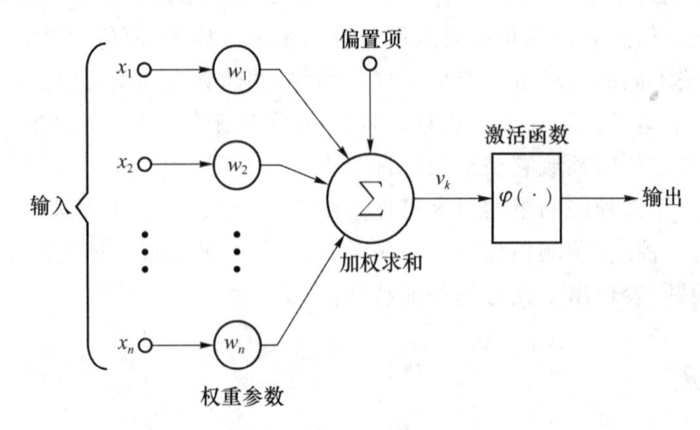

图 2-2　神经元的数学模型

从图 2-2 中可以看出，感知器与人脑神经元一样，大体也分为 3 个部分。

(1) 输入(input)

输入相当于人脑神经元的树突，一个感知器可以接收多个输入 $x_1, x_2, \cdots, x_n, n>1$。每个输入上都有一个权值(weight)：$w_1, w_2, \cdots, w_n$。此外，一般还有一个偏置(bias)项。

(2) 激活处理(activation)

激活处理相当于人脑神经元的细胞核，承担记忆和运算的功能，一般采用激活函数的方式进行，负责将感知器的输入映射到输出端。激活函数给神经元引入了非线性因素，使得神经网络可以任意地逼近任何非线性函数，这样神经网络就可以应用到众多的非线性模型中。常用的激活函数有 Sigmoid 函数、tanh 函数、ReLU 函数等。

(3) 输出(output)

输出相当于人脑神经元的轴突。

感知器的输出一般由下面这个公式来计算：

$$y=f(w \cdot x+b)$$

给出一系列特征 $X=x_1, x_2, \cdots, x_n$ 和目标 Y，一个感知器以分类、回归为目标来学习特征和目标之间的关系。

2.1.3 多层感知器

如果在一个感知器的输入和输出之间再嵌套一层或多层的感知器，就可构成多层网络，我们称为多层感知器(Multi-Layer Perceptron，MLP)。一个功能强大的人工神经网络如同复杂的人脑神经网络一样，通常由大量的神经元相互连接构成。

图 2-3(a)中每个圆圈都表示一个神经元，线条表示神经元之间的连接。从图 2-3(a)中我们可以看出，人工神经网络被分成了多层，层与层之间的神经元有连接，而层内之间的神经元没有连接。最左边的层叫作输入层(input layer)，负责接收输入数据；最右边的层叫作输出层(output layer)，我们可以从这层获取神经网络输出数据。输入层和输出层之间的层叫作隐藏层(hidden layer)。

隐藏层比较多(至少大于 2 层)的神经网络我们称为深度神经网络(Deep Neural Network，DNN)，如图 2-3(b)所示，因此我们常常把使用 DNN 深层架构的机器学习方法称为深度学习。相比浅层网络，深层网络表达力更强。仅有一个隐藏层的神经网络能拟合任何一个函数，但是它需要很多的神经元。而深层网络则可用少得多的神经元拟合同样的函数。也就是为了拟合一个函数，要么使用一个浅而宽的网络，要么使用一个深而窄的网络，后者往往更节约资源。

深层网络的困难在于并不好训练，为了能卓有成效地利用深层神经网络，除了大量数据和强大算力外，也需要有更有效的训练算法。在深层神经网络中，多层感知器的训练经常采用误差反向传播(error Back Propagation，BP)算法，从而得到了 BP 深层网络结构(即 BP-DNN 结构)，采用 BP 算法的多层感知器是至今为止应用最广泛的神经网络。下面我们将重点介绍 BP 算法。

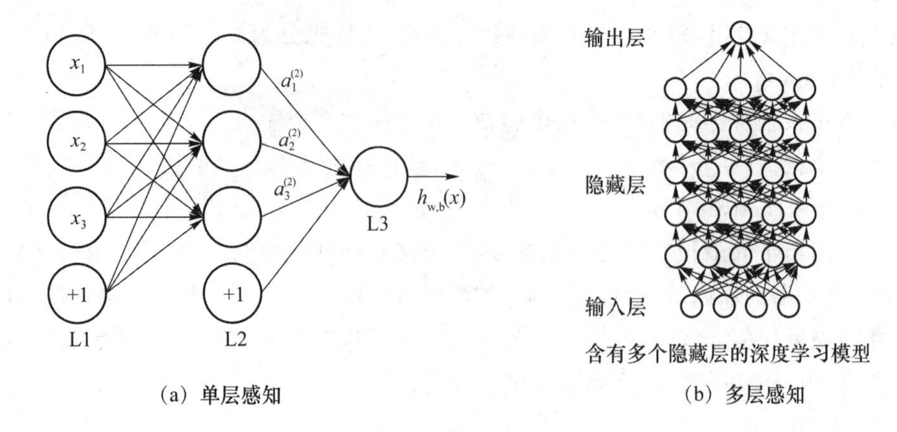

(a) 单层感知　　(b) 多层感知

图 2-3　多层感知器模型

2.2　BP 算法

2.2.1　BP 算法的基本原理

BP 算法的训练一般分为两个过程,即信号正向传递和误差反向传递,应用到深度学习方法中就是**正向传播求损失、反向传播求偏导。**

BP 算法完整的学习过程是,对于一个训练样本,输入正向传播到输出,产生误差,然后误差信号反向从输出层传递到输入层,利用该误差信号求出权重修改量 Δw_{ij},通过它更新权值 w_{ij},称为一次迭代过程。当误差或者 Δw_{ij} 不满足要求时,重复上述操作。

下面以图 2-4 所示的三层神经网络模型为例,来说明 BP 算法的原理及其推导求解过程。

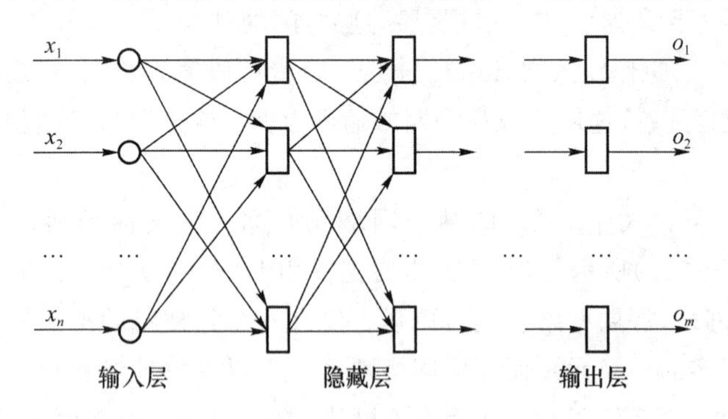

图 2-4　神经网络模型

1. 输入数据正向传播过程

图 2-4 所示的神经网络模型分为 3 层,设输入层到隐藏层的权值为 v_{ij},隐藏层到输出层的权值为 w_{ij},输入层单元的个数为 n,隐藏层单元的个数为 m,输出层单元的个数为 l,采用 Sigmoid 激活函数。

输入层的输入向量 $\boldsymbol{X}=(x_1,x_2,\cdots,x_n)$,隐藏层的输出向量 $\boldsymbol{Y}=(y_1,y_2,\cdots,y_m)$,并有

$$\mathrm{net}_j = \sum_{i=1}^{n} v_{ij}x_i + b_j,\quad y_i = f(\mathrm{net}_j) = \frac{1}{1+\mathrm{e}^{-\mathrm{net}_j}} \tag{2-1}$$

其中，b_j 为节点 h_j 的偏置。同样输出层的向量 $\boldsymbol{O}=(o_1,o_2,\cdots,o_l)$，并有

$$\mathrm{net}_j=\sum_{i=1}^{m}w_{ij}x_i+b_j,\quad o_j=f(\mathrm{net}_j)=\frac{1}{1+\mathrm{e}^{-\mathrm{net}_j}} \tag{2-2}$$

2. 误差数据反向传递过程

设 d 为期望输出，o 为实际输出，E 为损失函数（误差信号），定义为

$$E=\frac{1}{2}(d-o)^2=\frac{1}{2}\sum_{k=1}^{l}(d_k-o_k)^2 \tag{2-3}$$

其中，d_k 为输出层第 k 个单元的期望输出，o_k 是样本的第 k 个单元的实际输出。

损失函数 E 展开到隐藏层：

$$\begin{aligned}E&=\frac{1}{2}\sum_{k=1}^{l}(d_k-o_k)^2\\&=\frac{1}{2}\sum_{k=1}^{l}[d_k-f(\mathrm{net}_k)]^2\\&=\frac{1}{2}\sum_{k=1}^{l}\Big[d_k-f\Big(\sum_{j=1}^{m}w_{jk}y_j\Big)\Big]^2\end{aligned} \tag{2-4}$$

损失函数 E 展开到输入层：

$$\begin{aligned}E&=\frac{1}{2}\sum_{k=1}^{l}\Big\{d_k-f\Big[\sum_{j=1}^{m}w_{jk}f(\mathrm{net}_k)\Big]\Big\}^2\\&=\frac{1}{2}\sum_{k=1}^{l}\Big\{d_k-f\Big[\sum_{j=1}^{m}w_{jk}f\Big(\sum_{i=1}^{n}v_{ij}x_i\Big)\Big]\Big\}^2\end{aligned} \tag{2-5}$$

可以看出损失函数 E 是一个关于权值的函数，要使损失函数 E 最小，就要沿着梯度的反方向。为使 $E(w_{jk})$ 最小化，可以选择任意初始点 w_{jk}，从 w_{jk} 出发沿着梯度下降的方向走，可使得 $E(w_{jk})$ 下降最快，所以取

$$\Delta w_{jk}=-\eta\frac{\partial E}{\partial w_{jk}},\quad j=1,\cdots,m;k=1,\cdots,l \tag{2-6}$$

其中，η 是学习效率，取值范围为 0～1，用于避免陷入求解空间的局部最小。

同理：

$$\Delta v_{ij}=-\eta\frac{\partial E}{\partial v_{ij}},\quad i=1,\cdots,n;j=1,\cdots,m \tag{2-7}$$

对于输出层的 Δw_{jk}：

$$\Delta w_{jk}=-\eta\frac{\partial E}{\partial w_{jk}}=-\eta\frac{\partial E}{\partial \mathrm{net}_k}\times\frac{\partial \mathrm{net}_k}{\partial w_{jk}}=-\eta\frac{\partial E}{\partial \mathrm{net}_k}\times y_j \tag{2-8}$$

对于隐藏层的 Δv_{ij}：

$$\Delta v_{ij}=-\eta\frac{\partial E}{\partial v_{ij}}=-\eta\frac{\partial E}{\partial \mathrm{net}_j}\times\frac{\partial \mathrm{net}_j}{\partial v_{ij}}=-\eta\frac{\partial E}{\partial \mathrm{net}_j}\times x_i \tag{2-9}$$

对于输出层和隐藏层各定义一个权值误差信号，令

$$\delta_k^o=-\frac{\partial E}{\partial \mathrm{net}_k},\quad \delta_j^y=-\frac{\partial E}{\partial \mathrm{net}_j} \tag{2-10}$$

则

$$\Delta w_{jk}=\delta_k^o\eta y_j,\quad \Delta v_{ij}=\delta_j^y\eta x_i \tag{2-11}$$

对于输出层和隐藏层，δ_k^o 和 δ_j^y 可以展开为

$$\delta_k^o = -\frac{\partial E}{\partial \text{net}_k} = -\frac{\partial E}{\partial O_k} \times \frac{\partial O_k}{\partial \text{net}_k} = -\frac{\partial E}{\partial O_k} \times f'(\text{net}_k) \tag{2-12}$$

$$\delta_j^y = -\frac{\partial E}{\partial \text{net}_j} = -\frac{\partial E}{\partial y_j} \times \frac{\partial y_j}{\partial \text{net}_j} = -\frac{\partial E}{\partial y_j} \times f'(\text{net}_j) \tag{2-13}$$

由式(2-12)可得

$$\frac{\partial E}{\partial O_k} = -(d_k - o_k) \tag{2-14}$$

$$\frac{\partial E}{\partial y_j} = -\sum_{k=1}^{l} (d_k - o_k) f'(\text{net}_j) w_{jk} \tag{2-15}$$

由 Sigmoid 函数的性质可知 $f'(\text{net}_k) = o_k(1-o_k)$，代入式(2-14)，可得

$$\delta_k^o = -\frac{\partial E}{\partial O_k} \times f'(\text{net}_k) = (d_k - o_k) o_k (1-o_k) \tag{2-16}$$

同理，带入式(2-15)可得

$$\delta_j^y = -\frac{\partial E}{\partial y_j} \times f'(\text{net}_j) = \left(\sum_{k=1}^{l} \delta_k^o w_{jk}\right) y_j (1 - y_j) \tag{2-17}$$

所以，BP 算法的权值调节计算公式为式(2-11)、式(2-16)和式(2-17)。

再考虑各层的偏置设置，隐藏层的净输出为

$$\text{net}_j = \sum_{i=1}^{n} v_{ij} x_i + b_j \tag{2-18}$$

隐藏层偏置的更新为(Δb_j 是偏置 b_j 的改变)

$$\Delta b_j = \eta \delta_k^o, \quad \hat{b}_j = b_j + \Delta b_j \tag{2-19}$$

相应地，输出层的净输出为

$$\text{net}_j = \sum_{i=1}^{n} w_{ij} x_i + b_j \tag{2-20}$$

输出层的偏置更新为(Δb_j 是偏置 b_j 的改变)

$$\Delta b_j = \eta \delta_j^y, \quad \hat{b}_j = b_j + \Delta b_j \tag{2-21}$$

BP 算法虽然是经典的深度学习算法，但对于深层网络仍然有许多不足，主要原因就是激活函数在使用过程中出现的问题，比如，采用 Sigmoid 激活函数容易出现梯度减小，甚至消失的问题。因此激活函数在深度学习中显得非常重要，这也是深层卷积神经网络利用 ReLU 激活函数代替 Sigmoid 激活函数的原因。

2.2.2 激活函数

激活函数又叫激励函数，主要作用是对神经元所获得的输入进行变换，反映神经元的特性。常用的激活函数有如下几种类型。

1. 线性函数

$$f(x) = kx + c$$

其中，k、c 为常量。线性函数常用在线性神经网络中。

2. 符号函数

$$f(x) = \begin{cases} 1, & x \geqslant 0 \\ 0, & x < 0 \end{cases}$$

3. 对数函数(Sigmoid 函数)

$$f(x)=\frac{1}{1+e^{-x}}$$

对数函数又称为 S 形函数，其图像如图 2-5 所示，是最为常见的激活函数，它将区间 $(-\infty,+\infty)$ 映射到 $(0,1)$ 的连续区间。特别地，$f(x)$ 是关于 x 处处可导的，并且有 $f'(x)=f(x)[1-f(x)]$。

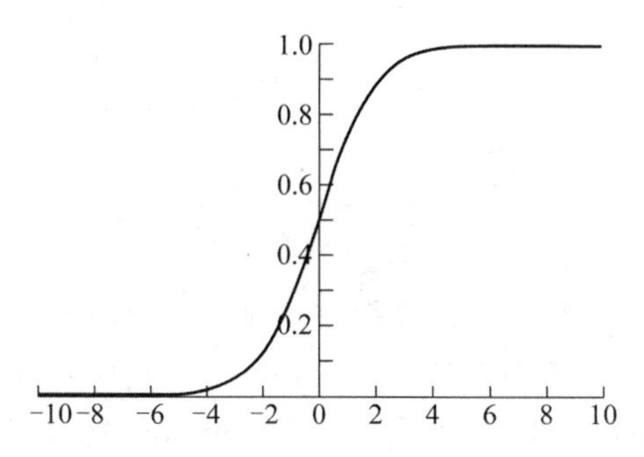

图 2-5　Sigmoid 函数的图像

4. 双曲正切函数

$$f(x)=\frac{e^{x}-e^{-x}}{e^{x}+e^{-x}}$$

双曲正切函数 tanh 函数的图像如图 2-6 所示。

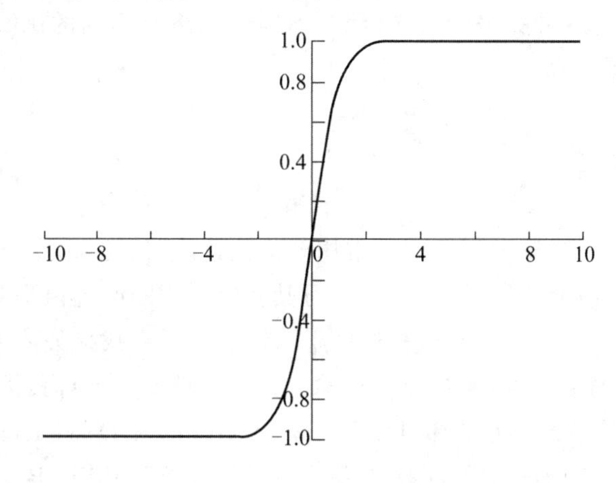

图 2-6　双曲正切函数 tanh 函数的图像

5. 高斯函数

$$f(x)=e^{-\frac{1}{2}\left(\frac{x-c}{\sigma}\right)^{2}}$$

6. ReLU 函数

在人工神经网络中，ReLU(Rectifier Linear Unit，修正线性单元)函数也叫线性激活函数，其图像如图 2-7 所示。ReLU 函数可以表示为

$$f(x)=\begin{cases}x, & x>0\\0, & x\leqslant 0\end{cases}$$

也可表示为 $f(x)=\max(0,x)$。在最近几年的神经网络中，ReLU 激活函数得到了广泛的应

用，尤其是在卷积神经网络中，往往不选择 Sigmoid 函数或 tanh 函数，而选择 ReLU 函数，原因有以下几点。

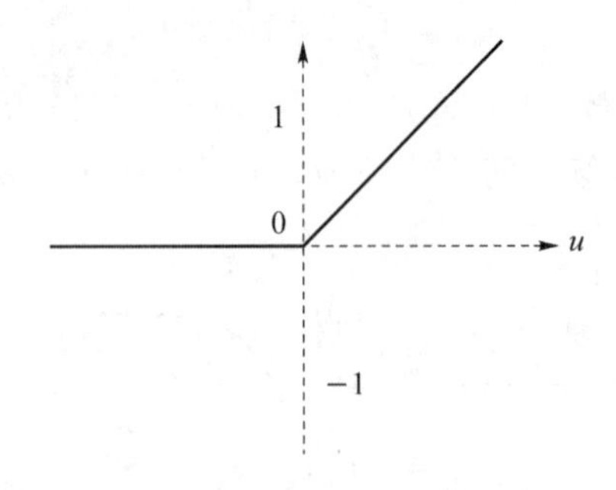

图 2-7　ReLU 函数的图像

- 速度快。和 Sigmoid 函数必须计算指数和导数比较，ReLU 函数代价小，速度更快。
- 减轻梯度消失问题。对于梯度计算公式$\nabla=\sigma'\delta x$，其中σ'是 Sigmoid 函数的导数，在经过 BP 算法求梯度下降的时候，每经过一层 Sigmoid 神经元，都要乘以σ'，但是σ'的最大值是 1/4[8]，所以会导致梯度越来越小，这对于训练深层网络是一个大问题，但是 ReLU 函数的导数为 1，不会出现梯度下降，更易于训练深层网络。
- 稀疏性。有研究发现，人脑在工作时只有大概 5%的神经元是激活的，Sigmoid 函数大概有 50%的神经元是激活的，而人工神经网络在理想状态时有 15%～30%的激活率，所以 ReLU 函数在小于零时是完全不激活的，可以满足理想网络的激活率要求。

由此可以看出，没有一种完美的激活函数，不同的网络有不同的函数需求，需要根据具体的模型选取合适的激活函数。

2.2.3　梯度下降法

梯度下降法是神经网络模型训练中最常用的优化算法之一。梯度下降法是一种致力于找到函数极值点的算法。前面介绍过，机器的学习其实就是不断改进模型参数，以便通过大量训练步骤将损失最小化。有了这个概念，将梯度下降法应用于寻找损失函数(loss function)或代价函数(cost function)的极值点，便构成依据输入数据的模型进行自我优化的学习过程。

常见的梯度下降法主要有批量梯度下降(Batch Gradient Descent，BGD)法、随机梯度下降(Stochastic Gradient Descent，SGD)法以及小批量梯度下降(Mini-Batch Gradient Descent，MBGD)法等。为了便于理解，这里我们将使用只含有一个特征的线性回归来展开。

设预测值为 y，要拟合的函数设为 $h_\theta(x)=\theta_0+\theta_1x_1+\theta_2x_2+\cdots+\theta_nx_n$，那么损失函数为

$$J(\theta)=\frac{1}{2}\sum_{i=1}^{m}h_\theta(x^{(i)}-y^{(i)})^2$$

图 2-8 为 $J(\theta_0,\theta_1)$与参数 θ_0、θ_1 的关系图。

这是典型的线性回归问题，可以用梯度下降法来使得这个损失函数的值最小化。

1. 批量梯度下降法

批量梯度下降法是指每一次迭代时使用所有样本来进行梯度的更新，因此需要把 m 个样本全部带入计算，迭代一次计算量为 mn^2，先对损失函数求偏导：

$$\frac{\partial J(\theta)}{\partial \theta_j} = \sum_{i=1}^{m} (h_\theta(x^{(i)} - y^{(i)})x_j^{(i)})$$

由此，进一步得到批量梯度下降法的迭代式，为

$$\theta'_j = \theta_j - \alpha \frac{\partial J(\theta)}{\partial \theta_j} = \theta_j - \alpha \sum_{i=1}^{m} (h_\theta(x^{(i)} - y^{(i)})x_j^{(i)})$$

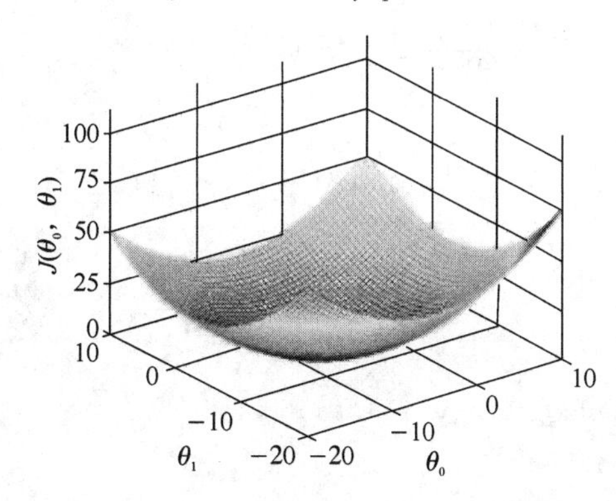

图 2-8　$J(\theta_0, \theta_1)$与参数 θ_0、θ_1 的关系图

通过批量梯度下降法得到的是一个全局最优解，但是每次迭代都要用到训练集所有的数据，其优点主要如下。

① 一次迭代就是对所有样本进行计算，此时利用矩阵进行操作，实现了并行。

② 由全数据集确定的方向能够更好地代表样本总体，从而更准确地朝向极值所在的方向。当目标函数为凸函数时，BGD 法一定能够得到全局最优解。

批量梯度下降法的缺点主要是当样本数目 m 很大时，每次迭代都需要对所有样本进行计算，训练过程会很慢。从迭代的次数上来看，BGD 法迭代的次数相对较少。其迭代的收敛曲线示意如图 2-9 所示。

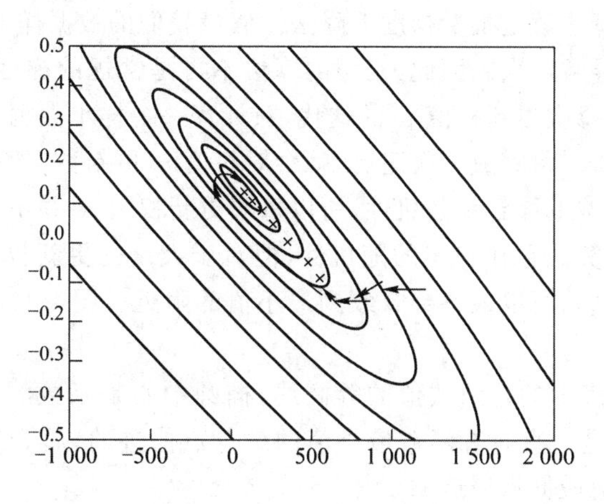

图 2-9　批量梯度下降法的迭代收敛曲线示意图

2. 随机梯度下降法

批量梯度下降法将所有的样本都带入计算，而随机梯度下降法每次迭代都是带入单个样本进行迭代，当样本总数 m 很大的时候，随机梯度下降法迭代一次的速度要远远小于批量梯度下降法。随机梯度下降法即最小化单个样本的误差准则函数，虽然每次迭代误差准则函数

都不一定向着全局最优方向，但是大的整体方向是向着全局最优方向的，最终得到的结果往往在全局最优解附近。下面还是以线性回归问题为例。设一个样本的目标函数为

$$J^{(i)}(\theta_0,\theta_1)=\frac{1}{2}(h_\theta(x^{(i)})-y^{(i)})^2$$

对上式目标函数求偏导：

$$\frac{\Delta J^{(i)}(\theta_0,\theta_1)}{\theta_j}=(h_\theta(x^{(i)})-y^{(i)})x_j^{(i)}$$

对上式进行参数更新，如下：

$$\theta_j:=\theta_j-\alpha(h_\theta(x^{(i)})-y^{(i)})x_j^{(i)}$$

伪代码形式为

```
repeat{
    for i = 1,…,m{
        θj: = θj - α(hθ(x(i)) - y(i))x(i)j
        (for j  = 0,1)
    }
}
```

随机梯度下降法的优点：由于不是在全部训练数据上的损失函数，而是在每轮迭代中，随机优化某一条训练数据上的损失函数，这样每一轮参数的更新速度都可以大大加快。

随机梯度下降法的缺点如下。

① 准确度下降。即使在目标函数为强凸函数的情况下，SGD 法仍旧无法做到线性收敛。

② 可能会收敛到局部最优，因为单个样本的趋势并不能代表全体样本的趋势。

③ 不易于并行实现。

从上面 BP 算法的推导过程中我们可以得知，每一次更新权值都需要遍历训练数据中的所有样本，这样的梯度算法就是批量梯度下降法。假设我们的数据样本异常大，比如达到数以百万计，那么计算量将异常巨大。因此，实用的算法不再是常规的梯度下降法，而是随机梯度下降法。在 SGD 法中，每次更新权值 w 的迭代，只计算一个样本数据。这样对于一个具有数百万样本的训练数据而言，每完成一次遍历，就会对权值 w 更新数以百万次，这将大大地提升运算效率。由于存在样本的噪音和随机性，所以每次更新权值 w 并不一定会按照损失函数 E 减少的方向行进。尽管算法存在一定的随机性，但对于大量的更新权值 w 来说，大体上是沿着梯度减少的方向前进的，所以最终会收敛到最小值的附近。图 2-10 展示了 SGD 法和 BGD 法的区别。

在图 2-10 中，椭圆表示的是函数值的等高线，椭圆中心是函数的最小值点。从图 2-9 中我们可以看出，BGD 法是一直向着函数最小值的最低点前进的，而 SGD 法明显随机了很多，但从总体上看，仍然是向最低点逼近的。

假设有 30 万个样本，对于 BGD 法而言，每次迭代都需要计算 30 万个样本，才能对参数进行一次更新，要求得最小值可能需要多次迭代（假设这里是 10）；而对于 SGD 法，每次更新参数只需要一个样本，因此若使用这 30 万个样本进行参数更新，则参数会被更新（迭代）30 万次，而这期间，SGD 法保证能够收敛到一个合适的最小值上。也就是说，在收敛时，BGD 法计算了 10×30 万次，而 SGD 法只计算了 1×30 万次。

有时候随机性并非坏事，因此 SGD 法的效率有时候会比较高。如果我们研究的目标函数

是一个凸函数，沿着梯度反方向总能找到全局唯一的最小值。但是对于非凸函数来说，存在许多局部最小值。SGD 法的随机性有助于逃离某些不理想的局部最小值，从而获得一个更好的网络架构模型。

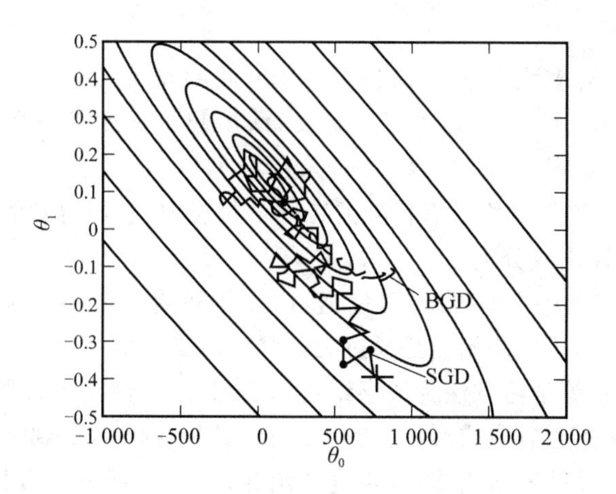

图 2-10　SGD 法和 BGD 法最小值逼近图

3. 小批量梯度下降法

小批量梯度下降法是对批量梯度下降法以及随机梯度下降法的一个折中办法，其思想是每次迭代都使用 ** batch_size ** 个样本来对参数进行更新。

这里我们假设 batch_size=10 ，样本数 $m=1\,000$。

伪代码形式为

```
repeat{
    for i = 1,11,21,31,…,991{
        θj: = θj - α110∑(i + 9)k = i(hθ(x(k)) + y(k))x(k)j
        (for j = 0,1)
    }
}
```

小批量梯度下降法的优点主要如下。

① 通过矩阵运算，在一个 batch 上优化神经网络参数并不会比单个数据慢太多。

② 每次使用一个 batch，可以大大地减小收敛所需要的迭代次数，同时可以使收敛的结果更加接近梯度下降法的效果。（比如上例中的 30 万，设置 batch_size=100 时，需要迭代 3 000 次，远小于 SGD 法的 30 万次。）

③ 可实现并行化。

小批量梯度下降法的关键是 batch_size 的选择，如果在合理范围内增大 batch_size，可以提高内存利用率和大矩阵乘法的并行化效率。在一定范围内，一般来说 batch_size 越大，其确定的下降方向越准，引起的训练振荡越小。但是，如果盲目增大 batch_size，可能会带来内存容量不够的问题，由于所需迭代次数减少，要想达到相同的精度，其所花费的时间大大地增加了，从而对参数的修正也就显得更加缓慢。特别是当 batch_size 增大到一定程度后，其确定的下降方向将基本不再变化。

2.3 深度学习与神经网络

2006年，加拿大多伦多大学教授、机器学习领域的泰斗 Geoffrey Hinton 和他的学生 Ruslan Salakhutdinov 在《科学》上发表了一篇文章，掀起了深度学习在学术界和工业界的浪潮。这篇文章有两个主要观点：

① 多隐藏层的人工神经网络具有优异的特征学习能力，学习得到的特征对数据有更本质的刻画，从而有利于可视化或分类；

② 深度神经网络在训练上的难度，可以通过"逐层初始化"（layer-wise pre-training）来有效地克服，在这篇文章中，逐层初始化是通过无监督学习实现的。

当前多数分类、回归等学习方法为浅层结构算法，其局限性在于有限样本和在计算单元情况下对复杂函数的表示能力有限，针对复杂分类问题其泛化能力受到一定的制约。深度学习可通过学习一种深层非线性网络结构，实现复杂函数逼近，表征输入数据分布式表示，并展现强大的从少数样本集中学习数据集本质特征的能力。多层的好处是可以用较少的参数表示复杂的函数。

深度学习的实质是通过构建具有很多隐藏层的机器学习模型和海量的训练数据来学习更有用的特征，从而最终提升分类或预测的准确性。因此，"深度模型"是手段，"特征学习"是目的。与传统的浅层学习相比，深度学习的不同在于：

① 强调了模型结构的深度，通常有5层、6层，甚至十多层的隐藏层节点；

② 明确突出了特征学习的重要性，也就是说，通过逐层特征变换，将样本在原空间的特征表示变换到一个新特征空间中，从而使分类或预测更加容易，与人工规则构造特征的方法相比，利用大数据来学习特征更能够刻画数据的丰富内在信息。

2.3.1 深度学习的基本思想

在现实生活中，人们为了解决某一个问题，比如文本或图像的分类，首先需要做的事情就是表示这个对象，即必须抽取一些特征来表示这个对象，因此特征对结果的影响非常大。在传统的数据挖掘方法中，特征的提取选择一般都是通过人，凭借人的经验或者专业知识纯手工选择正确特征，但是这样做效率很低，而且对于复杂的问题，人工选择很有可能会陷入困惑，无法选择。于是人们开始寻找一种能够自动选择特征，并且特征提取的准确率很高的方法。深度学习就能实现这一点，它能够利用多层次，通过组合低层特征形成更抽象的高层特征，从而实现自动地学习特征，而不需要人参与特征的选取。

深度学习的基本思想如下。

假设我们有一个系统 S，它有 n 层（$S_1, S_2, \cdots, S_n$），它的输入数据是 X，输出数据是 Y，可以非常形象地表示为：$X \Rightarrow S_1 \Rightarrow S_2 \Rightarrow \cdots \Rightarrow S_n \Rightarrow Y$。假设输出数据 Y 等于输入数据 X，即输入数据 X 经过这个系统之后没有任何的信息损失（$E=0$），这就表示输入数据 X 经过每一层 S_i 都没有任何的信息损失，所以每经过系统的一层都可以认为是输入数据 X 的另一种表示方式。对于深度学习，我们需要机器自动地学习提取特征，对于一大堆输入 X（文本或图像），经过一个系统 S（有 n 层），我们通过调整系统中参数，使得它的输出仍然是输入 X，那么我们就可以

自动地获取输入 X 的一系列层次特征，即 $S_1, S_2, \cdots, S_n$。

对于深度学习来说，其思想就是堆叠多个网络层，这一层的输出作为下一层的输入。通过这种方式就可以实现对输入信息进行分级表达了。当然，前面提到的模型系统只是理想状态下的假设，并不一定能够达到，我们可以适当地放松这个限制，只要损失函数达到一个可以接受的范围。

深度学习将深层的神经网络分成特征提取层和分类层，特征提取层就是自动提取特征信息，这是浅层学习和提升(boosting)算法无法完成的。图 2-11 展示了特征学习的过程，从图 2-11 中可以看出，复杂的图形一般是由一些基本结构组成的，每一层图形的形状组合出上一层的图形，这是一个不断抽象和迭代的过程，低级的特征组合出高级的特征。深度学习的学习过程其实就是在大量外部数据的刺激下不断修改神经网络的权值和偏置值，使其达到期望值，其目的就是训练网络，更好地拟合任务(如分类、回顾、聚类)的需求，完成特殊的任务。

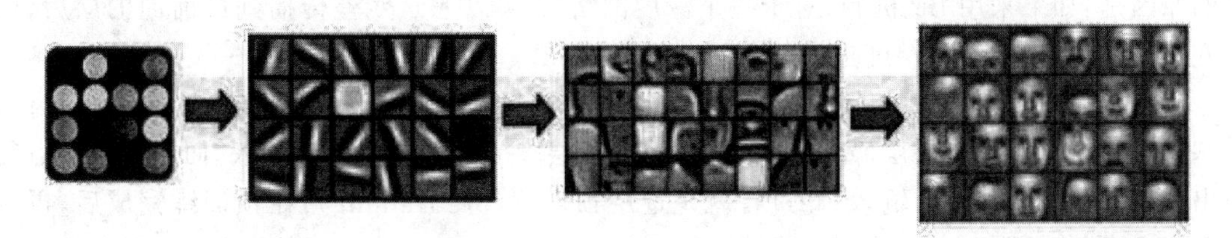

图 2-11　人脸特征提取过程图

2.3.2　深度学习与神经网络的关系

深度学习本质上是机器学习的一个分支，可以简单地理解为神经网络(Neural Network, NL)的发展。神经网络曾经是机器学习领域的一个热点研究方向，但是后来确慢慢地淡出了，原因主要包括以下几个方面。

① 比较容易过拟合，参数比较难调节(tune)，而且需要不少技巧。

② 训练速度比较慢，在层次比较少(小于等于 3)的情况下，效果并不比其他方法更优。

因此，中间有很长一段时间，神经网络被关注很少，这段时间机器学习领域基本上采用支持向量机(Support Vector Machine, SVM)和提升等算法。后来，Hinton 和他的合作者提出了一个实际可行的深度神经网络学习框架。深度神经网络与传统的神经网络之间有很多相同的地方，也有很多不同的地方。两者的相同之处在于深度学习采用了与神经网络相似的分层结构，系统包括由输入层、隐藏层(多层)、输出层组成的多层网络，只有相邻层节点之间有连接，同一层以及跨层节点之间相互无连接，每一层都可以看作一个逻辑回顾(logistic regression)模型，这种分层结构比较接近人类大脑的结构。

2.3.3　深度学习的学习过程

BP 算法作为传统训练多层网络的典型算法，在仅含几层网络的情况下，该训练方法就已经很不理想。深度结构(涉及多个非线性处理单元层)非凸目标代价函数中普遍存在的局部最小是训练困难的主要来源。BP 算法存在的问题主要有：

① 梯度越来越稀疏，从顶层越往下，误差校正信号越弱；

② 收敛到局部最小值，尤其是在远离最优区域开始的时候（随机值初始化会导致这种情况的发生）；

③ 一般我们只能用有标签的数据来训练，但大部分数据是没有标签的，而大脑可以从没有标签的数据中学习。

如果对所有层同时进行训练，时间复杂度会太高；如果每次只训练一层，则偏差就会逐层传递。这会面临跟上面监督学习中相反的问题，会严重欠拟合（因为深度网络的神经元和参数太多了）。

为了克服神经网络训练中的问题，深度学习采用了与神经网络很不同的训练机制。传统神经网络采用的是 BP 方式，简单来讲就是采用迭代的算法来训练整个网络，随机设定初值，计算当前网络的输出，然后根据当前输出值和标签值之间的差去改变前面各层的参数，直到收敛（整体上是一个梯度下降法）。而深度学习整体上是一个分层（layer-wise）的训练机制，这样做的原因是：如果采用 BP 机制，对于一个深度网络（7 层以上），残差传播到最前面的层后，已经变得太小，出现所谓的梯度扩散（gradient diffusion）。

Hinton 为了解决梯度的问题，对深度学习中的神经网络采取一种无监督逐层训练方法，其基本思想是每次训练一层隐节点，训练时将上一层隐节点的输出作为输入，而本层隐节点的输出作为下一层隐节点的输入，此过程就是逐层预训练（pre-training）；在预训练完成后，再对整个网络进行微调（fine-tunning）。在各层预训练完成后，再利用 BP 算法对整个网络进行训练。此思想相当于先寻找局部最优，然后整合起来寻找全局最优，从而避免了 BP 算法的梯度扩散问题。此思想主要分两个部分：一是每次训练一层网络；二是调优，使原始表示 x 向上生成的高级表示 r 和该高级表示 r 向下生成的 x' 尽可能一致。方法是：

① 首先逐层构建单层神经元，这样每次都是训练一个单层网络；

② 当所有层训练完后，Hinton 使用 Wake-Sleep 算法进行调优。

将除最顶层的其他层间的权重变为双向的，这样最顶层仍然是一个单层神经网络，而其他层则变为图模型。向上的权重用于“认知”，向下的权重用于“生成”。然后使用 Wake-Sleep 算法调整所有的权重。让认知和生成达成一致，也就是保证生成的最顶层表示能够尽可能正确地复原底层的节点。比如，顶层的一个节点表示人脸，那么所有人脸的图像应该激活这个节点，并且这个结果向下生成的图像应该能够表现为一个大概的人脸图像。Wake-Sleep 算法分为醒（wake）和睡（sleep）两个部分。

① wake 阶段。认知过程，通过外界的特征和向上的权重（认知权重）产生每一层的抽象表示（节点状态），并且使用梯度下降法修改层间的下行权重（生成权重）。也就是“如果现实跟我想象的不一样，改变我的权重使得我想象的东西就是这样的”。

② sleep 阶段。生成过程，通过顶层表示（醒时学的概念）和向下权重，生成底层的状态，同时修改层间向上的权重。也就是“如果梦中的景象不是我脑中的相应概念，改变我的认知权重使得这种景象在我看来就是这个概念”。

深度学习的训练过程具体如下。

(1) 使用自下上升非监督学习

使用自下上升非监督学习就是从底层开始，一层一层地往顶层训练。采用无标定数据或者有标定数据分层训练各层参数，这一步可以看作一个无监督训练过程，是和传统神经网络区别最大的部分，这个过程可以看作特征学习（feature learning）过程。

具体来说，先用无标定数据训练第一层，训练时先学习第一层的参数（这一层可以看作得到一个使得输出和输入差别最小的三层神经网络的隐藏层)，由于模型容量(capacity)的限制以及稀疏性约束，使得得到的模型能够学习数据本身的结构，从而得到比输入更具有表示能力的特征；在学习得到第 $n-1$ 层后，将第 $n-1$ 层的输出作为第 n 层的输入，训练第 n 层，由此分别得到各层的参数。

(2) 自顶向下的监督学习

自顶向下的监督学习就是通过带标签的数据去训练，误差自顶向下传输，对网络进行微调。基于第一步得到的各层参数进一步微调(fine-tune)整个多层模型的参数，这一步是一个有监督训练过程。第一步类似神经网络的随机初始化初值过程，由于 DL 的第一步不是随机初始化的，而是通过学习输入数据的结构得到的，因而这个初值更接近全局最优解，从而能够取得更好的效果，所以深度学习的效果在很大程度上归功于第一步的特征学习过程。

2.4　深度学习的主要方法

同机器学习方法一样，深度学习方法也有监督学习(supervised learning)、无监督学习(unsupervised learning)以及半监督学习(semi-supervised learning)等之分。不同的学习框架下建立的学习模型很是不同。例如，卷积神经网络(Convolutional Neural Network，CNN)就是一种深度的监督学习下的机器学习模型，而深度置信网络(Deep Belief Network，DBN)是一种无监督学习下的机器学习模型。此外，为改进深度学习过程中的不足，人们提出了增强学习、迁移学习、对偶学习等各具特色的学习方法。

2.4.1　监督学习

所谓监督学习就是指用已知某种或某些特性的样本作为训练集，以建立一个数学模型(如模式识别中的判别模型、人工神经网络中的权重模型等)，再用已建立的模型来预测未知样本。想象一下，我们可以训练一个网络，让其从所有衣服商品图片库中找出某种品牌或者某种风格的 T 恤衫，下面就是我们在这个假设场景中所要采取的步骤。

步骤 1:数据集的创建和分类

首先，我们要浏览照片(数据集)，确定所有需要的 T 恤衫图片，并对其进行标注，从而开始此过程。然后我们把所有照片分成两堆。我们使用第一堆来训练网络(训练数据)，而通过第二堆来查看模型在寻找该 T 恤衫图片操作上的准确程度(验证数据)。

等到数据集准备就绪后，我们就将照片提供给模型。在数学上，我们的目标是在深度网络中找到一个函数，这个函数的输入是一张照片，当所需要寻找的 T 恤衫不在该图片中时，其输出为 0，否则输出为 1。

此步骤通常称为分类任务(categorization task)。在这种情况下，我们进行的通常是一个结果为 yes 或 no 的训练，但事实是，监督学习也可以用于输出一组值，而不仅是 0 或 1。例如，我们可以训练一个网络，用它来输出一个人偿还信用卡贷款的概率，那么在这种情况下，输出值就是 0～100 之间的任意值。这种任务我们称为回归。

步骤 2:训练

为了继续该过程，模型可通过以下规则(激活函数)对每张照片进行预测，从而决定是否点亮工作中的特定节点。这个模型每次从左到右在一个层上操作——现在我们将更复杂的网络忽略掉。当网络为每个节点计算好这一点后,我们将到达亮起(或未亮起)的最右边的节点(输出节点)。

既然我们已经知道所需要查找的T恤衫图片是哪些图片,那么我们就可以告诉模型它的预测是对还是错。然后我们将这些信息反馈(feed back)给网络。

该算法使用的这种反馈就是一个量化"真实答案与模型预测有多少偏差"函数的结果。这个函数称为成本函数(cost function),也称为目标函数(objective function)、效用函数(utility function)或适应度函数(fitness function)。该函数的结果用于修改反向传播(backpropagation)过程中节点之间的连接强度和偏差,因为信息从结果节点"向后"传播。我们会为每个图片再重复一遍此操作,在每种情况下,算法都在尽量最小化成本函数。

步骤3:验证

一旦我们处理了第一个堆栈中的所有照片,我们就应该准备去测试该模型。我们应充分利用好第二堆照片,并使用它们来验证训练有素的模型是否可以准确地挑选出含有该T恤衫在内的照片。通常会通过调整和模型相关的各种事物(超参数)来重复步骤2和3,诸如里面有多少个节点,有多少层,哪些数学函数用于决定节点是否亮起,如何在反向传播阶段积极有效地训练权值,等等。可以通过浏览Quora上的相关介绍来理解这一点,它会给出一个很好的解释。

步骤4:应用部署

最后,一旦有了一个准确的模型,就可以将该模型部署到应用程序中。可以将模型定义为API调用,例如ParentsInPicture(photo),并且可以从软件中调用该方法,从而使模型进行推理并给出相应的结果。

得到一个标注好的数据集可能会很难(也就是很昂贵),所以需要确保预测的价值能够证明获得标记数据的成本是值得的,并且我们首先要对模型进行训练。例如,获得可能患有癌症的人的标签X射线是非常难的,但是获得产生少量假阳性和少量假阴性的准确模型的值,这种可能性显然是非常大的。

2.4.2 无监督学习

无监督学习也称为非监督学习,实现没有标记的、已经分类好的样本,需要我们直接对输入数据集进行建模,例如聚类,最直接的例子就是我们常说的"人以群分,物以类聚"。我们只需要把相似度高的东西放在一起,对于新来的样本,计算相似度后,按照相似程度进行归类就好。至于那一类究竟是什么,我们并不关心。

常用的无监督学习算法主要有主成分分析(PCA)方法、等距映射方法、局部线性嵌入方法、拉普拉斯特征映射方法、黑塞局部线性嵌入方法和局部切空间排列方法等。

无监督学习适用于具有数据集但无标签的情况。无监督学习采用输入集,并尝试查找数据中的模式,比如组织成群(聚类)或查找异常值(异常检测)。

如果你是一个T恤制造商,拥有一堆人的身体测量值。那么你可能就会想要有一个聚类算法,以便将这些测量值组合成一组集群,从而决定要生产的XS、S、M、L和XL号衬衫该有多大。

如果你是一家安全初创企业的首席技术官(CTO),你希望找出计算机之间网络连接历史中的异常,如网络流量看起来不正常,无监督学习可能会帮助你通过下载员工们的所有 CRM 历史记录,来找到那名该为此事负责的员工。

假如你是 Google Brain 团队中的一员,你想知道 YouTube 视频中有什么。谷歌通过人工智能在视频网站中找到猫的真实故事,唤起了大众对 AI 的热忱。Google Brain 团队与斯坦福大学研究人员 Quoc Le 和吴恩达一起描述了一种将 YouTube 视频分为多种类别的算法,其中一种算法自动将包含猫的视频(以及 ImageNet 中定义的 22 000 个对象类别中的数千个其他对象)组合在一起,而不需要任何明确的训练数据。

2.4.3 半监督学习

监督学习和无监督学习的中间带就是半监督学习(Semi-Supervised Learning,SSL)。对于半监督学习,其训练数据的一部分是有标签的,另一部分是没有标签的,而没标签数据的数量常常远大于有标签数据的数量(这也是符合现实情况的)。隐藏在半监督学习下的基本规律在于:数据的分布必然不是完全随机的,通过一些有标签数据的局部特征,以及更多没标签数据的整体分布,就可以得到可以接受的,甚至是非常好的分类结果。

从不同的学习场景看,半监督学习可分为四大类。

1. 半监督分类

半监督分类(semi-supervised classification):在无类标签样例的帮助下训练有类标签的样本,获得比只用有类标签的样本训练得到的分类器性能更优的分类器,弥补有类标签样本不足的缺陷,其中无类标签仅取有限离散值。

2. 半监督回归

半监督回归(semi-supervised regression):在无输出的输入的帮助下训练有输出的输入,获得比只用有输出的输入训练得到的回归器性能更好的回归器,其中输出取连续值。

3. 半监督聚类

半监督聚类(semi-supervised clustering):在有类标签样本的信息帮助下获得比只用无类标签的样例得到的结果更好的簇,提高聚类方法的精度。

4. 半监督降维

半监督降维(semi-supervised dimensionality reduction):在有类标签样本的信息帮助下找到高维输入数据的低维结构,同时保持原始高维数据和成对约束(pair-wise constraint)的结构不变,即在高维空间中满足正约束(must-link constraint)的样例在低维空间中相距很近,在高维空间中满足负约束(cannot-link constraint)的样例在低维空间中距离很远。

常见的半监督学习类算法包含生成模型(generative model)、低密度分离(low-density separation)、基于图形的方法(graph-based method)、联合训练(co-training)等。

2.4.4 增强学习

增强学习(Reinforcement Learning,RL)又叫做强化学习。增强学习就是将情况映射为行为,也就是去最大化收益。学习者并不是被告知哪种行为将要执行,而是通过尝试学习最大增益的行为并付诸行动。也就是说增强学习关注的是智能体如何在环境中采取一系列行为，从而获得最大的累积回报。通过增强学习，一个智能体知道在什么状态下应该采取什么行为。我们可以用增强学习让计算机自己去学着做事情，比如说让计算机学着去玩 Flappy Bird，或者让计算机去计算数据，我们不需要设置具体的策略，比如先飞到上面，再飞到下面，我们只是需要给算法定一个"小目标"！比如，当计算机玩得好的时候，我们就给它一定的奖励，当它玩得不好的时候，就给它一定的惩罚，在这个算法框架下，它就可以越来越好，甚至超过人类玩家的水平。

在增强学习的系统中，通常有状态集合 S、行为集合 A、策略 pi，有了策略 pi，我们就可以根据当前的状态，来选择下一刻的行为。

$$\alpha=\pi(s)$$

对于状态集合当中的每一个状态 s，我们都有相应的回报值 $R(s)$ 与之对应；对于状态序列中的每一个状态，我们都设置一个衰减系数 γ。

对于每一个策略 π，我们都设置一个相应的权值函数：

$$V^{\pi}(s_0)=E[R(s_0)+\gamma R(s_0)+\gamma^2 R(s_2)+\cdots|_{s_0=S,\pi}]$$

这个表达式应该满足贝尔曼-福特方程(Bellman-Ford equation)，可以写成

$$V^{\pi}(s_0)=E[R(s_0)+\gamma V^{\pi}(s_1)]$$

常用的增强学习策略如下。

1. 蒙特卡洛方法

蒙特卡洛(Monte-Carlo)方法又叫统计模拟方法，它使用随机数(或伪随机数)来解决计算的问题，是一类重要的数值计算方法。该方法的名字来源于世界著名的赌城蒙特卡洛，蒙特卡洛方法正是以概率为基础的方法。蒙特卡洛方法就是对这个策略所有可能的结果求平均。我们向前走了以后，再做一个行动(action)，根据策略向前，直到训练阶段(episode)结束，求出收益的和，就是向前走这个动作的一个采样。我们不断地在这个状态采样，然后来求平均。等到采样变得非常多的时候，我们的统计值就接近期望值了。所以蒙特卡洛方法是一个非常暴力、非常直观的方法。

一个简单的例子可以解释蒙特卡洛方法。假设我们需要计算一个不规则图形的面积，那么图形的不规则程度和分析性计算(比如积分)的复杂程度是成正比的。而采用蒙特卡洛方法是怎么计算的呢？首先把图形放到一个已知面积的方框内，然后假想有一些豆子，把豆子均匀地朝这个方框内撒，撒好后数这个图形之中有多少颗豆子，再根据图形内外豆子的比例来计算面积。当豆子越小，撒得越多的时候，结果就越精确。

2. 动态规划方法

动态规划方法就是需要逐步地去找有最优子结构的状态，然后找到这些状态之间的求解的先后顺序，在状态之间构造一个有向无环图，来一步步地求解最后的问题。动态规划方法的关键是需要确定向前走这个动作的收益，那么就需要将它所有的子问题全都先计算完，然后取最大值，就是它的收益了。这个方法的好处就是效率高，遍历一遍就可以了。而缺点也很明显，需要子结构问题是一个有向无环图。

3. 时间差分方法

时间差分(Temporal Difference，TD)方法是对蒙特卡洛方法的一种简化，也是在实际中应用最多的一种方法。同样要计算向前走的这个行为的价值期望值，它等于向前走了到达的

那个状态的 reward 值，加上它再转移到后继状态的期望值。TD 方法不同于递归遍历的地方在于 TD 方法只观测前面一个状态，剩下的价值不去计算了，而是用神经网络来估算。这样不需要计算就可以得到它的价值了。这就是 TD 方法里面最简单的 TD(0)方法。

4. 用神经网络来对状态进行估算的方法

神经网络的方法比较容易理解，通常可以把神经网络当成一个黑盒，输入是一个状态，输出是这个状态的价值。整个系统在运作过程中，通过现有的策略产生了一些数据，获得的这些数据在计算 reward 值的时候会有所修正。然后我们用修正的值和状态，作为神经网络进行输入，再进行训练。最后的结果显示这样做是可以收敛的。在加入了神经网络之后，各个部分之间的关系就变成了这样。神经网络的运用包括训练和预测两部分，训练的时候输入是状态(state)和这个状态相应的值；预测的时候输入是状态，输出是这个状态的预估值。

2.4.5　迁移学习

传统深度学习的目的是在对大量的训练数据进行学习的基础上，进行数据的分类与预测。但是随着互联网的迅速发展，有别于传统的网页搜索，许多新兴领域产生了大量的数据，比如微博和电商领域。在新的互联网领域，虽然存在着大量的数据，但是要把这些数据标定成训练数据却是一个非常耗时费力的过程，这个漫长的过程已经无法满足日益迅速发展的相关技术的研究。即使有了已经标注好的大量的训练数据，但是当这些训练数据不能与测试数据服从数据的同分布时，就会导致费尽心力标注好的训练数据无法使用，相等于产生了数据的浪费，这也是需要避免的情况。如何避免数据浪费，以及如何合理利用不符合一般深度学习训练条件的数据是当下需要急切解决的问题。由此，研究人员提出了"迁移学习"的概念。

迁移学习(Transfer Learning，TL)从现有的应用情景中将数据转移到新的应用情景中，以此促进新应用情景的数据学习。迁移学习放宽了深度学习的前提条件，不需要训练数据与测试数据服从数据同分布。但迁移学习有其适用的前提条件，即在新应用情景与旧情景中的不同学习任务具有共同点，这样的知识迁移才有其应用的意义。这就避免了深度学习网络下互联网中已经标注的数据大量浪费的弊端。

研究发现，对于一个特定神经网络，在网络底层提取到的特征具有普遍性，许多神经网络结构在第一层提取到的特征可能是相似的。然而分类的层数越高，网络高层提取的特征就渐渐变得特殊。从普遍的特征过渡到特殊的特征是一个从底层到高层的学习特征过程。利用深度学习逐层提取图像特征，在网络底层提取的特征有普遍性，可以将对旧的数据集训练过的网络用于新的数据集训练，然后对网络进行微调，获取适用于新的数据集分类的网络模型。

2.4.6　对偶学习

对偶学习(Dual Learning，DL)的基本思想是两个对偶的任务能形成一个闭环反馈系统，使我们得以从未标注的数据上获得反馈信息，进而利用该反馈信息提高对偶任务中的两个机器学习模型的智能性。该思想具有普适性，可以扩展到多个相关任务上面，前提是只要它们能形成一个闭环反馈系统。例如，从中文翻译到英文，然后从英文翻译到日文，再从日文翻译到中文。另外一个例子是从图片转换成文字，然后从文字转换成语音，再从语音转换成图片。

对偶学习和已有的学习范式有很大的不同。第一，监督学习只能从标注的数据进行学习，只涉及一个学习任务;而对偶学习涉及至少两个学习任务,可以从未标注的数据进行学习。第二,半监督学习尽管可以对未标注的样本生成伪标签,但无法知道这些伪标签的好坏;而对偶学习通过对偶游戏生成的反馈(例如对偶翻译中 x 和 x_1 的相似性)可以知道中间过程产生的伪标签(y_1)的好坏,因而可以更有效地利用未标注的数据。我们甚至可以说,对偶学习在某种程度上是把未标注的数据当作带标签的数据来使用。第三,对偶学习和多任务学习(multi-task learning)也不相同,尽管多任务学习也是同时学习多个任务共性模型,但这些任务必须共享相同的输入空间;而对偶学习对输入空间没有要求,只要这些任务能形成一个闭环系统即可。第四,对偶学习和迁移学习也很不一样,迁移学习用一个或多个相关的任务来辅助主要任务的学习;而在对偶学习中,多个任务是相互帮助、相互提高的,并没有主次之分。

2.5 深度学习开源框架与 TensorFlow 示例

2.5.1 深度学习开源框架

近年来,在深度学习研究领域不断出现表现优秀的软件工具及平台,这对深度学习研究的进步和发展起到了关键作用。深度学习框架是开源的,比较主流的有 TensorFlow 、Keras、Caffe 等。

1. TensorFlow

TensorFlow 是谷歌基于 DistBelief 进行研发的第二代人工智能学习系统,其命名来源于本身的运行原理。Tensor(张量)意味着 N 维数组,Flow(流)意味着基于数据流图的计算,TensorFlow 为张量从流图的一端流动到另一端的计算过程。TensorFlow 是将复杂的数据结构传输至人工智能神经网中进行分析和处理的系统,具有代码简单、部署便利、社区活跃度高等优点。TensorFlow 可用于语音识别或图像识别等多项机器深度学习领域。链接网址:https://github.com/tensorflow/tensorflow。

2. Keras

Keras 是用 Python 编写的高级神经网络的 API,能够和 TensorFlow、CNTK 或 Theano 配合使用。链接网址:https://github.com/keras-team/keras。

3. Caffe

Caffe 是一个重在表达性、速度和模块化的深度学习框架,它由伯克利视觉和学习中心(Berkeley vision and learning center)与社区贡献者共同开发。链接网址:https://github.com/BVLC/caffe。

4. Microsoft Cognitive Toolkit

Microsoft Cognitive Toolkit(以前叫作 CNTK)是一个统一的深度学习工具集,它将神经网络描述为一系列通过有向图表示的计算步骤。链接网址:https://github.com/Microsoft/CNTK。

5. PyTorch

PyTorch 是与 Python 相融合的具有强大的 GPU 支持的张量计算和动态神经网络的框架。链接网址:https://github.com/pytorch/pytorch。

6. Apache MXnet

Apache MXnet 是为了提高效率和灵活性而设计的深度学习框架。它允许使用者将符号编程和命令式编程混合使用,从而最大限度地提高效率和生产力。链接网址:https://github.com/apache/incubator-mxnet。

7. DeepLearning4J

DeepLearning4J 和 ND4J、DataVec、Arbiter 以及 RL4J 一样,都是 Skymind Intelligence Layer 的一部分。它是用 Java 和 Scala 编写的开源的分布式神经网络库,并获得了 Apache 2.0 的认证。链接网址:https://github.com/deeplearning4j/deeplearning4j。

8. Theano

Theano 可以高效地处理用户定义、优化以及计算有关多维数组的数学表达式。但是在 2017 年 9 月,Theano 宣布在 1.0 版发布后不会再有进一步的重大进展。不过不要失望,Theano 仍然是一个非常强大的库,足以支撑用户进行深度学习方面的研究。链接网址:https://github.com/Theano/Theano。

9. TFLearn

TFLearn 是一种模块化且透明的深度学习库,建立在 TensorFlow 之上,旨在为 TensorFlow 提供更高级别的 API,以方便和加快实验研究,并保持完全的透明性和兼容性。链接网址:https://github.com/tflearn/tflearn。

10. Torch

Torch 是 Torch7 中的主要软件包,其中定义了用于多维张量的数据结构和数学运算。此外,它还提供了许多用于访问的文件,以及序列化任意类型对象等的实用软件。链接网址:https://github.com/torch/torch7。

11. Caffe2

Caffe2 是一个轻量级的深度学习框架,具有模块化和可扩展性等特点。它是在原来的 Caffe 的基础上进行改进的,它的表达性、速度和模块化都有所提高。链接网址:https://github.com/caffe2/caffe2。

12. PaddlePaddle

PaddlePaddle(平行分布式深度学习)是一个易于使用的高效、灵活、可扩展的深度学习平台。它最初是由百度的科学家和工程师们开发的,旨在将深度学习应用于百度的众多产品中。链接网址:https://github.com/PaddlePaddle/Paddle。

13. DLib

DLib 是包含机器学习算法和工具的现代化 C++工具包,用来基于 C++开发复杂的软件,从而解决实际问题。链接网址:https://github.com/davisking/dlib。

14. Chainer

Chainer 是基于 Python 用于深度学习模型中的独立的开源框架,它提供灵活、直观、高性能的手段来实现全面的深度学习模型,包括新出现的递归神经网络(recurrent neural network)和变分自动编码器(variational auto-encoder)。链接网址:https://github.com/chainer/chainer。

15. Neon

Neon 是 Nervana 开发的基于 Python 的深度学习库。它易于使用,同时性能也处于最高水准。链接网址:https://github.com/NervanaSystems/neon。

16. Lasagne

Lasagne是一个轻量级的库,可用于在Theano上建立和训练神经网络。链接网址:https://github.com/Lasagne/Lasagne。

2.5.2 TensorFlow与编程示例

1. TensorFlow使用流程

根据TensorFlow标准处理流程,首先对模型参数进行初始化,通常采用对参数随机赋值的方法,对于比较简单的模型可以将各参数的初值均设为0。然后读取已经分配好的训练数据inputs(),包括每个数据样本及其期望输出。

接着在训练数据上执行推断模型,在当前模型参数的配置下,每个训练样本都会得到一个输出值。然后计算损失loss(X,Y),依据训练数据X及期望输出Y计算损失。

最后就是不断地调整模型参数train(total_loss)。在给定损失函数的约束下,通过大量训练步骤改善各参数的值,从而将损失最小化。本小节选用TensorFlow提供的梯度下降法tf.gradients进行学习。tf.gradients通过符号计算推导出指定流程图步骤的梯度,并将其以张量形式输出,由于TensorFlow已经实现了大量优化方法,因此不需要手工调用这个梯度计算函数,只需要通过大量循环不断重复上述过程即可。

当训练结束后就进入模型评估阶段evaluate(sess,X,Y)。在这一阶段中,需要对一个同样含有期望输出信息的不同测试集依据模型进行推断,并评估模型在该数据集上的损失。由于测试集拥有与训练集完全不同的样本,所以通过评估可以了解到所训练的模型在训练集之外的识别能力,如图2-12所示。

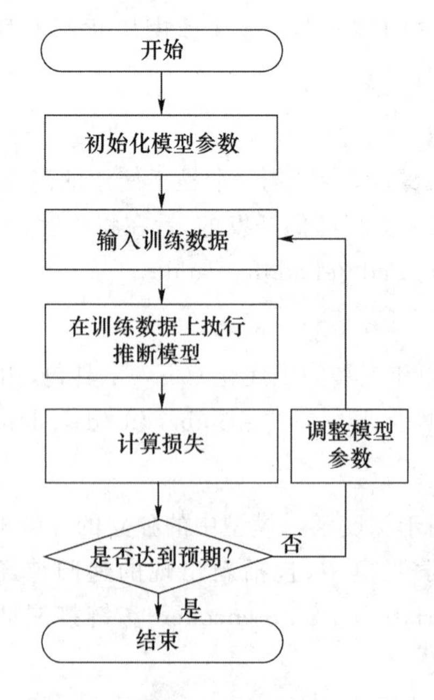

图2-12 TensorFlow训练学习流程图

2. TensorFlow 训练深度神经网络拟合正弦(sin)曲线函数示例

有关 TensorFlow 开发环境的详细搭建资料请参考本书配套电子资源材料(请到北京邮电大学出版社官方网站下载)。下面采用 TensorFlow 实现一个全连接的深度神经网络，拟合正弦函数，正弦函数的公式：$y=\sin x$。

(1) 构建 TensorFlow 网络结构

下面要构建的模拟正弦函数的神经网络包含 3 个隐藏层，每个隐藏层都有 16 个隐藏节点，单变量输入，单变量输出，各层的激活函数都采用 Sigmoid 函数，需要构建的网络结构如图 2-13 所示。

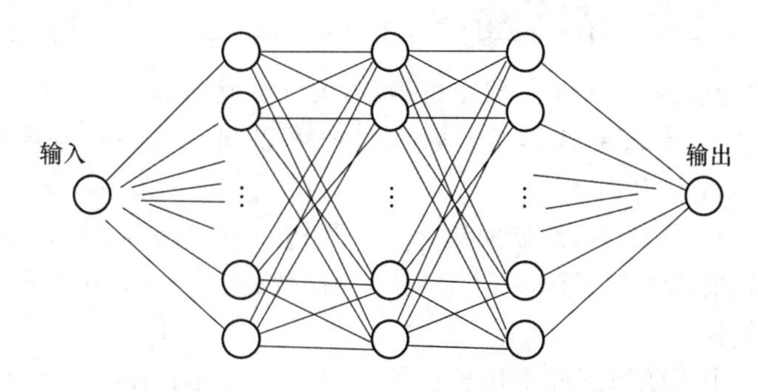

图 2-13　TensorFlow 网络结构

(2) 绘制标准的正弦曲线

下面实现绘制标准的正弦函数(见图 2-14)，之后标准的正弦函数和模拟结果都采用 pylab. plot 画到图上，方便作对比。

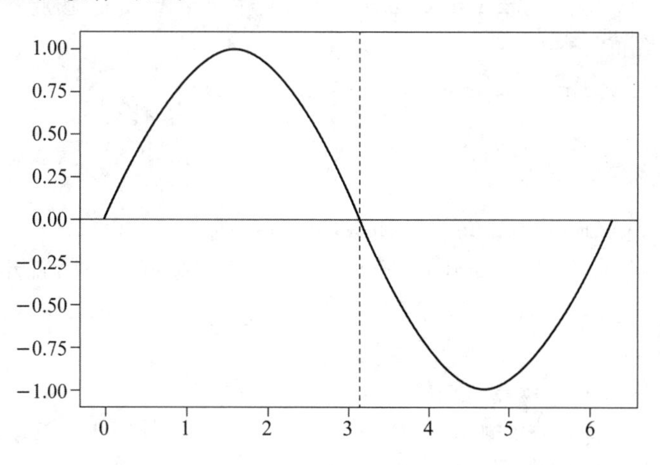

图 2-14　标准的正弦函数

具体代码如下。

首先，导入相应的 Python 包和模块。

```
import tensorflow as tf
import math
import numpy as np
import matplotlib.pyplot as plt
import pylab
```

定义 draw_sin_line() 函数，该函数用来绘制标准的正弦曲线。

```
def draw_sin_line():
  '''绘制标准的正弦曲线'''
x = np.arange(0, 2 * np.pi, 0.01)
x = x.reshape((len(x), 1))
y = np.sin(x)
pylab.plot(x, y, label = '标准的正弦曲线')
plt.axhline(linewidth = 1, color = 'r')
plt.axvline(x = np.pi, linestyle = '--', linewidth = 1, color = 'g')
```

pylab 将所有的功能函数(pyplot 状态机函数，大部分是 numpy 里面的函数)全部导入其单独的命名空间内。为什么要这样做？因为这样可以与 ipython(或者类似的 IDE，比如 pycharm)实现很好的交互模式。

上面调用 pylab 的 plot()函数绘制曲线，pylab 是 Python 下的一个画图模块。plt. axhline()函数绘制平行于 x 轴的水平参考线。plt. axvline()函数绘制平行于 y 轴的垂直参考线。

(3) 创建训练样本

首先我们创建一个正弦数据样本用于训练模型。定义 get_train_data() 函数，返回一个训练样本(train_x, train_y)，其中 train_x 是随机的自变量，train_y 是 train_x 的正弦函数值。

具体代码如下：

```
def get_train_data():
        '''返回一个训练样本(train_x, train_y)，其中 train_x 是随机的自变量，train_y 是
train_x 的正弦函数值'''
    train_x  =  np.random.uniform(0.0, 2 * np.pi, (1))
    train_y  =  np.sin(train_x)
    return train_x, train_y
```

函数原型：numpy. random. uniform(low，high，size)。

功能：从一个均匀分布[low，high)中随机采样，注意定义域是左闭右开，即包含 low，不包含 high。

参数介绍如下。

- low：采样下界，float 类型，默认值为 0。
- high：采样上界，float 类型，默认值为 1。
- size：输出样本数目，为 int 或 tuple(元组)类型，例如，size=(m，n，k)，则输出 $m \times n \times k$ 个样本，缺省时输出 1 个值。
- 返回值：ndarray 类型，其形状和参数 size 中的描述一致。

(4) 定义推理函数 inference()

构建 TensorFlow 网络结构的逻辑在 inference() 函数中实现。

构建了 3 个隐藏层，每个隐藏层都有 16 个节点，连接节点的参数 weight 和 bias 的初始化是均值为 0、方差为 1 的随机初始化，每个隐藏层的单位都采用 tf. sigmoid() 作为激活函数，输出层中没有增加 Sigmoid 函数，这是因为前面的几层非线性变换已经提取好了足够充分的特征，使用这些特征就可以让模型用最后一个线性分类函数来分类。

具体代码如下：

```
def inference(input_data):
    '''定义前向计算的网络结构,args:输入 x 的值,单个值'''
with tf.variable_scope('hidden1'):
    # 第一个隐藏层,采用 16 个隐藏节点
weights = tf.get_variable("weight", [1, 16], tf.float32, initializer = tf.random_
        normal_initializer(0.0, 1))
biases = tf.get_variable("bias", [1, 16], tf.float32, initializer = tf.random_
        normal_initializer(0.0, 1))
hidden1 = tf.sigmoid(tf.multiply(input_data, weights) + biases)
with tf.variable_scope('hidden2'):
    # 第二个隐藏层,采用 16 个隐藏节点
weights = tf.get_variable("weight", [16, 16], tf.float32, initializer = tf.ran-
        dom_normal_initializer(0.0, 1))
biases = tf.get_variable("bias", [16], tf.float32, initializer = tf.random_
        normal_initializer(0.0, 1))
mul = tf.matmul(hidden1, weights)
hidden2 = tf.sigmoid(mul + biases)
with tf.variable_scope('hidden3'):
    # 第三个隐藏层,采用 16 个隐藏节点
weights = tf.get_variable("weight", [16, 16], tf.float32, initializer = tf.
        random_normal_initializer(0.0, 1))
biases = tf.get_variable("bias", [16], tf.float32, initializer = tf.random_
        normal_initializer(0.0, 1))
mul = tf.matmul(hidden2, weights)
hidden3 = tf.sigmoid(mul + biases)
with tf.variable_scope('output_layer'):
    # 输出层
weights = tf.get_variable("weight", [16, 1], tf.float32, initializer = tf.random_
        normal_initializer(0.0, 1))
biases = tf.get_variable("bias", [1], tf.float32, initializer = tf.random_
        normal_initializer(0.0, 1))
output = tf.matmul(hidden3, weights) + biases
return output
```

如果变量存在,函数 tf.get_variable( ) 会返回现有的变量。如果变量不存在,该函数会根据给定形状和初始值创建变量。

初始器(initializer)= tf.random_normal_initializer(0.0, 1) 是其中一种内置的初始器。

(5) 定义训练函数

使用 TensorFlow 实现神经网络时,需要定义网络结构、参数、数据的输入和输出、采用的

损失函数和优化方法。繁琐的训练中的反向传播、自动求导和参数更新等操作由 TensorFlow 负责实现。

具体代码如下,代码中有详细的注释。

```
#通过梯度下降法将损失最小化
def train():
#学习率
learning_rate = 0.01
x =tf.placeholder(tf.float32)
y =tf.placeholder(tf.float32)
#基于训练好的模型推理,获取推理结果
net_out = inference(x)
#定义损失函数的 op
loss_op = tf.square(net_out - y)
#采用随机梯度下降法的优化函数
opt =tf.train.GradientDescentOptimizer(learning_rate)
#定义训练操作
train_op = opt.minimize(loss_op)
#变量初始化
init = tf.global_variables_initializer()
with tf.Session() as sess:
#执行变量的初始化操作
sess.run(init)
print("开始训练 …")
for i in range(100001):
#获取训练数据
train_x, train_y = get_train_data()
sess.run(train_op, feed_dict = {x: train_x, y: train_y})
#定时输出当前的状态
if i % 10000 == 0:
times = int(i/10000)
#每执行 10 000 次训练后,测试一下结果,测试结果用 pylab.plot()函数在界面上绘制出来
test_x_ndarray = np.arange(0, 2 * np.pi, 0.01)
test_y_ndarray = np.zeros([len(test_x_ndarray)])
ind = 0
for test_x in test_x_ndarray:
test_y = sess.run(net_out, feed_dict = {x: test_x, y: 1})
#将数组中指定的索引值指向的元素替换成指定的值
np.put(test_y_ndarray, ind, test_y)
ind += 1
```

```
#先绘制标准正弦函数的曲线,再用虚线绘制出模拟正弦函数的曲线
draw_sin_line()
pylab.plot(test_x_ndarray, test_y_ndarray, '--', label = str(times) + 'times')
pylab.legend(loc = 'upper right')
pylab.show()
print(" === DONE === ")
```

从输入数据到神经网络,再到输出预测值,采用预测值和标准值的差的平方作为损失函数,然后将得到的损失函数的操作 loss_op 传给随机梯度下降优化方法 tf.train.GradientDescentOptimizer,从而得到最后的训练操作 train_op。

在会话的 run()方法中,传入训练数据,每一次执行 train_op,就会根据输入的训练样本做一次前向计算、一次反向传播和一次参数更新。

每训练 10 000 个样本,就将标准的正弦函数和模拟结果采用 pylab.plot()函数绘制出来并做对比,其中用实线表示标准的正弦函数,用虚线表示模拟的正弦函数(也就是基于神经网络推理的结果)。

(6) 开始验证训练函数

执行 train() 函数,开始训练并验证。

第一次的参数是随机初始化的,模拟出来的正弦函数和标准的正弦函数完全不一样,如图 2-15 所示。

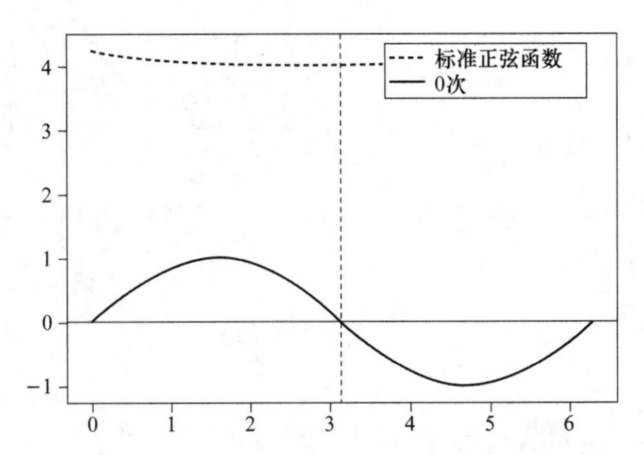

图 2-15　模拟出来的正弦函数和标准的正弦函数完全不一样

神经网络模型经过 10 000×1 次训练之后,测试结果如图 2-16 所示。此时,模拟曲线(虚线)开始向实线靠近。

图 2-17 是经过 10 000×10 次训练之后的结果。此时,模拟曲线基本上和标准的正弦曲线重合了。

如果觉得拟合度不够,还可以继续训练。这样就实现了使用 TensorFlow 深度学习开源框架实现正弦函数在 $0 \sim 2\pi$ 的曲线拟合功能。

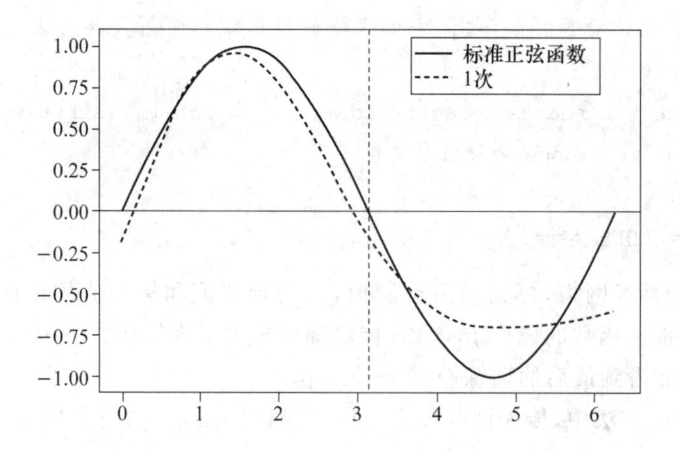

图 2-16　神经网络模型经过 10 000×1 次训练后的测试结果

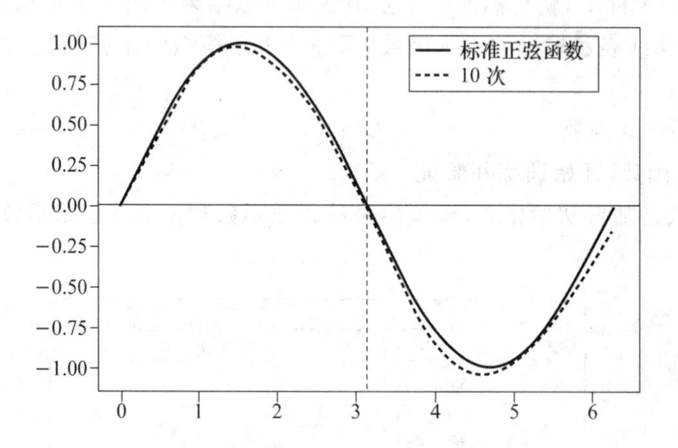

图 2-17　神经网络模型经过 10 000×10 次训练之后的结果

本章小结

深度学习是机器学习领域中一个新的研究方向,它被引入机器学习以使它更接近于最初的目标——人工智能。深度学习指学习样本数据的内在规律和表示层次,这些在学习过程中获得的信息对诸如文字、图像和声音等数据的解释有很大的帮助。深度学习的最终目标是让机器能够像人一样具有分析学习能力,能够识别文字、图像和声音等数据。深度学习是一个复杂的机器学习算法,在语音和图像识别方面取得的效果远远超过先前的相关技术。深度学习在搜索技术、数据挖掘、机器学习、机器翻译、自然语言处理、多媒体学习、语音、推荐和个性化技术,以及其他相关领域都取得了很多成果。深度学习使机器模仿视听和思考等人类的活动,解决了很多复杂的模式识别难题,使得人工智能相关技术取得了很大进步。本章详细地探讨了深度学习的数理基础,阐述了深度学习与神经网络之间的关系,同时介绍了深度学习的主要方法,最后简单地介绍了当前主流的一些深度学习开源框架,并以 TensorFlow 为例,介绍了如何使用 TensorFlow 搭建深度神经网络并实现正弦曲线拟合功能。

课后习题

一、选择题

1. 梯度下降法的主要步骤有：

a. 计算预测值和真实值之间的误差；

b. 重复迭代，直至得到网络权重的最佳值；

c. 把输入传入网络，得到输出值；

d. 用随机值初始化权重和偏差；

d. 对每一个产生误差的神经元，调整相应的(权重)值以减小误差。

请问哪个步骤顺序正确？(　　)

A. abcde　　B. edcba　　C. cbaed　　D. dcaeb

2. 已知：大脑是由很多个叫作神经元的东西构成的，神经网络是对大脑的简单数学表达。每一个神经元都有输入、处理函数和输出。神经元组合起来形成了网络，可以拟合任何函数。为了得到最佳的神经网络，我们用梯度下降法不断更新模型，给定上述关于神经网络的描述，什么情况下神经网络模型被称为深度学习模型？(　　)

A. 加入更多层，使神经网络的深度增加

B. 有维度更高的数据

C. 当这是一个图形识别的问题时

D. 以上都不正确

3. 下列哪一项在神经网络中引入了非线性？(　　)

A. 随机梯度下降法

B. 修正线性单元(ReLU)

C. 卷积函数

D. 以上都不正确

二、简答题

1. 什么样的数据集不适合用深度学习来处理？

2. Sigmoid、tanh、ReLU 这 3 个激活函数有什么缺点或不足，有没有改进的激活函数？

3. 请解释一下为什么随机梯度下降法的收敛速度比批量梯度下降法的要快？

第3章　卷积神经网络

卷积神经网络(Convolutional Neural Network,CNN)是近年发展起来并引起人们广泛重视的一种高效识别方法。在深度学习中,卷积神经网络是一种深度前馈人工神经网络,人工神经元可以响应周围单元,也可以进行大型图像处理。目前,卷积神经网络已经成为众多科学领域的研究热点之一,特别是在模式分类领域,由于该网络避免了对图像的复杂前期预处理,可以直接输入原始图像,因而得到了更为广泛的应用。卷积神经网络包括一维卷积神经网络、二维卷积神经网络以及三维卷积神经网络。一维卷积神经网络常应用于序列类的数据处理;二维卷积神经网络常应用于图像类文本的识别;三维卷积神经网络主要应用于医学图像以及视频类数据识别。本章将对CNN进行深入介绍。

3.1　卷积神经网络简介

卷积神经网络是一种前馈神经网络,它的人工神经元可以响应一部分覆盖范围内的周围单元,对于大型图像处理有出色表现。CNN在诸多领域的应用特别是在图像相关任务上表现优异,诸如图像分类(image classfication)、图像语义分割(image semantic segmentation)、图像检索(image retrieval)、物体检测(object detection)等计算机视觉问题。此外,随着CNN研究的深入,如自然语言处理(Natuaral Language Processing,NLP)中的文本分类、软件工程数据挖掘中的软件缺陷预测等问题人们都在尝试利用卷积神经网络来解决,并取得了相比传统方法甚至是其他深度网络模型更优的预测效果。

CNN是一种层次模型,其输入是原始数据,如RGB图像、原始音频数据等。CNN通过卷积、汇合和非线性激活函数映射等一系列操作的层层堆叠,将高层语义信息逐层从原始数据输入层中抽取出来,再逐层抽象,这一过程便是前馈(feed-forward)运算。其中,不同类型操作在卷积神经网络中一般称作"层":卷积操作对应"卷积层",汇合操作对应"汇合层",等等。最终,CNN的最后一层将其目标任务(分类、回归等)形式化为目标函数。通过计算预测值与真实值之间的误差或损失,凭借反向传播(back-propagation)算法将误差或损失由最后一层逐层向前反馈(back-forward),更新每层参数,并在更新参数后再次前馈,如此往复,直到网络模型收敛,从而达到模型训练的目的。

通俗地讲,卷积神经网络就像搭积木,将卷积等操作作为"基本单元"依次"搭"在原始数据上,逐层"堆砌",以损失函数的计算作为过程的结束,其中每层数据的形式都是一个三维张量(tensor)。

总体来说,CNN 的基本体系结构通常由 3 种层构成,分别是卷积层(convolutional layer)、池化层(pooling layer)和全连接层(fully-connected layer)。其中卷积层与池化层配合,组成多个卷积组,逐层提取特征,最终通过若干个全连接层完成分类。CNN 通过卷积来模拟特征区分,并且通过卷积的权值共享及池化,来降低网络参数的数量级,最后通过传统神经网络完成分类等任务。目前有许多 CNN 架构的变体,但它们的基本结构非常相似。

卷积神经网络与普通神经网络非常相似,它们都由可学习的权重和偏置常量的神经元组成。每个神经元都接收一些输入,并做一些点积计算,输出是每个分类的分数,普通神经网络里的一些计算技巧到这里依旧适用。

与普通神经网络的不同之处在于,卷积神经网络默认输入是图像,可以把特定的性质编码入网络结构,使得前馈函数更加有效率,并减少大量参数。

卷积神经网络由很多层组成,它们的输入是三维的,输出也是三维的,有的层有参数,有的层不需要参数。利用输入是图片的特点,卷积神经网络把神经元设计成 3 个维度：width、height、depth(注意这个 depth 不是神经网络的深度,而是用来描述神经元的)。比如输入的图片大小是 32 × 32 × 3 (rgb),那么输入神经元也具有 32×32×3 的维度。图 3-1 是传统神经网络与卷积神经网络的图示。

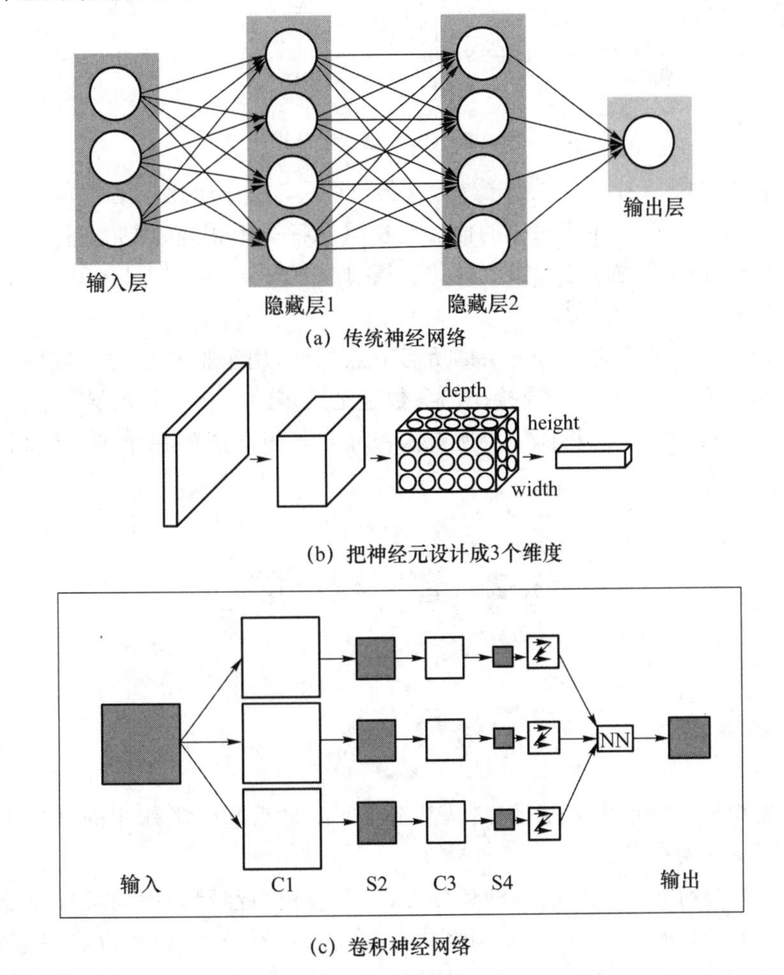

(a) 传统神经网络

(b) 把神经元设计成3个维度

(c) 卷积神经网络

图 3-1　传统神经网络和卷积神经网络的区别

图 3-1(a)中最左边的原始输入信息称为输入层,最右边的神经元称为输出层〔图 3-1(a)中输出层只有一个神经元〕,中间的叫隐藏层。

卷积层旨在学习输入的特征表示。如图 3-2 所示,卷积层由几个特征图(feature map)组成。特征图的每个神经元都与它前一层的临近神经元相连,这样的一个邻近区域叫作该神经元在前一层的局部感知区。为了计算一个新的特征图,输入特征图首先与一个学习好的卷积核(kernels)(也被称为滤波器、特征检测器)做卷积,然后将结果传递给一个非线性激活函数。通过应用不同的卷积核得到新的特征图。注意,生成一个特征图的核是相同的,也就是权值共享。这样的权值共享模式有几个优点,如可以减少模型的复杂度,使网络更容易训练等。激活函数描述 CNN 的非线性度,对多层网络检测非线性特征十分理想。CNN 中常用的激活函数有 Sigmoid、tanh 和 ReLU。

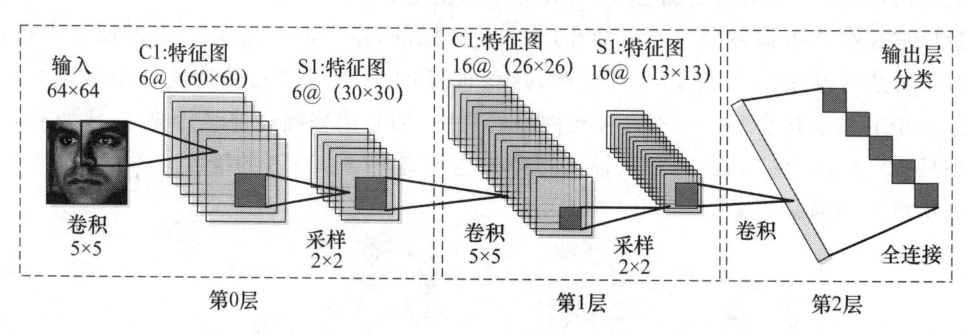

图 3-2　CNN 概念示范图

池化层旨在通过降低特征图的分辨率实现空间不变性。池化层通常位于两个卷积层之间。每个池化层的特征图都和它相应的前一卷积层的特征图相连,因此它们的特征图数量相同。典型的池化操作是平均池化和最大池化。通过叠加几个卷积层和池化层,我们可以提取更抽象的特征表示。

全连接层的每一个节点都与上一层的所有节点相连,用来把从前边提取到的特征综合起来。由于其全相连的特性,一般全连接层的参数也是最多的。几个卷积层和池化层之后,通常有一个或多个全连接层。它们将前一层所有的神经元与当前层的每个神经元相连接,在全连接层不保存空间信息。

3.2 卷积层

3.2.1 卷积层介绍

卷积层是卷积神经网络中的基础操作,甚至在网络最后起分类作用的全连接层在工程实现时也是由卷积操作替代的。

卷积运算实际是分析数学中的一种运算方式,在卷积神经网络中通常仅涉及离散卷积的情形。卷积的主要作用是抽取特征,使网络具有一定转移不变性,卷积也有一定的降维作用。一般设定一个 3×3 或 5×5 的卷积窗口,采用 ReLU 激活函数,对输入进行卷积操作。卷积可能是单通道的,也可能是多通道的。操作时分为 padding 和非 padding 两种方式。padding 分

zero-和 mean-等。对同一个输入可以设置不同的卷积窗口或步长来尽可能多地抽取特征。

在图像处理中，卷积需要 3 个参数：一个输入图像；应用到图像上的核矩阵；存储卷积后的输出结果的输出图像。

卷积的计算很简单，具体如下：

① 根据原始输入图像选择(x,y)坐标；

② 将核的中心放在该(x,y)坐标处；

③ 将核与输入图像的对应坐标一一相乘，然后将这些乘积求和，这些乘积求和的操作称为核输出(kernel output)；

④ 在输出图像上的与原始图像中选择的坐标相同的(x,y)坐标处存储核输出；

⑤ 卷积核按照步长大小在输入图像上从左往右、自上而下，依次将卷积操作进行下去，最终输出 3×3 的卷积特征，并将该结果作为下一层操作的输入。

卷积操作如图 3-3 所示。

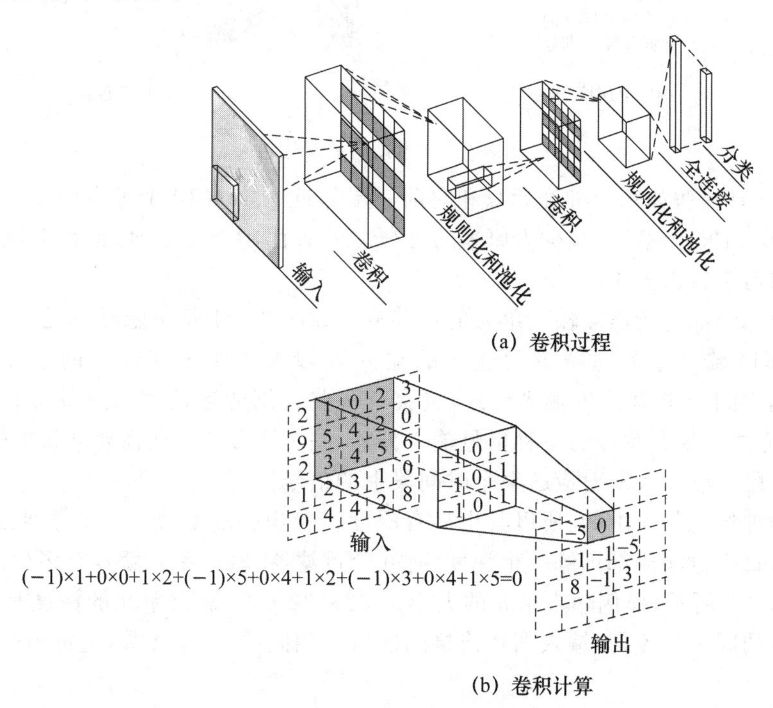

(a) 卷积过程

(b) 卷积计算

图 3-3　卷积操作

1. 局部感知

普通神经网络把输入层和隐藏层进行“全连接(full connected)”的设计。从计算的角度来讲，相对较小的图像从整幅图像中计算特征是可行的。但是，如果是大的图像(如 1 000×1 000的图像)，要通过全连接网络的这种方法来学习整幅图像上的特征，从计算角度而言，将变得非常耗时。首先需要设计 10^6(=1 000 000)个输入单元，如果隐藏层数目与输入层一样，即也是 1 000 000，那么输入层到隐藏层的参数数据为 1 000 000×1 000 000=10^{12}，这样就太多了，基本没法训练，所以必须减少参数，加快速度。

卷积神经网络有两种神器可以降低参数数目。第一种神器叫作局部感知野。一般认为人对外界的认知是从局部到全局的，图像的空间联系也是局部的像素联系较为紧密，而距离较远的像素相关性则较弱。因而每个神经元其实没有必要对全局图像进行感知,只需要对局部进行感知,然后在更高层将局部的信息综合起来就得到了全局的信息。网络部分连通的思想是受启发于生物学里面的视觉系统结构。视觉皮层的神经元就是局部接收信息的(即这些神经元只响应某些特定区域的刺激)。图 3-4 为全连接与局部连接。

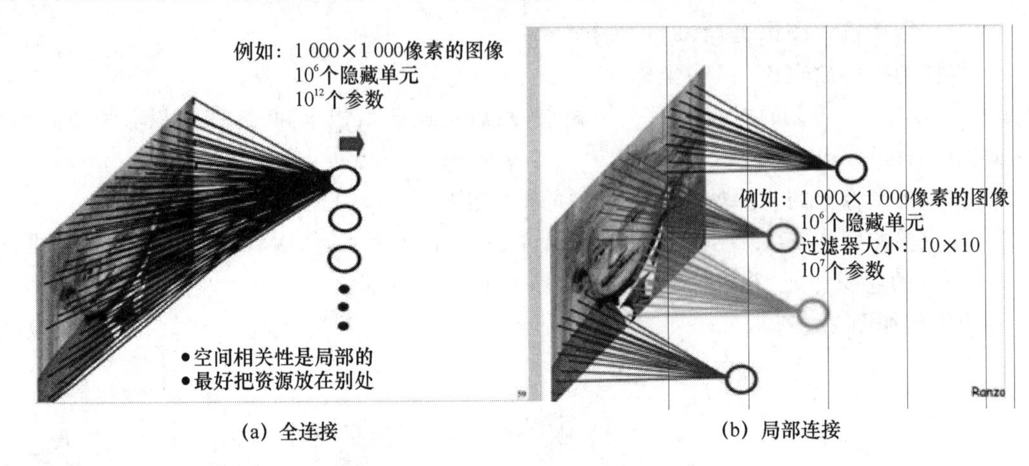

(a) 全连接　　(b) 局部连接

图 3-4　全连接与局部连接

在图 3-4(b)中,假如每个神经元只和它前一层邻近的 10×10 个像素值相连,那么权值数据为 1 000 000×100 个参数,减少为原来的万分之一。而 10×10 个像素值对应的 10×10 个参数其实就相当于卷积操作。

每个隐藏单元都只能连接输入单元的一部分。如图 3-4 中每个隐藏单元仅连接输入图像的一小片相邻区域。每个隐藏单元连接的输入区域大小叫 r 神经元的感受野(receptive field)。对于不同于图像输入的输入形式,也会有一些特别的连接到单隐藏层的输入信号"连接区域"选择方式。如音频作为一种信号输入方式,一个隐藏单元所需要连接的输入单元的子集可能仅是一段音频输入所对应的某个时间段上的信号。

卷积层的神经元是三维的,所以其也具有深度。卷积层的参数包含一系列过滤器(filter,也叫卷积核),每个过滤器都训练一个深度,有几个过滤器,输出单元就具有多少深度。

具体如图 3-5 所示,样例输入单元的大小是 32×32×3,输出单元的深度是 5,对于输出单元不同深度的同一位置,与输入图片连接的区域是相同的,但是参数(过滤器)不同。

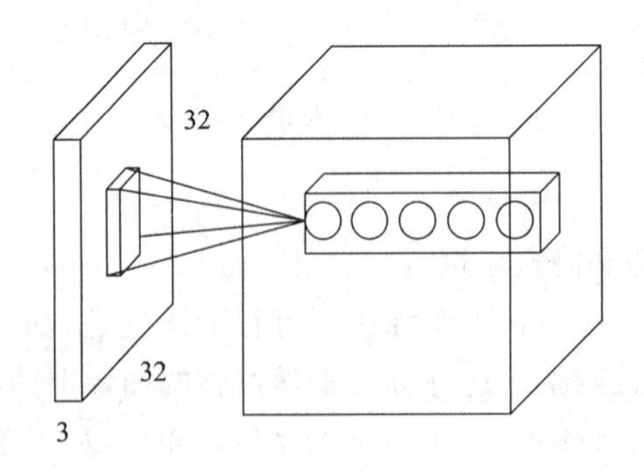

图 3-5　过滤器(卷积核)

虽然每个输出单元只是连接输入的一部分,但是值的计算方法是没有变的,都是权重和输入的点积,然后加上偏置,这点与普通神经网络是一样的,如图 3-6 所示。

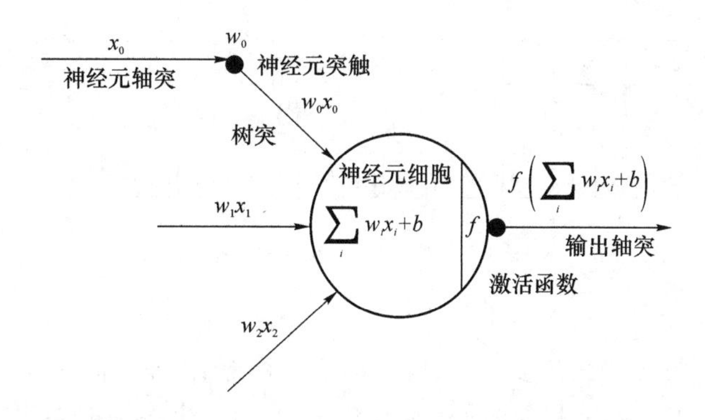

图 3-6　卷积计算原理

树突(dendrite)接收消息，传到神经元细胞(cell body)处理，通过轴突(axon)输出到下一个神经元群核团(nucleus)的树突。信号通过一个个神经元群核团一级级传输。建模为以下模型：

$$\boldsymbol{x}=\begin{pmatrix}x_0\\x_1\\x_2\end{pmatrix},\quad \boldsymbol{w}=\begin{pmatrix}w_0\\w_1\\w_2\end{pmatrix},\quad h_j=f(\sum_i w_ix_i+b)$$

一个输出单元的大小由 3 个量控制：depth、stride 和 zero-padding。

- 深度(depth)。顾名思义，它控制输出单元的深度，也就是过滤器的个数、连接同一块区域的神经元个数。
- 步幅(stride)。它控制在同一深度的相邻两个隐藏单元和与它们相连接的输入区域的距离。如果步幅很小(比如 stride = 1)，相邻隐藏单元的输入区域的重叠部分会很多；如果步幅很大，则重叠区域很少。
- 补零(zero-padding)。我们可以通过在输入单元周围补零来改变输入单元整体的大小，从而控制输出单元的空间大小。

假定

W：输入单元的大小(宽或高)
F：感受野(receptive field)
S：步幅(stride)
P：补零(zero-padding)的数量
K：输出单元的深度

则可以用以下公式计算一个维度(宽或高)内一个输出单元里可以有几个隐藏单元：

$$\frac{W-F+2P}{S}+1$$

如果计算结果不是一个整数，则说明现有参数不能正好适合输入，步幅设置得不合适，或者需要补零。

举例说明：这是一个一维的例子，图 3-7 的右上角[1 0 −1]是权重，左边模型输入单元有 5 个，即 $W=5$，边界各补了一个零，即 $P=1$，步幅是 1，即 $S=1$，感受野是 3，每个输出隐藏单元都连接 3 个输入单元，即 $F=3$，根据上面的公式可以计算出输出隐藏单元的个数是 $(5-3+2)/1+1=5$，与图示吻合；右边那个模型把步幅变为 2，其余不变，可以算出输出大小为 $(5-3+2)/2+1=3$，也与图示吻合。若把步幅改为 3，则公式不能整除，说明步幅为 3 不能恰好吻合输入单元的大小。

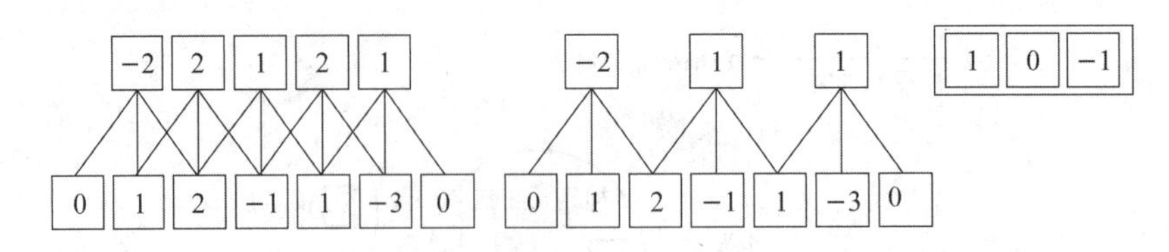

图 3-7　隐藏单元输出大小举例

2. 权值共享

仅用局部感知野参数仍然过多,那么就启动第二种神器,即权值共享。权值共享是将一个局部区域学习到的信息,应用到图像的其他地方去,即用一个相同的卷积核去卷积整幅图像,相当于对图像做一个全图滤波。在上面的局部连接中,每个神经元都对应 100 个参数,一共 1 000 000个神经元,如果这 1 000 000 个神经元的 100 个参数都是相等的,那么参数数目就变为 100 了。

怎么理解权值共享呢? 我们可以将这 100 个参数(也就是卷积操作)看成提取特征的方式,该方式与位置无关。这其中隐含的原理则是:图像的一部分统计特性与其他部分是一样的。这也意味着我们在这一部分学习的特征也能用在另一部分上,所以对于这个图像上的所有位置,我们都能使用同样的学习特征。

更直观一些,从一个大尺寸图像中随机选取一小块(比如说 8×8)作为样本,并且从这个小块样本中学习到了一些特征,这时我们可以把从这个 8×8 样本中学习到的特征作为探测器,应用到这个图像的任意地方中去。特别地,我们可以用从 8×8 样本中所学习的特征跟原本的大尺寸图像作卷积,从而对这个大尺寸图像上的任一位置获得一个不同特征的激活值。

图 3-8 展示了一个 3×3 的卷积核在 5×5 的图像上做卷积的过程。每个卷积都是一种特征提取方式,就像一个筛子,将图像中符合条件的部分筛选出来。得到的图像大小为 5−3+1=3,即 3×3 的图像。

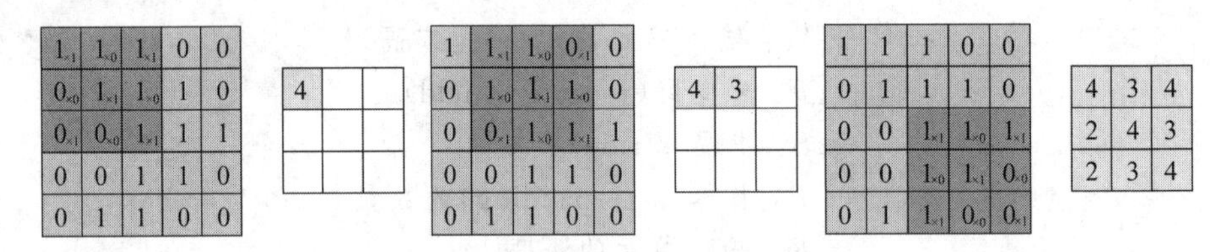

图 3-8　卷积计算

神经网络层与层之间的连接是,每个神经元都与上一层的全部神经元相连,这些连接线的权重独立于其他的神经元,所以假设上一层是 m 个神经元,当前层是 n 个神经元,那么共有 $m\times n$ 个连接,也就有 $m\times n$ 个权重。权重矩阵就是 $m\times n$ 形状,一般用 $\boldsymbol{W}$ 表示,每一行都是一个神经元与上一层所有神经元相连接的权重的值。

通俗来说,权值共享就是给一张输入图片,用一个过滤器去扫这张图片,过滤器里面的数就叫权重,这张图片的每个位置都是被同样的过滤器扫的,所以权重是一样的,也就是共享。

3. 多个卷积核

上面所述只有 100 个参数时,表明只有 1 个 10×10 的卷积核,显然,特征提取是不充分的,我们可以添加多个卷积核,比如 32 个卷积核,可以学习 32 种特征。在有多个卷积核时,如

图 3-9 所示。

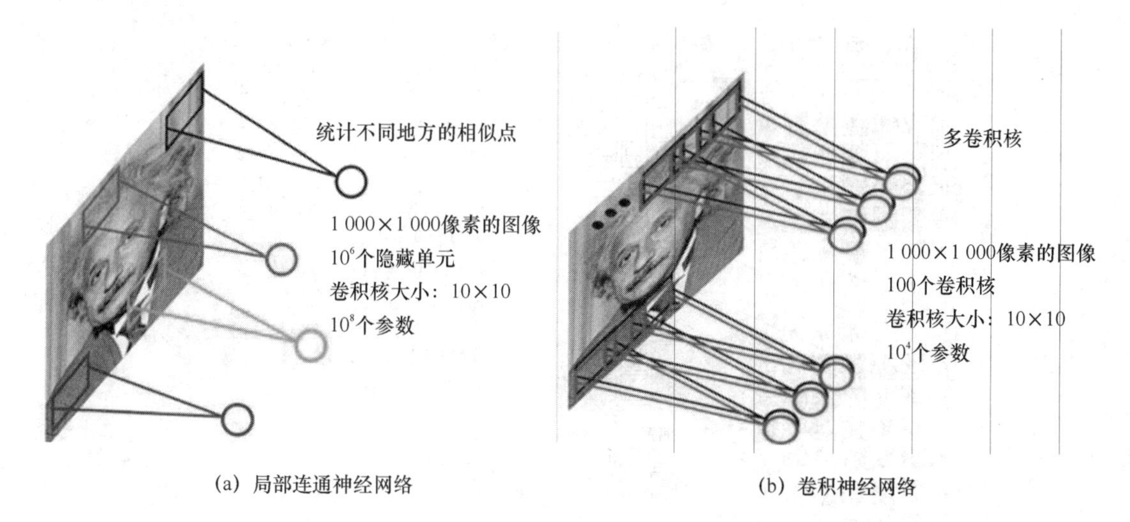

图 3-9 多个卷积核

如图 3-9(b)所示，不同颜色表示不同的卷积核。每个卷积核都会将图像生成另一幅图像。比如，两个卷积核就可以生成两幅图像，这两幅图像可以看作一幅图像的不同通道，如图 3-10 所示。

图 3-10 展示了在 4 个通道上的卷积操作，有两个卷积核，生成两个通道。其中需要注意的是，4 个通道中每个通道都对应一个卷积核，先将 W^1 忽略，只看 W^0，那么在 W^0 的某位置 (i,j) 处的值，是由 4 个通道上 (i,j) 处邻近区域的卷积结果相加，然后再取激活函数（假设选择 tanh 函数）值得到的，计算公式如下：

$$h_{ij}^{0} = \tanh(\sum_{k=0}^{3} W^{k} * (W^{0} * x)_{ij}) + b_{0}$$

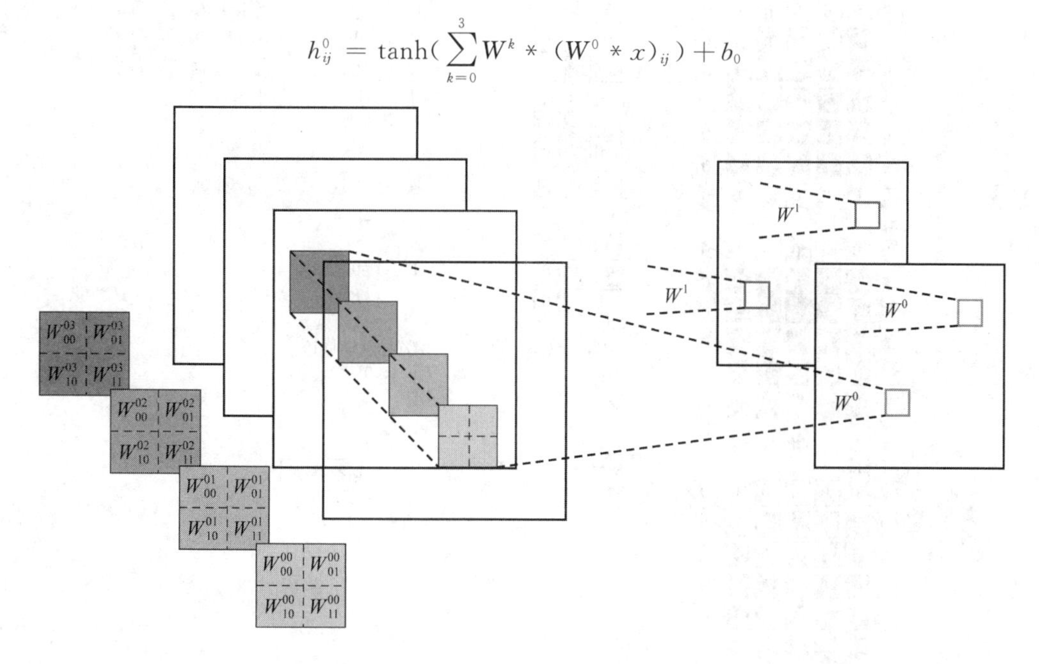

图 3-10 多卷积核操作

所以，在图 3-10 由 4 个通道卷积得到 2 个通道的过程中，参数的数目为 4×2×2×2 个，其中 4 表示 4 个通道，第一个 2 表示生成 2 个通道，最后的 2×2 表示卷积核大小。

图 3-11 中的卷积计算过程如下：

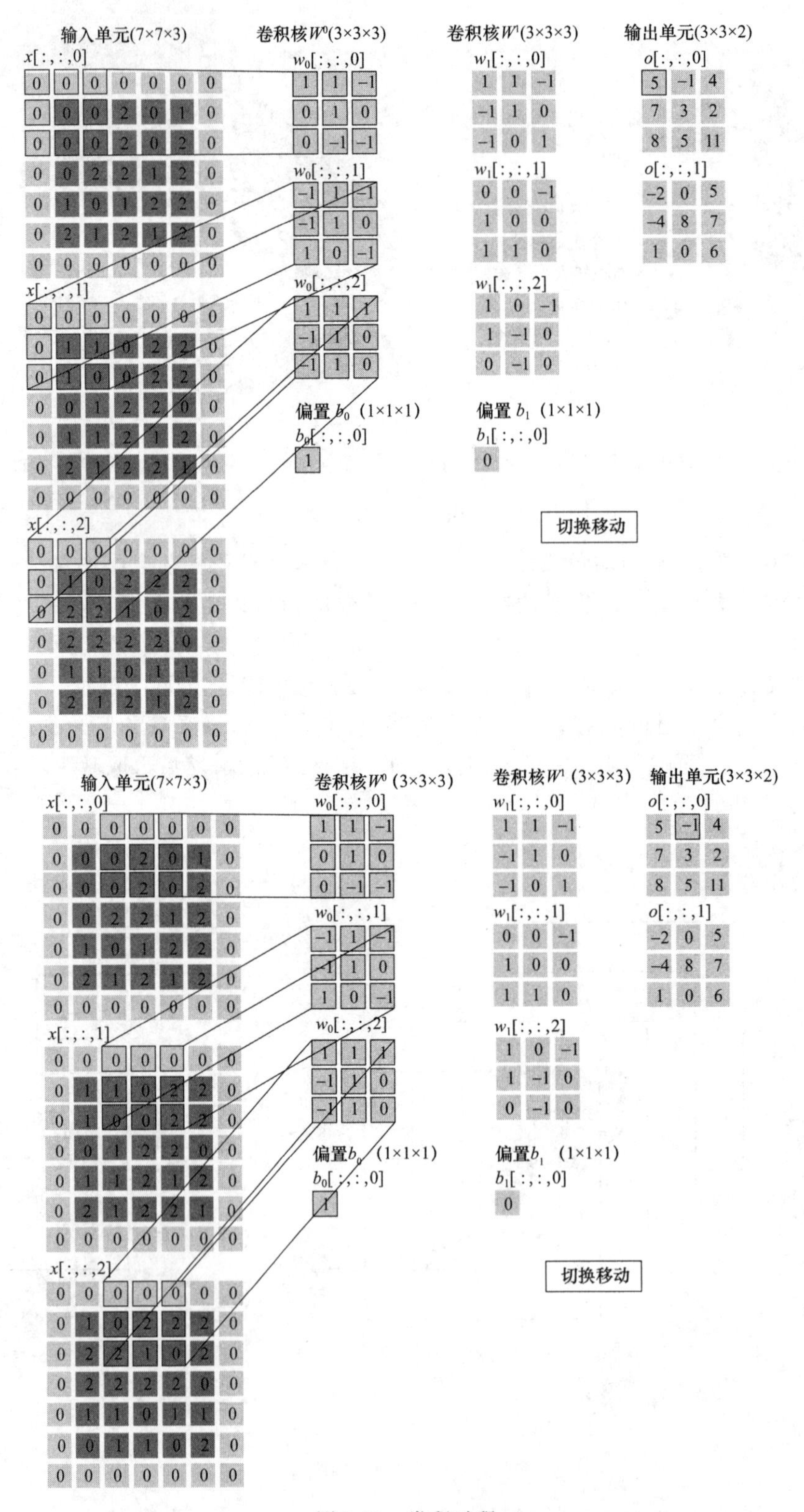

图 3-11　卷积过程

$x_{00} \times w_{00} = 0\times1+0\times1+0\times-1+0\times1+0\times1+0\times1+0\times1+0\times-1+0\times-1=0$

$x_{10} \times w_{10} = 0\times-1+0\times1+0\times-1+0\times-1+1\times1+1\times0+0\times1+1\times0+0\times-1=1$

$x_{20} \times w_{20} = 0\times1+0\times1+0\times1+0\times1+0\times-1+1\times1+0\times0+0\times-1+2\times1+0\times1=3$

$h_{00} = x_{00} \times w_{10} + x_{10} \times w_{10} + x_{20} \times w_{20} + b_0 = 0+1+3+1=5$

$x_{01} \times w_{00} = 0\times1+2\times1+0\times-1+0\times1+2\times1+0\times1+0\times1+2\times-1+0\times-1=0$

$x_{11} \times w_{10} = 0\times-1+0\times1+0\times-1+1\times-1+0\times1+2\times0+0\times1+0\times0+2\times-1=-3$

$x_{21} \times w_{20} = 0\times1+0\times1+0\times1+0\times1+0\times-1+2\times1+2\times0+2\times-1+1\times1+0\times1=1$

$x_{01} \times w_{00} + x_{11} \times w_{10} + x_{21} \times w_{20} + b_0 = 0-3+1+1=-1$

3.2.2 TensorFlow 实现卷积操作

tf.nn.conv2d 是 TensorFlow 里面实现卷积的函数，参考文档对它的介绍并不是很详细，实际上它是搭建卷积神经网络比较核心的一个方法，非常重要。

```
tf.nn.conv2d(input, filter, strides, padding,use_cudnn_on_gpu = None, name = None)
```

除 name 参数用以指定该操作的 name 外，与该方法有关的参数一共有 5 个。

- 第一个参数 input。指需要做卷积的输入图像，它要求是一个 Tensor，具有[batch, in_height, in_width, in_channels]这样的 shape，具体含义是[训练时一个 batch 的图片数量，图片高度，图片宽度，图像通道数]，注意这是一个 4 维的 Tensor，要求类型为 float32 和 float64 其中之一。
- 第二个参数 filter。相当于 CNN 中的卷积核，它要求是一个 tensor，具有[filter_height, filter_width, in_channels, out_channels]这样的 shape，具体含义是[卷积核的高度，卷积核的宽度，图像通道数，卷积核个数]，要求类型与参数 input 相同，有一个地方需要注意，第三维 in_channels 就是参数 input 的第四维。
- 第三个参数 strides。卷积时在图像每一维中的步长，这是一个一维的向量，长度为 4。
- 第四个参数 padding。string 类型的量，只能是"SAME"，"VALID"其中之一，这个值决定了不同的卷积方式。
- 第五个参数。use_cudnn_on_gpu：bool 类型，表示是否使用 cudnn 加速，默认为 true。

结果返回一个 tensor，这个输出就是我们常说的特征图。

下面以 2 个通道宽高分别为 5 的输入、3×3 的卷积核、1 个通道宽高分别为 5 的输出作为一个例子进行展开介绍。

2 个通道、5×5 的输入定义如下：

$$\begin{pmatrix} 1 & 0 & 1 & 2 & 1 \\ 0 & 2 & 1 & 0 & 1 \\ 1 & 1 & 0 & 2 & 0 \\ 2 & 2 & 1 & 1 & 0 \\ 2 & 0 & 1 & 2 & 0 \end{pmatrix}, \quad \begin{pmatrix} 2 & 0 & 2 & 1 & 1 \\ 0 & 2 & 1 & 0 & 1 \\ 1 & 1 & 0 & 2 & 0 \\ 2 & 2 & 1 & 1 & 0 \\ 2 & 0 & 1 & 2 & 0 \end{pmatrix}$$

对于输出为 1 通道的 map，根据前面的计算方法，需要 2×1 个卷积核。定义卷积核如下：

$$\begin{pmatrix} 1 & 0 & 1 \\ -1 & 1 & 0 \\ 0 & -1 & 0 \end{pmatrix}, \begin{pmatrix} -1 & 0 & 1 \\ 0 & 0 & 1 \\ 1 & 1 & 1 \end{pmatrix}$$

由于 TensorFlow 定义的 tensor 的 shape 为[n,h,w,c]，这里我们可以直接把 n 设为 1，即 batch size 为 1。还有一个问题，刚才定义的输入为[c, h, w]，所以需要将[c, h, w]转为[h,w,c]。

同理，在 TensorFlow 使用卷积核的时候，使用的格式是[k,k,in_c,out_c]。而我们在定义卷积核的时候，是按[in_c,k,k]的方式定义的，这里需要将[in_c,k,k]转为[k,k,in_c]，为了简化工作量，我们规定输出为 1 个通道，即 out_c=1。

实现代码如下：

```
import tensorflow as tf
import numpy as np
input_data = [
              [[1,0,1,2,1],
               [0,2,1,0,1],
               [1,1,0,2,0],
               [2,2,1,1,0],
               [2,0,1,2,0]],

               [[2,0,2,1,1],
                [0,1,0,0,2],
                [1,0,0,2,1],
                [1,1,2,1,0],
                [1,0,1,1,1]],
             ]
weights_data = [
               [[ 1, 0, 1],
                [-1, 1, 0],
                [0, -1, 0]],
               [[-1, 0, 1],
                [ 0, 0, 1],
                [ 1, 1, 1]]
            ]
def get_shape(tensor):
    [s1,s2,s3] =  tensor.get_shape()
    s1 = int(s1)
    s2 = int(s2)
    s3 = int(s3)
```

```
    return s1,s2,s3

    #将[c,h,w]转为[h,w,c]
    def chw2hwc(chw_tensor):
        [c,h,w] = get_shape(chw_tensor)
        cols = []

        for i in range(c):
            #每个通道里面的二维数组都转为[w * h,1],即 1 列
            line  = tf.reshape(chw_tensor[i],[h * w,1])
            cols.append(line)

        #横向连接,即将所有竖直数组横向排列连接
        input  = tf.concat(cols,1) #[w * h,c]
        #[w * h,c]-->[h,w,c]
        input  = tf.reshape(input,[h,w,c])
        return input
    #将[h,w,c]转为[c,h,w]
    def hwc2chw(hwc_tensor):
        [h,w,c] = get_shape(hwc_tensor)
        cs = []
        for i in range(c):
            #[h,w]→[1,h,w]
            channel = tf.expand_dims(hwc_tensor[:,:,i],0)
            cs.append(channel)
        #[1,h,w]…[1,h,w]→[c,h,w]
        input  = tf.concat(cs,0) #[c,h,w]
        return input

    def tf_conv2d(input,weights):
        conv  =  tf.nn.conv2d(input, weights, strides = [1, 1, 1, 1], padding = 'SAME')
        return conv

    defmain():
        const_input  =  tf.constant(input_data, tf.float32)
        const_weights  =  tf.constant(weights_data, tf.float32 )

        input  = tf.Variable(const_input,name = "input")
```

```
    #[2,5,5]→[5,5,2]
    input = chw2hwc(input)
    #[5,5,2]→[1,5,5,2]
    input = tf.expand_dims(input,0)

    weights  = tf.Variable(const_weights,name = "weights")
    #[2,3,3]→[3,3,2]
    weights = chw2hwc(weights)
    #[3,3,2]→[3,3,2,1]
    weights = tf.expand_dims(weights,3)

    #[b,h,w,c]
    conv = tf_conv2d(input,weights)
    rs = hwc2chw(conv[0])

    init = tf.global_variables_initializer()
    sess = tf.Session()
    sess.run(init)
    conv_val  =  sess.run(rs)

    print(conv_val[0])

if __name__ =='__main__':
    main()
```

执行上面的代码,运行结果如下。

```
[[ 2.  0.  2.  4.   0.]
 [ 1.  4.  4.  3.   5.]
 [ 4.  3.  5.  9.  -1.]
 [ 3.  4.  6.  2.   1.]
 [ 5.  3.  5.  1.  -2.]]
```

上面的代码有几个地方需要注意一下。

- 由于输出通道为 1,因此可以在卷积核数据转换的时候直接调用 chw2hwc;如果输出通道不为 1,则不能这样完成转换。
- 输入完成 chw 转 hwc 后,需要在第 0 维扩充维数,因为卷积要求输入为[n,h,w,c]。
- 为了方便我们查看结果,将 hwc 的 shape 转为 chw。

案例中卷积计算示意如图 3-12 所示。

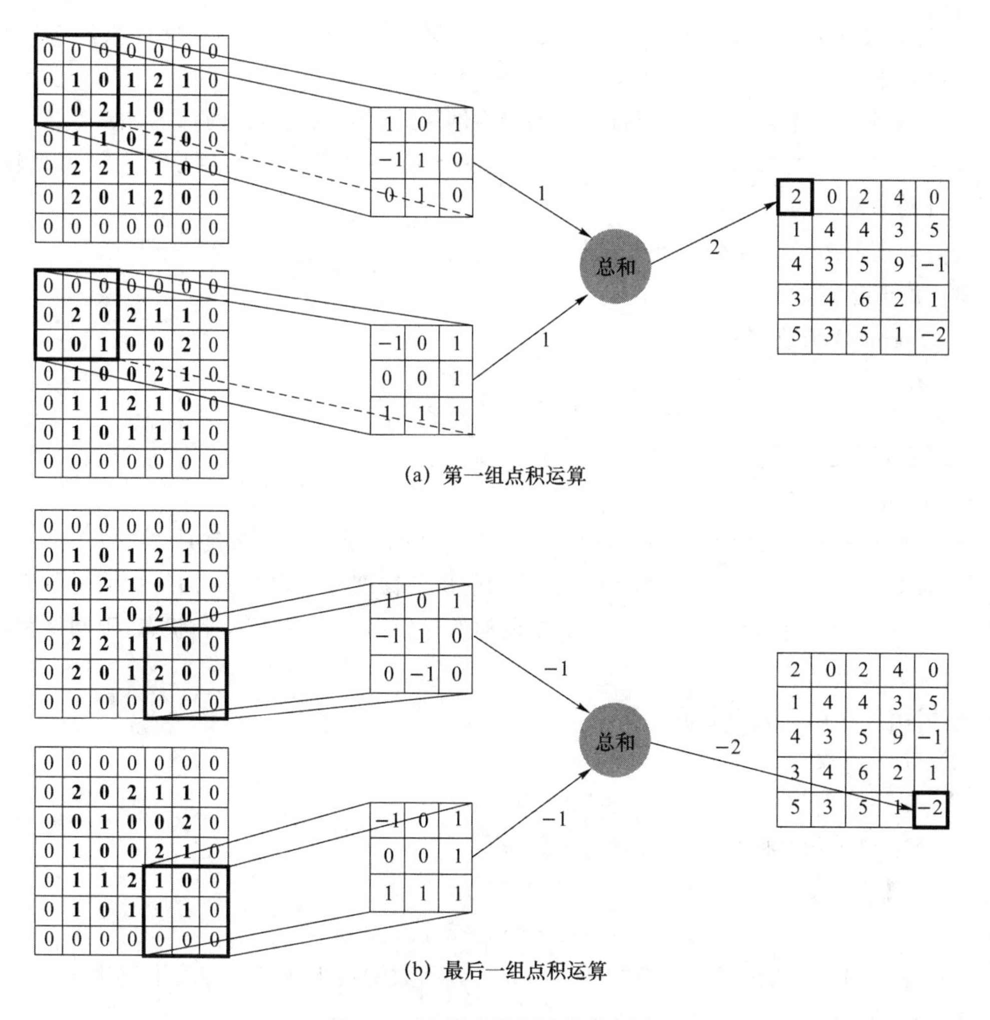

图 3-12　案例中卷积计算示意图

3.2.3　激活函数

如果输入变化很小,导致输出结构发生截然不同的结果,这种情况是我们不希望看到的,为了模拟更细微的变化,输入和输出数值不只是 0 或 1,可以是 0 和 1 之间的任何数。

激活函数是用来加入非线性因素的,因为线性模型的表达力不够。这句话字面的意思很容易理解,那么在处理图像的时候是如何应用的呢?在神经网络中,对于图像,主要采用了卷积的方式来处理,也就是对每个像素点都赋予一个权值,这个操作显然是线性的。但是对于实际样本来说,不一定是线性可分的,为了解决这个问题,我们可以进行线性变换,或者引入非线性因素,解决线性模型所不能解决的问题。

激活函数应该具有的性质如下。

① 非线性。线性激活层对于深层神经网络没有作用,因为其作用以后仍然是输入的各种线性变换。

② 连续可微。梯度下降法的要求。

③ 范围最好不饱和。当有饱和的区间段时，若系统优化进入该段，梯度近似为 0，网络的学习就会停止。

④ 单调性。当激活函数是单调时，单层神经网络的误差函数是凸的，好优化。

⑤ 在原点处近似线性。这样当权值初始化为接近 0 的随机值时，网络可以学习得较快，无须可以调节网络的初始值。

目前常用的激活函数都只拥有上述性质的部分，没有一个能拥有全部的性质。

常用的激活函数如下。

(1) Sigmoid 函数

$$f(x)=\frac{1}{1+\mathrm{e}^{-x}}$$

该函数目前已被淘汰。

该函数的缺点如下。

- 饱和时梯度值非常小。由于 BP 算法反向传播的时候后层的梯度是以乘性方式传递到前层的，因此当层数比较多的时候，传到前层的梯度就会非常小，网络权值得不到有效的更新，即梯度耗散。如果该层的权值初始化使得 $f(x)$ 处于饱和状态，则网络基本上权值无法更新。
- 输出值不以 0 为中心值。

(2) tanh 函数

$$\tanh(x)=\sigma(2x)-1$$

其中 $\sigma(x)$ 为 Sigmoid 函数，仍然具有饱和的问题。

(3) ReLU 函数

$$f(x)=\max(0,x)$$

Alex 在 2012 年提出了一种新的激活函数。该函数的提出在很大程度上解决了 BP 算法在优化深层神经网络时的梯度耗散问题。

优点：

- 当 $x>0$ 时，梯度恒为 1，无梯度耗散问题，收敛快。
- 增大了网络的稀疏性。当 $x<0$ 时，该层的输出为 0，训练完成后为 0 的神经元越多，稀疏性越大，提取出来的特征就越具有代表性，泛化能力越强。即得到同样的效果，真正起作用的神经元越少，网络的泛化性能越好。
- 运算量很小。

缺点：

如果后层的某一个梯度特别大，导致 W 更新以后变得特别大，该层的输入小于 0，输出为 0，这时该层就会“die”，没有更新。当学习率比较大时可能会有 40% 的神经元在训练开始就“die”，因此需要对学习率进行一个好的设置。

由优缺点可知 $\max(0,x)$ 函数为一个双刃剑，既可以形成网络的稀疏性，也可能造成有很多永远处于“die”的神经元，需要权衡(tradeoff)。

(4) Leaky ReLU 函数

$$f(x)=\begin{cases}1, & x<0\\ \alpha x+1, & x\geqslant 0\end{cases}$$

Leaky ReLU 函数改善了 ReLU 的死亡特性，但是也同时损失了一部分稀疏性，且增加了一个超参数。

(5) Maxout 函数

$$f(x)=\max(\boldsymbol{w}_1^{\mathrm{T}}x+b_1, \boldsymbol{w}_2^{\mathrm{T}}x+b_2)$$

Maxout 函数泛化了 ReLU 和 Leaky ReLU，改善了死亡特性，但是同样损失了部分稀疏性，每个非线性函数都增加了两倍的参数。

先来比较一下上面列出的激活函数，因为神经网络的数学基础是处处可微的，所以选取的激活函数要能保证数据的输入与输出也是可微的，运算特征是不断进行循环计算，因而在每代循环过程中，每个神经元的值都是在不断变化的。这就导致了 tanh 函数在特征相差明显时效果会很好，在循环过程中会不断扩大特征效果并显示出来。但是在特征比较复杂或是相差不是特别大，需要更细微的分类判断的时候，Sigmoid 函数的效果就比较好了。

还有一点需要注意，Sigmoid 和 tanh 作为激活函数，一定要对 input 进行归一化，否则激活后的值都会进入平坦区，使隐藏层的输出全部趋同。而 ReLU 函数并不需要输入归一化来防止它们达到饱和。

构建稀疏矩阵，也就是大多数为 0 的稀疏矩阵，即利用稀疏性这个特性去除数据中的冗余，最大可能地保留数据的特征。这个特性主要是对于 ReLU 函数，因为神经网络是不断反复计算的，取 $\max(0,x)$ 实际上变成了它在不断试探如何用一个大多数为 0 的矩阵来表达数据特征，结果因为稀疏特性的存在，反而这种方法变得运算又快效果又好了。因而目前大部分的卷积神经网络基本上都采用了 ReLU 函数，但是需要注意学习率的设置以及死亡节点所占的比例。

3.3 池化层

3.3.1 池化层介绍

池化层(pooling layer)往往在卷积层后面，通过池化来降低卷积层输出的特征维度，起到降维作用，同时改善结果(不易出现过拟合)。设置一个池化窗口，对 X 进行池化，采用 ReLU 或 Sigmoid 做激活函数，注意函数的饱和死区特性导致的反向传播时梯度消失的问题，可以配合 Batch Normalization 使用。池化有最大池化和平均池化。

在通过卷积获得了特征(feature)之后，下一步我们希望利用这些特征去做分类。理论上讲，人们可以用所有提取到的特征去训练分类器，例如 softmax 分类器，但这样做面临着计算量的挑战。例如，对于一个 96×96 像素的图像，假设我们已经学习到了 400 个定义在 8×8 输入上的特征(即有 400 个卷积核)，每一个特征和图像卷积都会得到一个(96－8＋1)×(96－8＋1)＝7 921 维的卷积特征，由于有 400 个特征，所以每个样例(example)都会得到一个 7 921×400＝3 168 400维的卷积特征向量。学习一个拥有超过 300 万特征输入的分类器十分不便，并且容易出现过拟合。

为了解决这个问题，首先回忆一下，我们决定使用卷积后的特征是因为图像具有一种“静态性”的属性，这也就意味着在一个图像区域有用的特征极有可能在另一个区域同样适用。因此，为了描述大的图像，一个很自然的想法就是对不同位置的特征进行聚合统计，例如，人们可以计算图像一个区域上的某个特定特征的平均值(或最大值)。这些统计特征不仅具有低得多的维度(相比使用所有提取到的特征)，同时还会改善结果(不容易过拟合)。这种聚合的操作就叫作池化(pooling)，有时也称为平均池化或者最大池化(取决于计算池化的方法)。最大池化如图 3-13 所示。

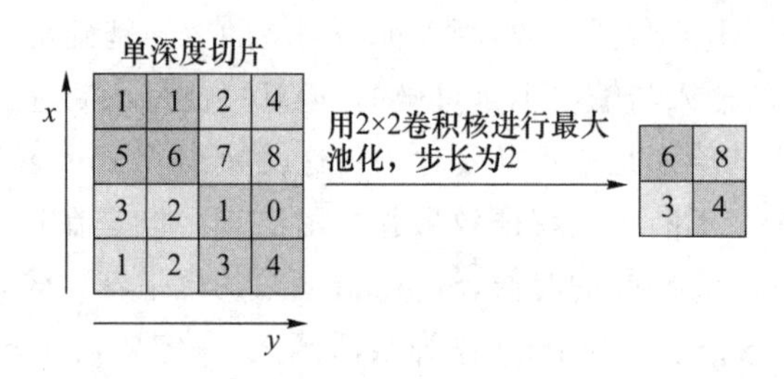

图 3-13 最大池化

形式上，在获取到我们前面讨论过的卷积特征后，我们要确定池化区域的大小(假定为 $m\times n$)，来池化我们的卷积特征。那么，我们把卷积特征划分到数个大小为 $m\times n$ 的不相交区域上，然后用这些区域的平均(或最大)特征来获取池化后的卷积特征。这些池化后的特征便可以用来做分类。

池化的结果是使得特征、参数减少，但池化的目的并不仅在于此。池化的目的是保持某种不变性(旋转、平移、伸缩等)，常用的池化有平均池化(mean-pooling)、最大池化(max-pooling)和随机池化(stochastic-pooling)3 种。

- 平均池化。计算图像区域的平均值并将其作为该区域池化后的值，计算公式如下：

$$\frac{\partial \text{loss}}{\partial \alpha} \text{当且仅当 } j=\arg\min_{k\leqslant K}\|x_i-d_k\|_2^2$$

$$h_m=\frac{1}{|N_m|}\sum_{i\in N_m}\alpha_i$$

- 最大池化。选图像区域的最大值作为该区域池化后的值，计算公式如下：

$$\alpha_i=\arg\min_{\alpha} L(\alpha,D)\stackrel{\Delta}{=}\|x_i-D\alpha\|_2^2+\lambda\|\alpha\|_1$$

$$h_{m,j}=\max_{i\in N_m}\alpha_{ij}, \quad j=i,\cdots,K$$

- 随机池化。只需对特征图中的元素按照其概率值大小随机选择，即元素值大的被选中的概率也大。

如果人们选择图像中的连续范围作为池化区域，并且只是池化相同(重复)的隐藏单元产生的特征，那么这些池化单元就具有平移不变性(translation invariant)。注意这两点：①连续范围；②池化相同隐藏单元产生的特征。

这意思是指，在池化单元内部能够具有平移的不变性，它的平移也是有一定范围的，因为每个池化单元都是连续的，所以能够保证图像整体上发生平移，还能提取特征进行匹配。

无论是 max 还是 average 都在提取区域特征，均相当于一种抽象，抽象就是过滤掉了不必要的信息(当然也会损失信息细节)，所以在抽象层次上可以进行更好的识别。

至于 max 与 average 效果是否一样，还是要看需要识别的图像细节特征情况，这个不一定,不过据说差异不会超过 2%。

一般来说,评估特征提取的误差主要来自两个方面。

① 邻域大小受限造成估计值方差增大,average 能减小这种误差。

② 卷积层参数误差造成估计均值的偏移,max 能减小这种误差。

也就是说,average 对背景保留得更好,max 对纹理提取得更好,如果是识别字体,max 比较合适一些。

3.3.2 TensorFlow 实现池化操作

最大池化是 CNN 当中的最大值池化操作,其用法和卷积很类似。

```
tf.nn.max_pool(value, ksize, strides, padding, name = None)
```

参数有 4 个,和卷积很类似。

- 第一个参数 value。需要池化的输入,一般池化层接在卷积层后面,所以输入通常是 feature map,依然是[batch, height, width, channels]这样的 shape。
- 第二个参数 ksize。池化窗口的大小,取一个四维向量,一般是[1, height, width, 1],因为我们不想在 batch 和 channels 上做池化,所以这两个维度设为 1。
- 第三个参数 strides。和卷积类似,表示窗口在每一个维度上滑动的步长,一般是[1, stride,stride, 1]。
- 第四个参数 padding。和卷积类似,可以取"VALID"或者"SAME"。

返回一个 tensor,类型不变,shape 仍然是[batch, height, width, channels]这种形式。

假设有这样一张图,双通道。

第一个通道:

1	3	5	7
8	6	4	2
4	2	8	6
1	3	5	7

第二个通道:

2	4	6	8
7	5	3	1
3	1	7	5
2	4	6	8

用程序实现最大值池化,详细代码见“3.3 池化操作.py”(请到北京邮电大学出版社官方网站下载)。

池化后的图就是:

8	6	7
8	8	8
4	8	8

，

7	6	8
7	7	7
4	7	8

我们还可以改变步长：

```
pooling = tf.nn.max_pool(a,[1,2,2,1],[1,2,2,1],padding = 'VALID')
```

最后的 result 就变成：

```
reslut:
[[[[8.  7.]
   [ 7.  8.]]


  [[ 4.  4.]
   [ 8.  8.]]]]
```

池化后的图就是：

8	7
4	8

，

7	8
4	8

3.4 全连接层

3.4.1 全连接层介绍

几个卷积层和池化层之后，通常有一个或多个全连接(Fully Connected，FC)层，旨在执行对原始图像的高级抽象。它们将前一层所有的神经元与当前层的每个神经元相连接，即与标准神经网络各层之间的连接相同，在全连接层不保存空间信息。

全连接层在整个卷积神经网络中起到"分类器"的作用。如果说卷积层、池化层和激活函数层等操作是将原始数据映射到隐藏层特征空间的话，全连接层则起到将学到的"分布式特征表示"映射到样本标记空间的作用。在实际使用中，全连接层可由卷积操作实现：前层是全连接层的全连接层可以转换为卷积核为 1×1 的卷积；而前层是卷积层的全连接层可以转换为卷积核为 $h\times w$ 的全局卷积，h 和 w 分别为前层卷积结果的高和宽。

图 3-14(a)中连线最密集的两个地方就是全连接层，可以很明显地看出全连接层的参数的确很多。在前向计算过程，也就是一个线性的加权求和的过程中，全连接层的每一个输出都可以看成前一层的每一个节点乘以一个权重系数 W，最后加上一个偏置值 b。如图 13-14(a)中的第一个全连接层，输入有 $50\times4\times4$ 个神经元节点，输出有 500 个节点，则一共需要 $50\times4\times4\times500=400\,000$ 个权值参数 W 和 500 个偏置参数 b。全连接层内部示意如图 3-14(b)所示。

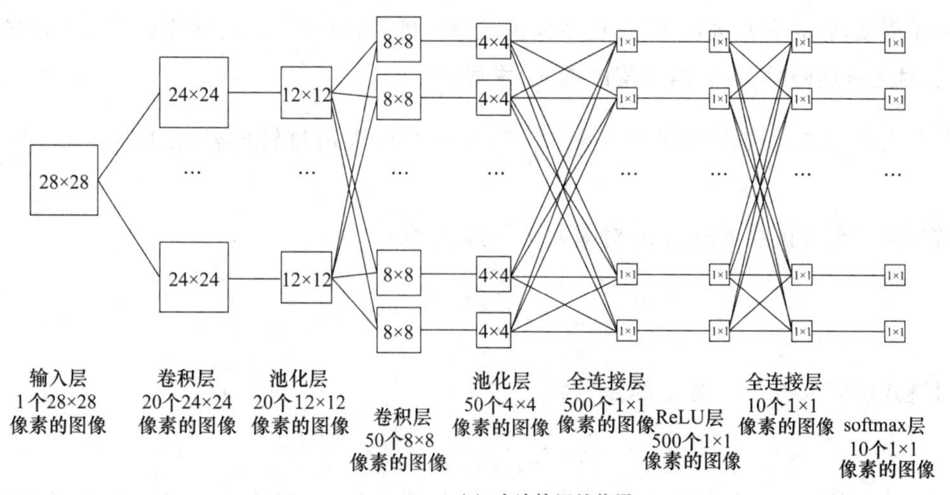

(a) 全连接层的位置

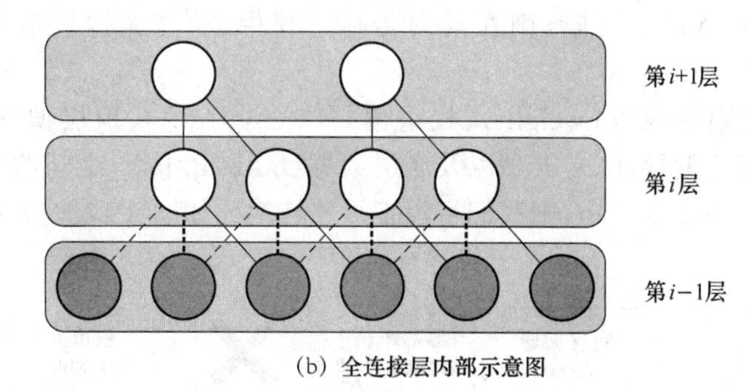

(b) 全连接层内部示意图

图 3-14　全连接图

下面用一个简单的网络具体介绍一下推导过程。图 3-15 所示为简单的全连接网络图。其中，x_1、x_2、x_3 为全连接层的输入，a_1、a_2、a_3 为输出，则有

$$a_1 = W_{11}x_1 + W_{12}x_2 + W_{13}x_3 + b_1$$
$$a_2 = W_{21}x_1 + W_{22}x_2 + W_{23}x_3 + b_2$$
$$a_3 = W_{31}x_1 + W_{32}x_2 + W_{33}x_3 + b_3$$

可以写成如下矩阵形式：

$$\begin{pmatrix} a_1 \\ a_2 \\ a_3 \end{pmatrix} = \begin{pmatrix} W_{11} & W_{12} & W_{13} \\ W_{21} & W_{22} & W_{23} \\ W_{31} & W_{32} & W_{33} \end{pmatrix} \begin{pmatrix} x_1 \\ x_2 \\ x_3 \end{pmatrix} + \begin{pmatrix} b_1 \\ b_2 \\ b_3 \end{pmatrix}$$

以我们的第一个全连接层为例，该层有 50×4×4=800 个输入节点和 500 个输出节点，如图 3-16 所示。

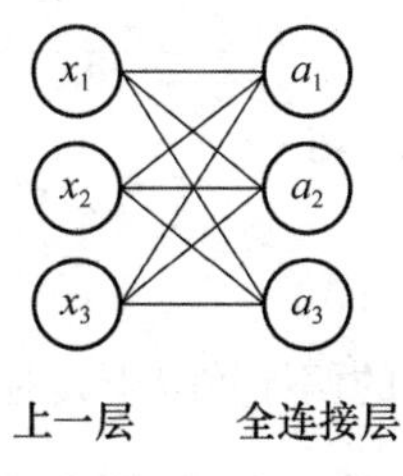

图 3-15　简单的全连接网络图

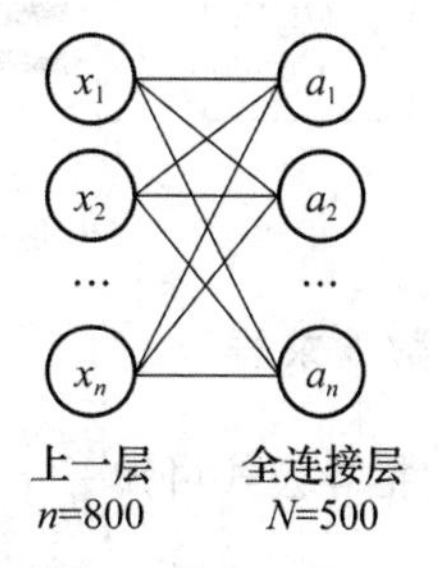

图 3-16　全连接层举例示意图

由于需要对 W 和 b 进行更新，还要向前传递梯度，所以我们需要计算如下 3 个偏导数。

1. 对上一层的输出(即当前层的输入)求导

若我们已知传递到当前层的梯度 $\frac{\partial \mathrm{loss}}{\partial \alpha}$，则我们可以通过链式法则求得 loss 对 x 的偏导数。

首先需要求得该层的输出 a_i 对输入 x_j 的偏导数：

$$\frac{\partial a_i}{\partial x_j} = \frac{\sum_j^{800} w_{ij} x_j}{\partial x_j} = w_{ij}$$

再通过链式法则求得 loss 对 x 的偏导数：

$$\frac{\partial a_i}{\partial x_j} = \sum_j^{500} \frac{\partial \mathrm{loss}}{\partial a_j} \frac{\partial a_j}{\partial x_k} = \sum_j^{500} \frac{\partial \mathrm{loss}}{\partial a_j} w_{kj}$$

上边求导的结果印证了前边那句话：在反向传播过程中，若第 x 层的 a 节点通过权值 W 对第 $x+1$ 层的 b 节点有贡献，则在反向传播过程中，梯度通过权值 W 从 b 节点传播回 a 节点。

根据链式法则中权重(weight)、权重偏导(weight diff)、顶层偏导(top diff)、底层偏导(bottom diff)、偏置偏导(bias diff)以及底层数据(bottom data)之间的关系，若我们一次训练 16 张图片，即 batch_size=16，则我们可以把计算转换为如图 3-17 所示的矩阵形式。

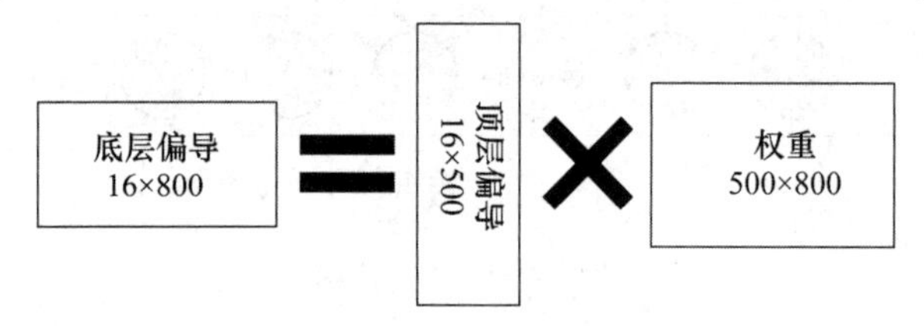

图 3-17 反向传播计算转换示意图

2. 对权重系数 W 求导

前向计算的公式如下：

$$a_1 = W_{11}x_1 + W_{12}x_2 + W_{13}x_3 + b_1$$
$$a_2 = W_{21}x_1 + W_{22}x_2 + W_{23}x_3 + b_2$$
$$a_3 = W_{31}x_1 + W_{32}x_2 + W_{33}x_3 + b_3$$

由上面的偏导数公式可知 $\frac{\partial a_i}{\partial w_{ij}} = x_j$，所以 $\frac{\partial \mathrm{loss}}{\partial w_{kj}} = \frac{\partial a_k}{\partial w_{kj}} \frac{\partial \mathrm{loss}}{\partial a_k} = \frac{\partial \mathrm{loss}}{\partial a_k} x_j$。

当 batch_size=16 时，写成矩阵形式，如图 3-18 所示。

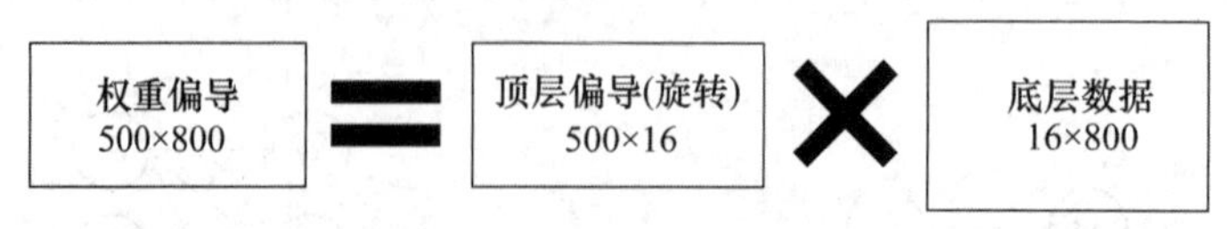

图 3-18 权重求导计算示意图

3. 对偏置系数 b 求导

由上面的前向推导公式可知 $\frac{\partial a_i}{\partial b_i} = 1$，即 loss 对偏置系数的偏导数等于其对上一层输出的偏导数。

当 batch_size=16 时，将不同 batch 对应的相同 b 的偏导相加即可，写成矩阵形式即乘以一个全 1 的矩阵，如图 3-19 所示。

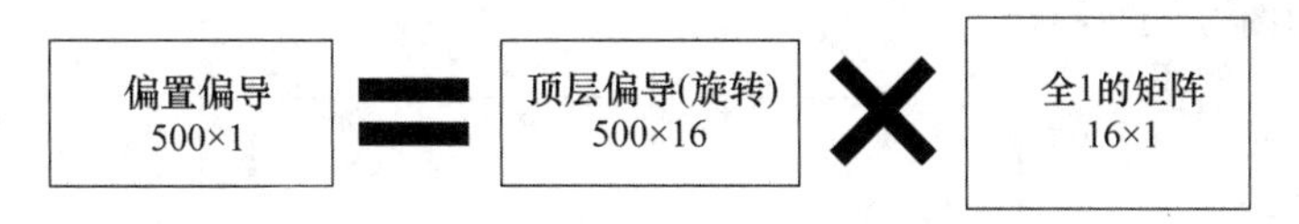

图 3-19　偏置求导计算示意图

目前由于全连接层参数冗余（仅全连接层参数就占整个网络参数的 80%左右），所以一些性能优异的网络模型（如 ResNet 和 GoogLeNet 等）均用全局平均池化（Global Average Pooling，GAP）取代 FC 来融合学到的深度特征，最后仍用 softmax 等损失函数作为网络目标函数来指导学习过程。需要指出的是，用 GAP 替代 FC 的网络通常有较好的预测性能。对于分类任务，softmax 回归由于其可以生成输出的 well-formed 概率分布而被普遍使用。给定训练集 $\{x(i),\ y(i);\ i\in 1,\cdots,N,\ y(i)\in 0,\cdots,K-1\}$，其中 $x(i)$ 是第 i 个输入图像块，$y(i)$是它的类标签，第 i 个输入属于第 j 类的预测值 $a_j^{(i)}$ 可以用 softmax 函数转换：$p_j^i=\frac{e^{a_j^{(i)}}}{\sum_{i=0}^{K-1}e^{a_j^{(i)}}}$。softmax 将预测转换为非负值，并进行正则化处理。

3.4.2　TensorFlow 全连接神经网络的实现

下面基于 TensorFlow 实现一个如图 3-20 所示的简单的全连接神经网络。

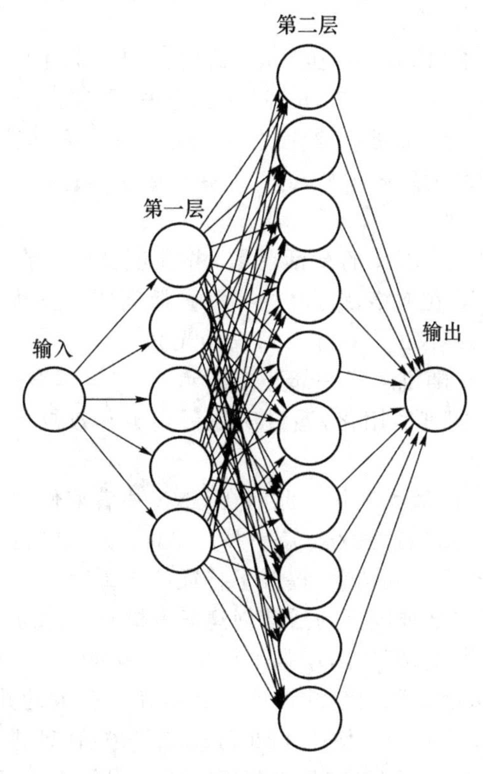

图 3-20　全连接神经网络举例图

全连接神经网络实现代码:3.4 全连接网络.py(请到北京邮电大学出版社官方网站下载)。
运行结果如图 3-21 所示。

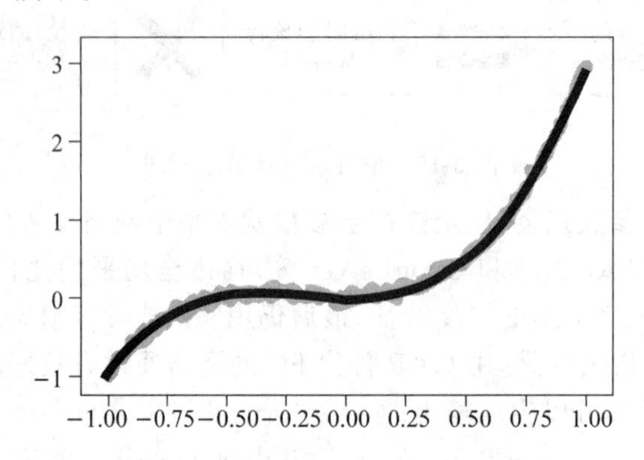

图 3-21　x-y 散点图与模型预测曲线

最终损失:0.002 515 832 7(不同的初始化可能会有所不同)。

3.5　经典 CNN 模型

3.5.1　AlexNet

AlexNet 于 2012 年由 Hinton 的学生 Alex 提出,是 LeNet 的加宽版。其采用了一系列的新技术:成功地引用了 relu、dropout 和 lrn 等 trick,首次采用了 gpu 加速。其包含 65 万个神经元、5 个卷积层,3 个卷积层后面带有池化层,最后用了 3 个全连接层。

AlexNet 将 LeNet 的思想发扬光大,把 CNN 的基本原理应用到了很深很宽的网络中。AlexNet 主要使用的新技术如下。

① 成功使用 ReLU 作为 CNN 的激活函数,并验证其效果在较深的网络中超过了 Sigmoid,成功地解决了 Sigmoid 在网络较深时的梯度弥散问题。虽然 ReLU 激活函数在很久之前就被提出了,但是直到 AlexNet 出现才将其发扬光大。

② 训练时使用 Dropout 随机忽略一部分神经元,以避免模型过拟合。Dropout 虽有单独的论文论述,但是 AlexNet 将其实用化,通过实践证实了其效果。在 AlexNet 中主要是最后几个全连接层使用了 Dropout。

③ 在 CNN 中使用重叠的最大池化。此前在 CNN 中普遍使用平均池化,AlexNet 全部使用最大池化,以避免平均池化的模糊化效果。并且 AlexNet 提出让步长比池化核的尺寸小,这样池化层的输出之间会有重叠和覆盖,提升了特征的丰富性。

④ 提出了 LRN 层,对局部神经元的活动创建竞争机制,使得其中响应比较大的值变得相对更大,并抑制其他反馈较小的神经元,增强了模型的泛化能力。

⑤ 使用 CUDA 加速深度卷积网络的训练,利用 GPU 强大的并行计算能力,处理神经网络训练时大量的矩阵运算。AlexNet 使用了两块 GTX 580 GPU 进行训练,单个 GTX 580 只有 3 GB 显存,这限制了可训练的网络的最大规模。因此设计者将 AlexNet 分布在两个 GPU 上,在每个 GPU 的显存中储存一半的神经元参数。因为 GPU 之间通信方便,可以互相访问显存,而不需要通过主机内存,所以同时使用多块 GPU 是非常高效的。同时,AlexNet 的设计

让 GPU 之间的通信只在网络的某些层进行，控制了通信的性能损耗。

⑥ 数据增强，随机地从 256×256 的原始图像中截取 224×224 大小的区域（以及水平翻转的镜像），相当于增加了 $2\times(256-224)^2=2\ 048$ 倍的数据量。如果没有数据增强，仅靠原始的数据量，参数众多的 CNN 会陷入过拟合中，使用了数据增强后可以大大地减轻过拟合，提升泛化能力。进行预测时，则取图片的 4 个角加中间共 5 个位置，并进行左右翻转，一共获得 10 张图片，对它们进行预测并对 10 次结果求均值。同时，关于 AlexNet 的论文中提到了会对图像的 RGB 数据进行 PCA 处理，并对主成分做一个标准差为 0.1 的高斯扰动，增加一些噪声，这个方法可以让错误率再下降 1%。

AlexNet 结构模型如图 3-22 所示。

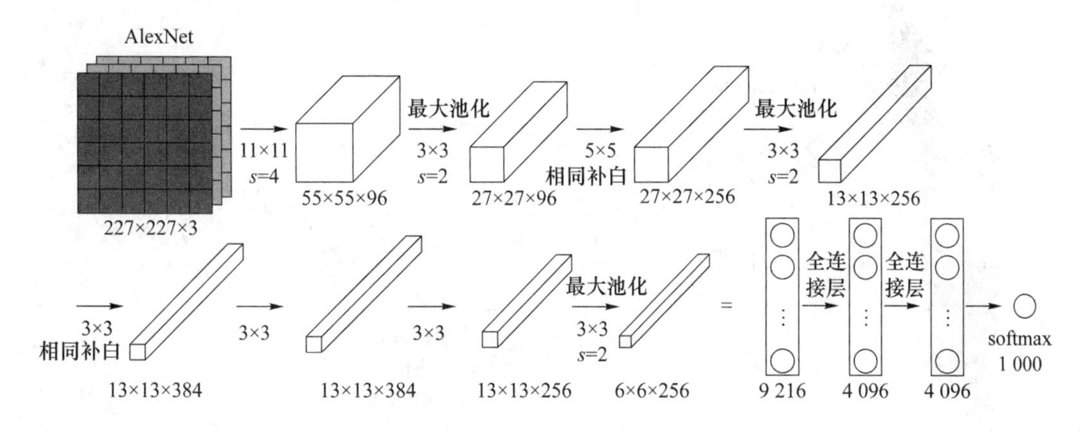

图 3-22　AlexNet 结构模型图

AlexNet 的特点如下。

1. 使用了 ReLU 激活函数

ReLU 函数：$f(x)=\max(0,x)$。

成功使用 ReLU 作为 CNN 的激活函数，验证了其效果在较深的网络中超过了 Sigmoid，成功地解决了 Sigmoid 在网络较深时的梯度弥散问题。基于 ReLU 的深度卷积网络训练比基于 tanh 和 Sigmoid 的深度卷积网络训练快数倍。

2. 使用了 Dropout

Dropout 能够比较有效地防止神经网络的过拟合。相对于一般模型（如线性模型）使用正则的方法来防止模型过拟合，在神经网络中 Dropout 通过修改神经网络本身的结构来实现。对于某一层神经元，通过定义的概率来随机删除一些神经元，同时保持输入层与输出层神经元的个数不变，然后按照神经网络的学习方法进行参数更新，在下一次迭代中，重新随机删除一些神经元，直至训练结束。训练时使用 Dropout 随机忽略一部分神经元，以避免模型过拟合，一般在全连接层使用，在预测的时候是不使用 Dropout 的，即 Dropout 为 1。

3.5.2　VGGNet

VGGNet 探索了卷积神经网络的深度与其性能之间的关系，反复堆叠 3×3 的小型卷积核与 2×2 的最大池化，构建了 16～19 层深度的卷积神经网络，VGG16 包含 16 层，VGG19 包含 19 层。其扩展性强，迁移到其他图像数据上的泛化很好。VGG 有很多个版本，也算是比较稳定和经典的模型。一系列的 VGG 在最后三层的全连接层上完全一样，整体结构上包含 5 组卷积层，卷积层之后跟一个MaxPool。所不同的是5组卷积层中包含的级联的卷积层越来越多。VGGNet的特点是连续conv多，计算量大。

在VGGNet中每层卷积层都包含2～4个卷积操作，卷积核的大小是3×3，卷积步长是1，池化核是2×2，步长为2。VGGNet最明显的改进就是减小了卷积核的尺寸，增加了卷积的层数。使用多个较小卷积核的卷积层代替一个卷积核较大的卷积层，一方面可以减少参数，另一方面相当于进行了更多的非线性映射，增加了网络的拟合表达能力。VGGNet模型的结构如图3-23所示。

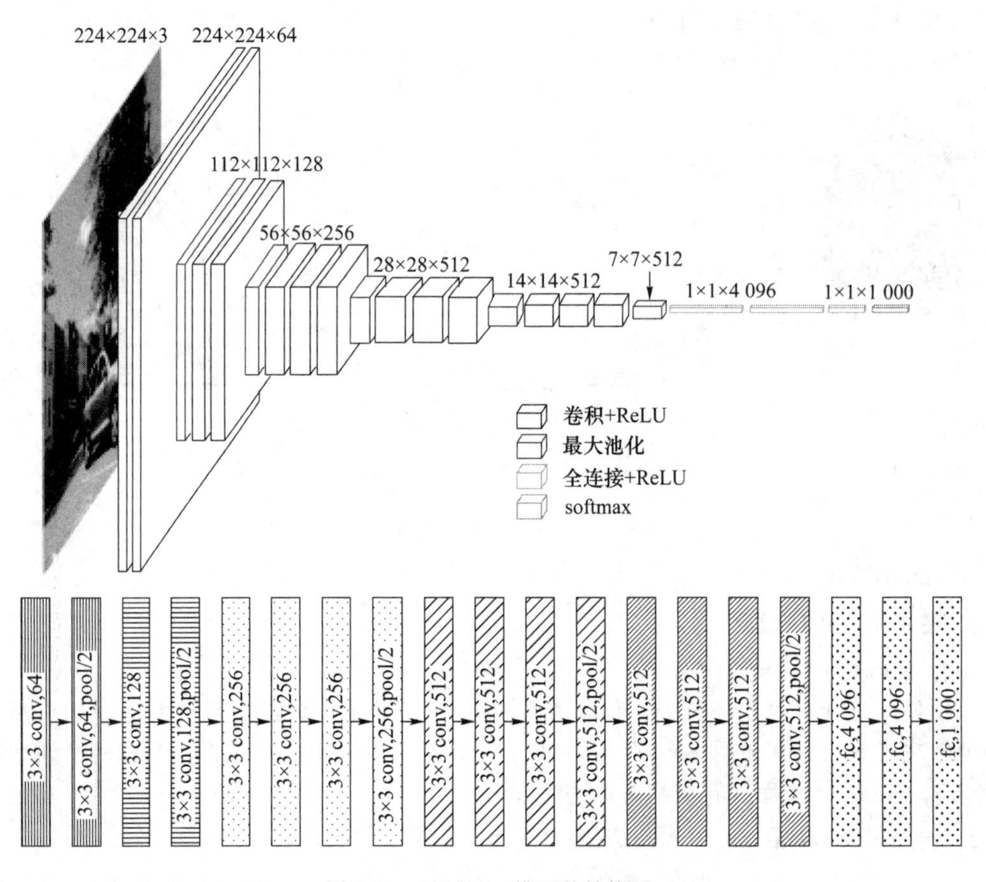

图3-23　VGGNet模型的结构图

3.5.3 GoogLeNet

GoogLeNet是谷歌(Google)研究出来的深度网络结构。它的特点是控制计算量和参数量的同时，效果还比之前两种网络更好。原因有二：①去掉了最后的全连接层，采用全局平均池化；②精心设计了初始模块(inception module)，提高了参数利用率。

VGGNet继承了LeNet以及AlexNet的一些框架结构，而GoogLeNet则做了更加大胆的网络结构尝试，虽然深度有22层，但却比AlexNet和VGGNet小很多，GoogLeNet的参数为500万个，AlexNet的参数个数是GoogLeNet的12倍，VGGNet的参数个数又是AlexNet的3倍，因此在内存或计算资源有限时，GoogLeNet是比较好的选择；从模型结果来看，GoogLeNet的性能更加优越。

从图3-24中可以了解到：

① GoogLeNet 采用了模块化的结构(inception 结构),方便增添和修改。

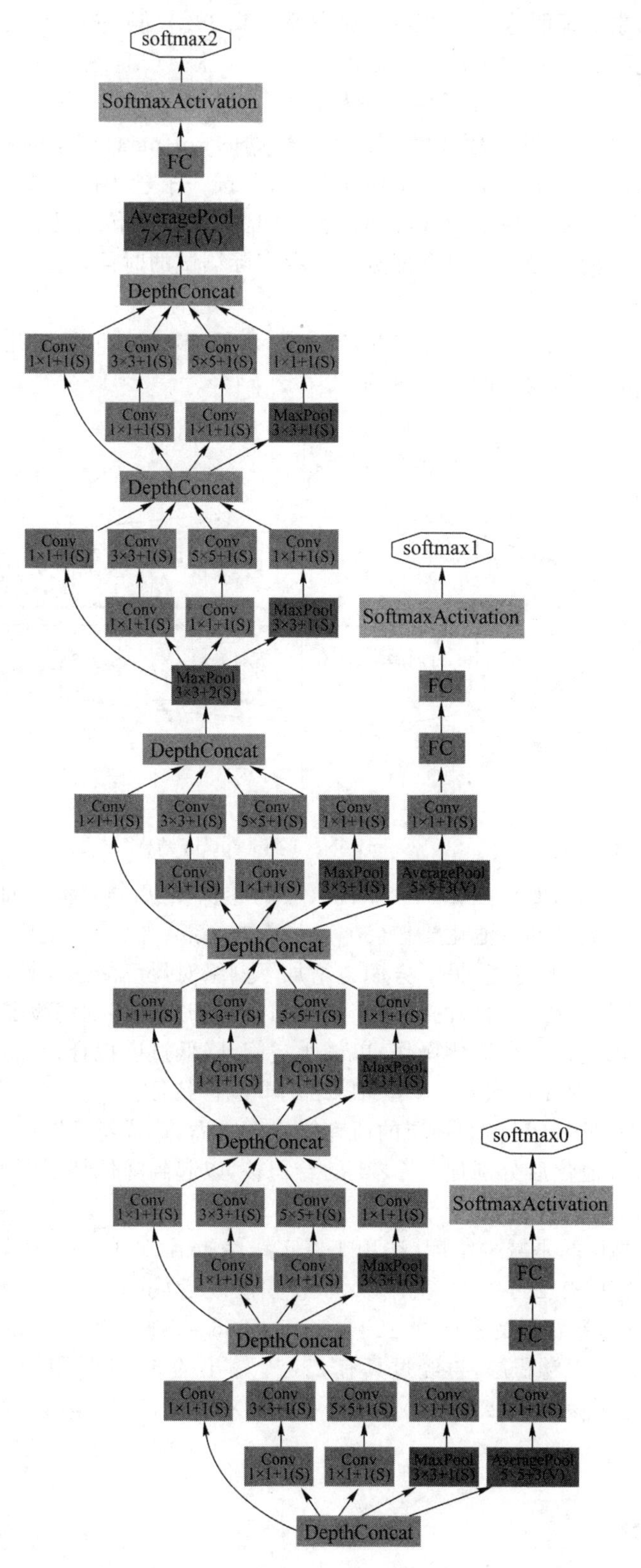

图 3-24　GoogLeNet 的网络结构

② 网络最后采用了 average pooling(平均池化)来代替全连接层,该想法来自 NIN(Network in Network),事实证明这样可以将准确率提高 0.6%。但是,实际在最后还是加了一个全连接层,主要是为了方便对输出进行灵活调整。

③ 虽然移除了全连接层,但是网络中依然使用了 Dropout。

④ 为了避免梯度消失,网络额外增加了 2 个辅助的 softmax,用于向前传导梯度(辅助分类器)。辅助分类器将中间某一层的输出用作分类,并按一个较小的权重(0.3)将其加到最终分类结果中,这样相当于做了模型融合,同时给网络增加了反向传播的梯度信号,也提供了额外的正则化,对于整个网络的训练很有裨益。而在实际测试的时候,这两个额外的 softmax 会被去掉。

GoogLeNet 的构成部件基本上和 AlexNet 差不多,不过中间有好几个 inception 结构,GoogLeNet 的 inception 结构如图 3-25 所示。

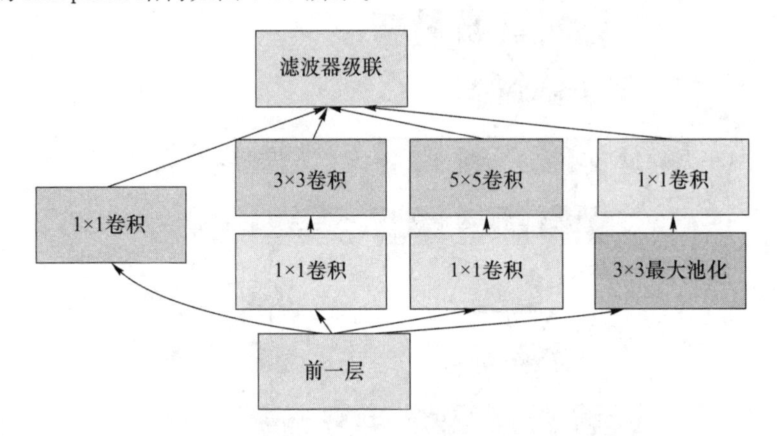

图 3-25　GoogLeNet 的 inception 结构

inception 结构一分为四,然后做一些不同大小的卷积,之后再堆叠特征图。先将 CNN 中常用的卷积(1×1、3×3、5×5)、池化操作(3×3)堆叠在一起(卷积、池化后的尺寸相同,将通道相加),一方面增加了网络的宽度,另一方面也增加了网络对尺度的适应性。

卷积层中的网络能够提取输入的每一个细节信息,同时 5×5 的滤波器也能够覆盖大部分接收层的输入,还可以进行一个池化操作,以减小空间,降低过度拟合。在这些层之上,在每一个卷积层后都要做一个 ReLU 操作,以增加网络的非线性特征。

为了避免所有的卷积核都在上一层的所有输出上来做,造成特征图的厚度很大的情况,在 3×3 前、5×5 前、最大池化后分别加上 1×1 的卷积核,以起到降低特征图厚度的作用,这也就形成了 inception v1 的网络结构。

1×1 卷积的主要目的是减少维度,还用于修正线性激活(ReLU)。比如,上一层的输出为 100×100×128,经过具有 256 个通道的 5×5 卷积层之后(stride=1,pad=2),输出数据为 100×100×256,其中,卷积层的参数为 128×5×5×256= 819 200。假如上一层的输出先经过具有 32 个通道的 1×1 卷积层,再经过具有 256 个输出的 5×5 卷积层,那么输出数据仍为 100×100×256,但卷积参数量已经减少为 128×1×1×32 + 32×5×5×256= 208 896,大约减少为原来的 1/4。

3.5.4 ResNet

随着网络的加深,出现了训练集准确率下降的现象,可以确定这不是由于过拟合造成的

(过拟合的情况训练集应该准确率很高),所以人们针对这个问题提出了一种全新的网络,叫深度残差网络,它允许网络尽可能地加深,引入了全新的结构,如图 3-26 所示。

残差指的是什么? ResNet 提出了两种 mapping:一种是 identity mapping,指的就是图 3-26 中"弯弯的曲线";另一种是 residual mapping,指的就是除了"弯弯的曲线"的那部分,所以最后的输出是 $y=F(x)+x$。identity mapping 顾名思义,就是指本身,也就是公式中的 x,而 residual mapping 指的是"差",也就是 $y-x$,所以残差指的就是 $F(x)$ 部分。

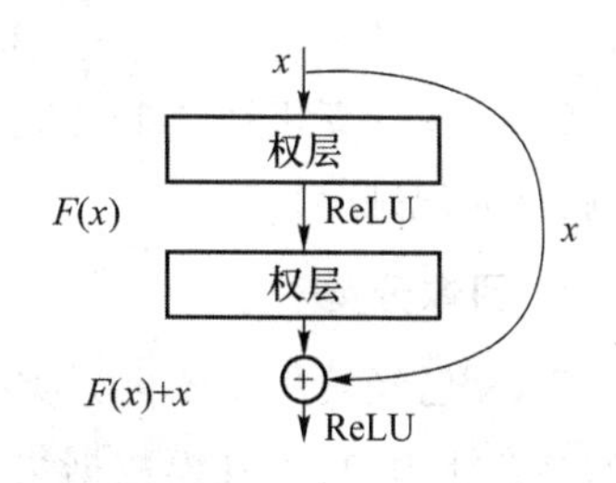

图 3-26 ResNet 结构图

ResNet 允许原始输入信息直接传递到后面的层中,构成一个残差单元,这样相当于改变了学习目标,学习的不再是一个完整的输出,而是输出与输入的差。与普通的 CNN 相比,ResNet 最大的不同在于它有很多的旁路直线将输出直接连接到网络后面的层中,使得网络后面的层也可以学习残差,这种网络结构称为 shortcut 或 skip connection。这么做解决了传统 CNN 在传递信息时或多或少的丢失信息的问题,保护了数据的完整性,整个网络只需要学习输入与输出差别的一部分。

ResNet 解决了深度 CNN 模型难训练的问题,从图 3-27 中可以看出 2014 年的 VGG 才 19 层,而 2015 年的 ResNet 多达 152 层,这在网络深度上完全不是一个量级,所以如果是第一眼看这个图的话,肯定会觉得 ResNet 是靠深度取胜的。事实当然是这样,但是 ResNet 还有架构上的 trick(调参数),这才使得网络的深度发挥出作用,这个 trick 就是残差学习。

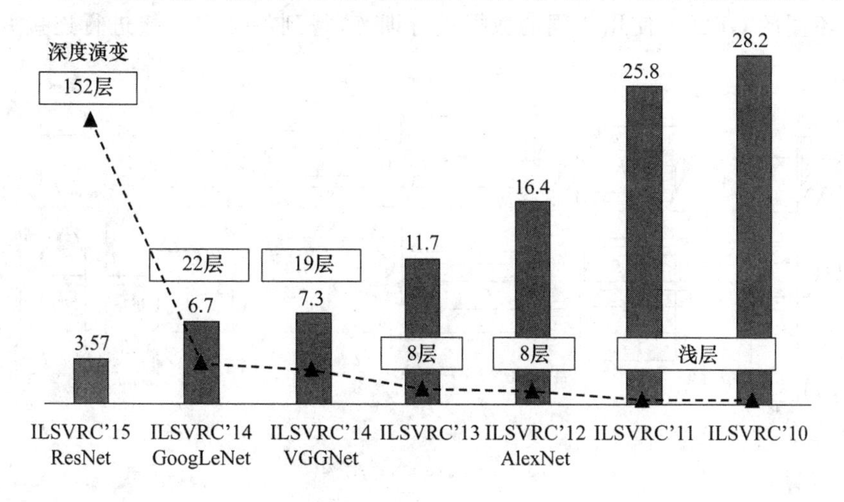

图 3-27 各类 CNN 模型图

3.6 CNN 的应用领域

在过去的十几年间,卷积神经网络被广泛地应用在了各个领域,包括计算机视觉、自然语言处理、语音识别等。

3.6.1 计算机视觉

CNN在计算机视觉中的应用包括图像分类、对象追踪、姿态估计、场景标记、视觉显著性检测、行为识别等。

1. 图像分类

CNN已经被用于图像分类很长时间,相比于其他的方法,CNN由于其特征学习和分类学习的结合能力,在大规模数据集上实现了更高的分类准确率。对大规模图像分类的突破是在2012年,Alex Krizhevsky等人建立的AlexNet网络在ILSVRC2012比赛中实现了最佳的性能。

(1) AlexNet网络介绍

ImageNet LSVRC是一个图片分类的比赛,其训练集包括127万多张图片,验证集有5万张图片,测试集有15万张图片。本书截取2012年Alex Krizhevsky的CNN结构进行说明,该结构在2012年取得冠军,top-5错误率为15.3%。

图3-28为AlexNet的CNN结构图。需要注意的是,该模型采用了2-GPU并行结构,即所有卷积层都是将模型参数分为两部分进行训练的。更进一步地,并行结构分为数据并行与模型并行。数据并行是指在不同的GPU上,模型结构相同,但将训练数据进行切分,分别训练得到不同的模型,然后再将模型进行融合。而模型并行则是将若干层的模型参数进行切分,不同的GPU上使用相同的数据进行训练,得到的结果直接进行连接并作为下一层的输入。

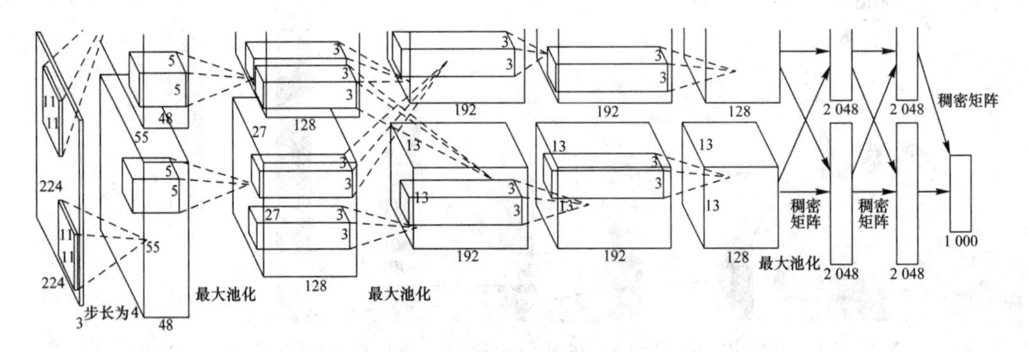

图3-28 AlexNet结构图

随着AlexNet的成功,人们做了一些工作对它的性能进行了改进。3个最具代表性的网络分别是ZFNet、VGGNet和GoogLeNet。ZFNet通过减小第一层滤波器的大小(从11×7到7×7)以及减少卷积层数目(从5到2)提高AlexNet的性能。在这样的设置中,卷积层的大小被扩展以便于获得更有意义的特征。VGGNet将网络深度扩展到19层并在每个卷积层使用非常小的滤波器,大小为3×3。结果表明深度是提高性能至关重要的因素。GoogLeNet增加了网络的深度和宽度,相比于较浅和较窄的网络,在计算需求的适当增加上实现了显著的质量提升。

值得一提的是,在2015年的ImageNet LSVRC比赛中,取得冠军的GoogLeNet已经达到了top-5错误率为6.67%。可见,深度学习的提升空间还很巨大。

(2) DeepID 网络介绍

DeepID 网络结构是由香港中文大学的 Sun Yi 开发的用来学习人脸特征的卷积神经网络。每张输入的人脸都被表示为 160 维的向量,学习到的向量经过其他模型进行分类,在人脸验证实验上对 10 000 类的分类准确率达到了 97.45%,更进一步地,原设计者改进了 CNN(DeepID2),达到了 99.15%的正确率。

如图 3-29 所示,DeepID 网络结构的具体参数与 ImageNet 的类似。

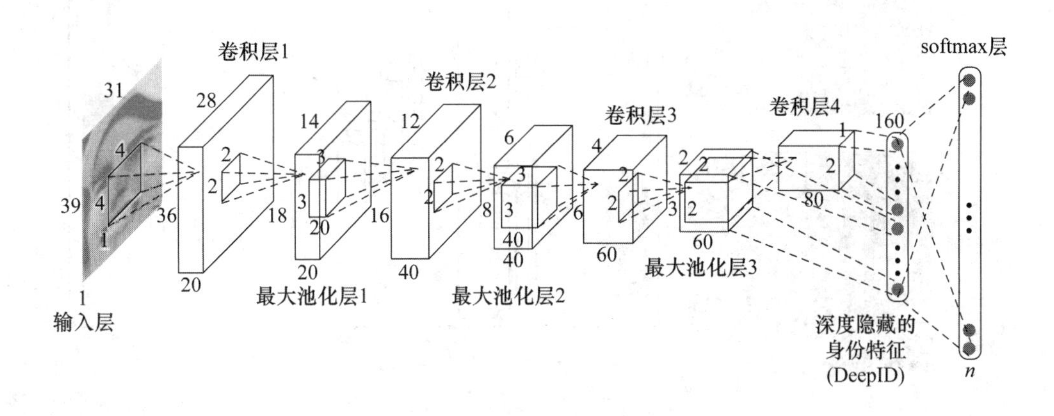

图 3-29　DeepID 网络结构图

图 3-29 所示模型的基本参数如下。

- 输入层。31×39 大小的图片,1 通道。
- 第一层。卷积层:4×4 大小的卷积核 20 个→得到 20 个 28×36 大小的卷积特征。最大池化层:2×2 大小的卷积核→池化得到 20 个 14×18 大小的卷积特征。
- 第二层。卷积层:3×3 大小的卷积核 40 个→得到 40 个 12×16 大小的卷积特征。最大池化层:2×2 大小的卷积核→池化得到 40 个 6×8 大小的卷积特征。
- 第三层。卷积层:3×3 大小的卷积核 60 个→得到 60 个 4×6 大小的卷积特征。最大池化层:2×2 大小的卷积核→池化得到 60 个 2×3 大小的卷积特征。
- 第四层。卷积层:2×2 大小的卷积核 80 个→得到 80 个 1×2 大小的卷积特征。
- 全连接层。以第四层卷积(160 维)和第三层 max-pooling 的输出(60×2×3=360 维)作为全连接层的输入,这样可以学习到局部的和全局的特征。
- softmax 层。输出的每一维都是图片属于该类别的概率。

深度隐藏身份特征(Deep hidden IDentity feature, DeepID):将卷积得到的 80 个 1×2 大小的卷积特征形成一个 160 维的 DeepID 层。

2. 对象追踪

对象追踪(object tracking)在计算机视觉的应用中起着重要作用,对象追踪的成功在很大程度上依赖于如何健壮地表示目标外观,它面临的挑战有视点改变、光照变化以及遮挡等。

Fan 等人使用 CNN 作为基础学习器,学习一个独立的分类专用网络来追踪对象。在实验中,人们设计了一个具有移位变体结构的 CNN 追踪器。在离线训练期间学习特征,与传统追踪器不同的是，CNN 追踪器只提取局部空间结构，通过考虑两个连续帧的图像来提取空间和时间结构。由于时间信息的大规模信号趋向于在移动对象附近变化，因此时间结构能够提供原始的速度信号，便于对象追踪。CNN 跟踪架构如图 3-30 所示。

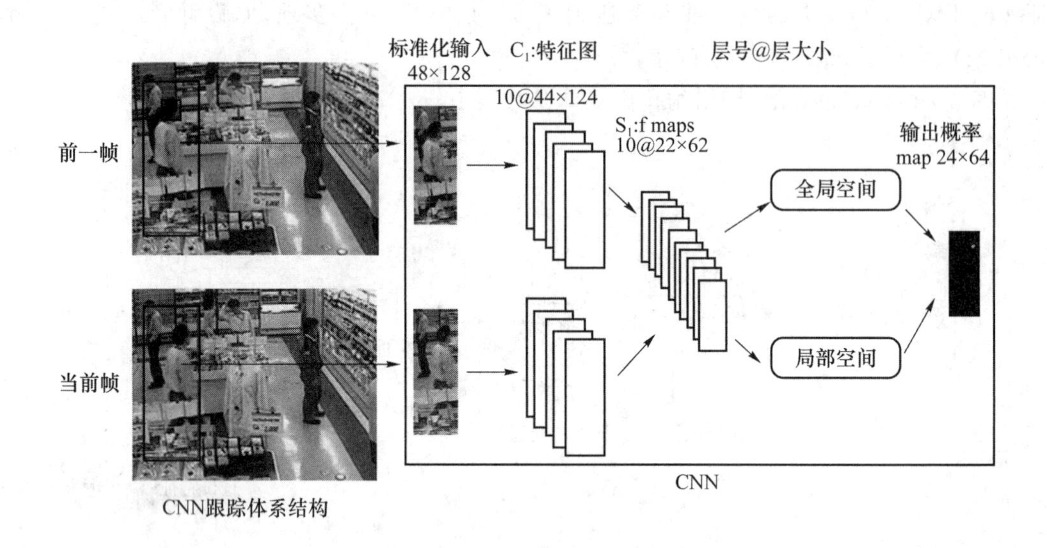

图 3-30　CNN 跟踪架构图

3. 姿态估计/行为识别

姿态估计/行为识别类似于其他的视觉识别任务，人体姿态的估计由于 CNN 的大规模学习能力以及更全面训练的可扩展性而实现了巨大的性能提升。

DeepPose 是 CNN 在人体姿态估计问题中的第一个应用（2014 年）。在这个应用中，姿态估计被视为一个基于 CNN 的回归问题来求解人体关节坐标。人们提出串联 7 层 CNN 来构成姿态的整体表示。不同于之前明确设计图形化模型和部分探测器的工作，DeepPose 描述人体姿态估计的整体视图，通过将整个图像作为最终人体姿态的输入和输出，来获得每个人体关节的完整内容。图 3-31(a)将网络图层与其对应的维度进行可视化。图 3-31(b)所示为 DNN 回归应用于子图像，以改进前一阶段的预测。

姿势预测如图 3-32 所示。

4. 场景标记

场景标记（也被称为场景解析、场景语义分割）建立了对深度场景理解的桥梁，其目标是将语义类（路、水、海洋等）与每个像素关联。一般来说，由于尺度、光照以及姿态变化等因素的影响，所以自然图像中的“事物”像素（汽车、人等）是完全不同的，而“物体”像素（路、海洋等）是非常相似的。因此，图像的场景标记具有挑战性。

CNN 已经被成功地应用在场景标记任务中。在这个场景中，CNN 被用来直接从局部图像块中建模像素的类估计，它能够学习强大的特征，来区分局部视觉像素微妙的变化。Farabet 等人首次将 CNN 应用在场景标记任务中，用不同尺度的图像块来调整多尺度卷积网络，结果表明 CNN 网络的性能明显优于采用手工提取特征的系统的性能。

场景标记应用如图 3-33 所示。

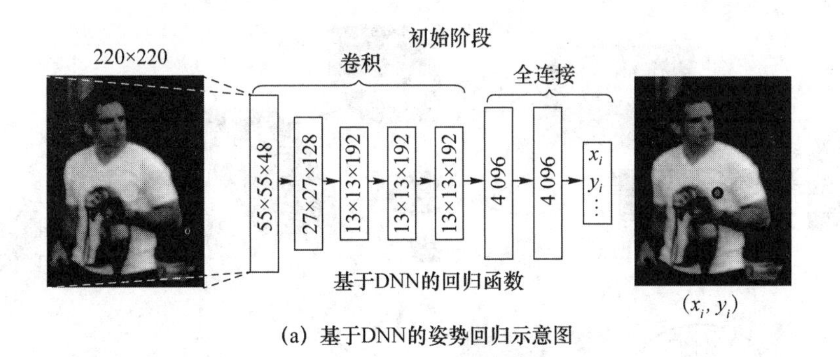

(a) 基于DNN的姿势回归示意图

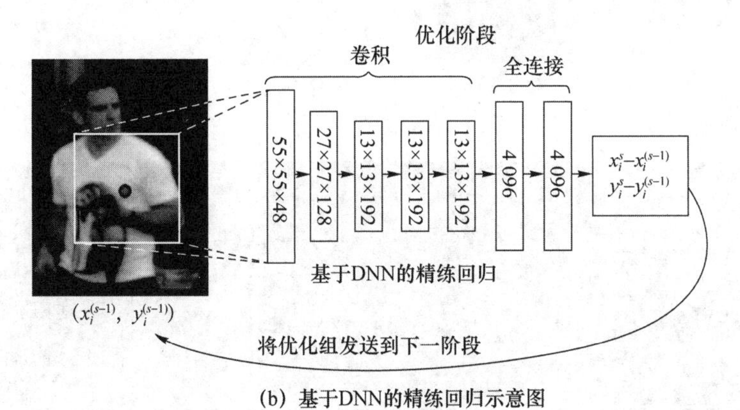

(b) 基于DNN的精练回归示意图

图 3-31　基于 DNN 的姿势回归示意图和基于 DNN 的精练回归示意图

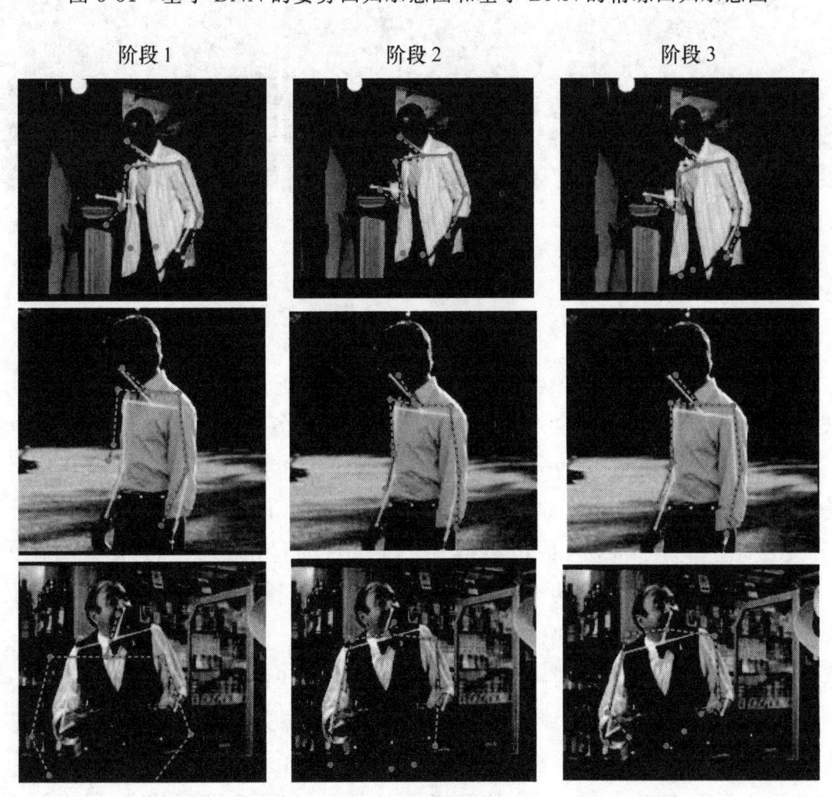

图 3-32　姿势预测图(------为预测姿势，——为实际姿势)

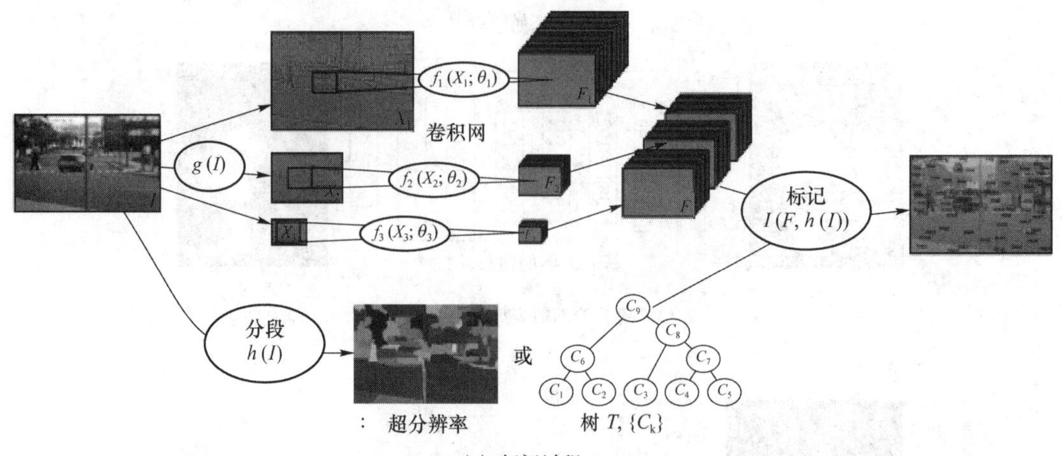

(a) 标记过程

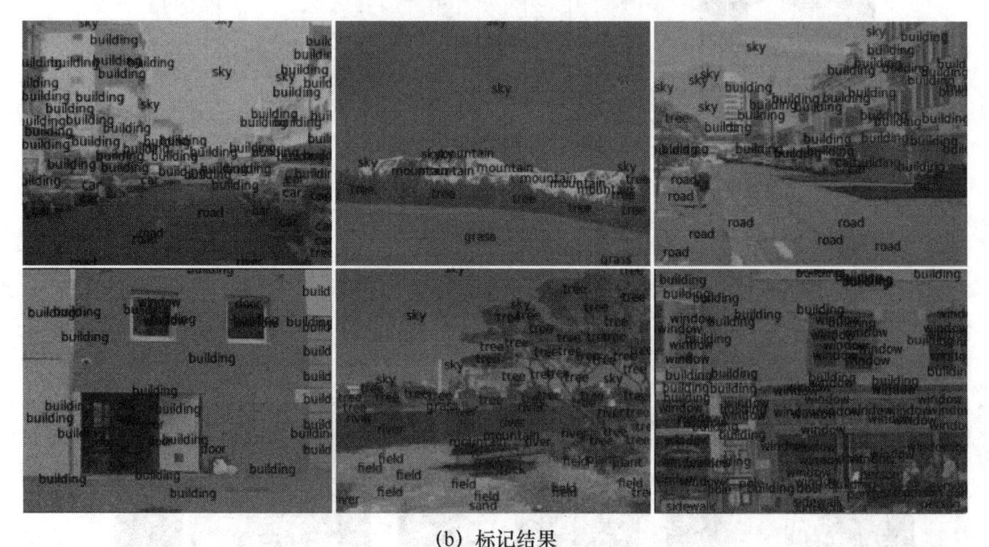

(b) 标记结果

图 3-33 场景标记应用图

3.6.2 自然语言处理

自然语言处理(NLP)任务的输入不再是像素点了，大多数情况下是以矩阵表示的句子或者文档。矩阵的每一行都对应一个分词元素，一般是一个单词，也可以是一个字符。也就是说每一行都是表示一个单词的向量。通常，这些向量都是 word embeddings(一种低维度表示)的形式，如 word2vec 和 GloVe，但是也可以用 one-hot 向量的形式，即根据词在词表中的索引。若用 100 维的词向量表示一句 10 个单词的句子，我们将得到一个 10 ×100 维的矩阵作为输入。这个矩阵相当于一幅“图像”。

在计算机视觉的例子里，滤波器每次只对图像的一小块区域进行运算，但在处理自然语言时，滤波器通常覆盖上下几行(几个词)。因此，滤波器的宽度也就和输入矩阵的宽度相等了。尽管高度或者区域大小可以随意调整，但一般滑动窗口的覆盖范围是 2～5 行。

下面以句子分类为例进行介绍。用于句子分类的卷积神经网络结构的例图如图 3-34 所示。

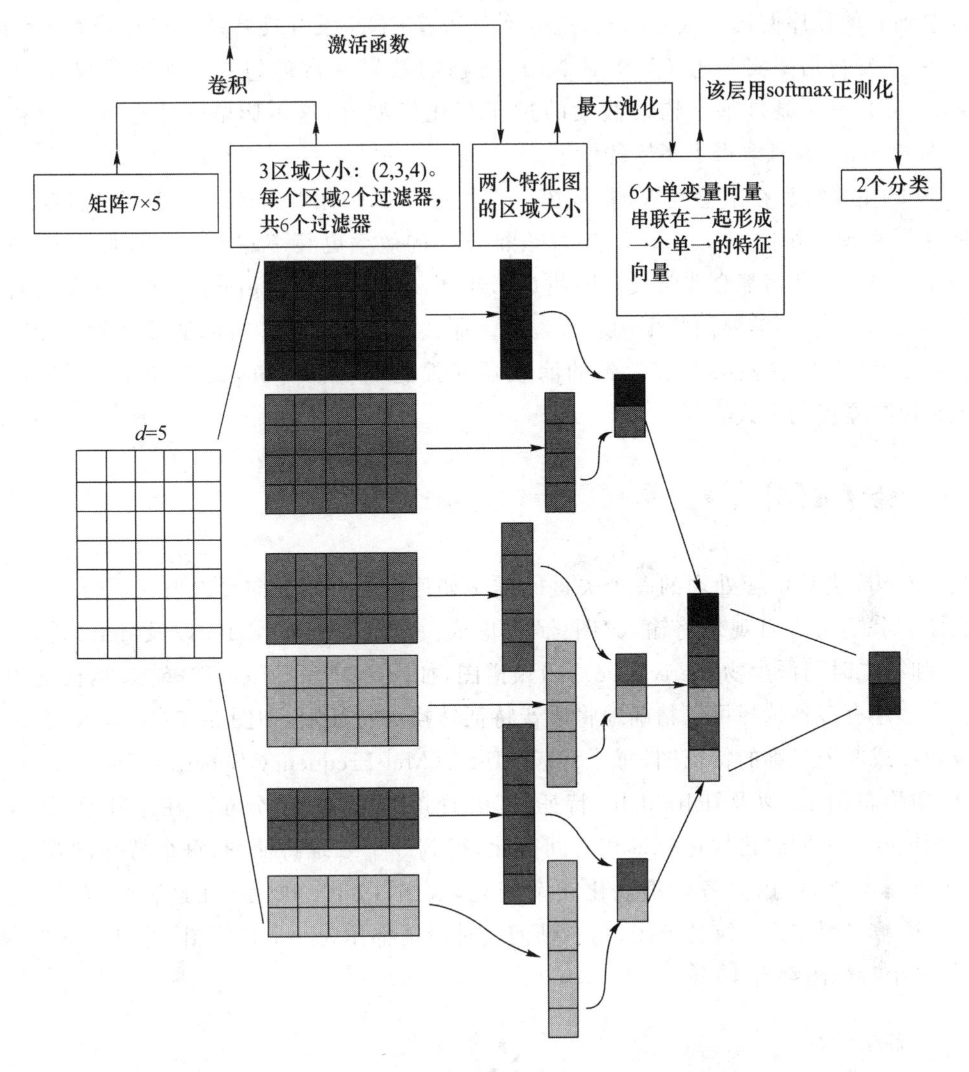

图 3-34　用于句子分类的卷积神经网络结构的例图

这里对滤波器设置了 3 种尺寸：2 行、3 行和 4 行。每种尺寸各有两种滤波器，每个滤波器都对句子矩阵做卷积运算，得到(不同程度的)特征字典。然后对每个特征字典做最大值池化，也就是只记录每个特征字典的最大值。这样就由 6 个字典生成了一串单变量特征向量(univariate feature vector)，然后这 6 个特征拼接成一个特征向量，传给网络的倒数第二层。最后的 softmax 层以这个特征向量作为输入，用其来对句子做分类。我们假设这里是二分类问题，因此得到两个可能的输出状态。

位置不变性和局部组合性对图像来说很直观，但对 NLP 却并非如此。人们也许会很在意一个词在句子中出现的位置。相邻的像素点很有可能是相关联的(都是物体的同一部分)，但单词并不总是如此。在很多种语言里，短语之间会被许多其他词所隔离。同样，组合性也不见得明显。单词显然是以某些方式组合的，比如形容词修饰名词，但若是想理解更高级特征真正要表达的含义是什么，就不像计算机视觉那么明显了。

由此看来，卷积神经网络似乎并不适合用来处理 NLP 任务。递归神经网络(recurrent neural network)更直观一些。它模仿我们人类处理语言的方式(至少是我们自己所认为的方式):从左到右的顺序阅读。庆幸的是,这并不意味着 CNN 没有效果。所有的模型都是错的,只是一些能被利用。实际上 CNN 对 NLP 问题的效果非常理想。正如词袋模型(bag of words model),它明显是基于错误假设的过于简化模型,但这不影响它多年来一直被作为 NLP 的标准方法,并且取得了不错的效果。

CNN 的主要特点在于速度快,非常快。卷积运算是计算机图像的核心部分,在 GPU 级别的硬件层实现。相比于 n-grams,CNN 表征方式的效率更胜一筹。由于词典庞大,任何超过 3-grams 的计算开销都会非常大。即使 Google 也最多不超过 5-grams。卷积滤波器能自动学习好的表示方式,不需要用整个词表来表征。那么用尺寸大于 5 行的滤波器就完全合情合理了。许多在 CNN 卷积第一层学到的滤波器捕捉到的特征与 n-grams 非常相似(但不局限),但是以更紧凑的方式表征。

3.6.3 语音识别

利用 CNN 进行语音处理的一个关键问题是如何将语音特征向量映射成适合 CNN 处理的特征图。我们可以直观地将输入"图像"考虑成一个具有静态、delta 以及 delta-delta 特征〔即第一和第二时间派生物(derivative)〕的频谱图,如图 3-35(a)所示,选择 15 帧长度的内容窗口。当然还有多种选择可以精确地将语音特征转换为特征图,如图 3-35(b)所示,语音特征可以被表示成 3 个二维的特征图,每个代表 MFSC(Mel-Frequency Spectral Coefficient)特征的信息(即静态、delta 以及 delta-delta 特征)都沿着频率和时间轴分布。在这种情况下,一个二维卷积被执行来同时正规化频率和时间变化,得到 3 个二维特征图,每个特征图都有 15×40=600 维。另外,可以只考虑正规化频率变化,如图 3-35(c)所示,在这种情况下,相同的 MFSC 特征被组织作为一维特征图,每一帧的 3 种特征都作为一个特征图,得到 15×3=45 个特征图,每个特征图都有 40 维。

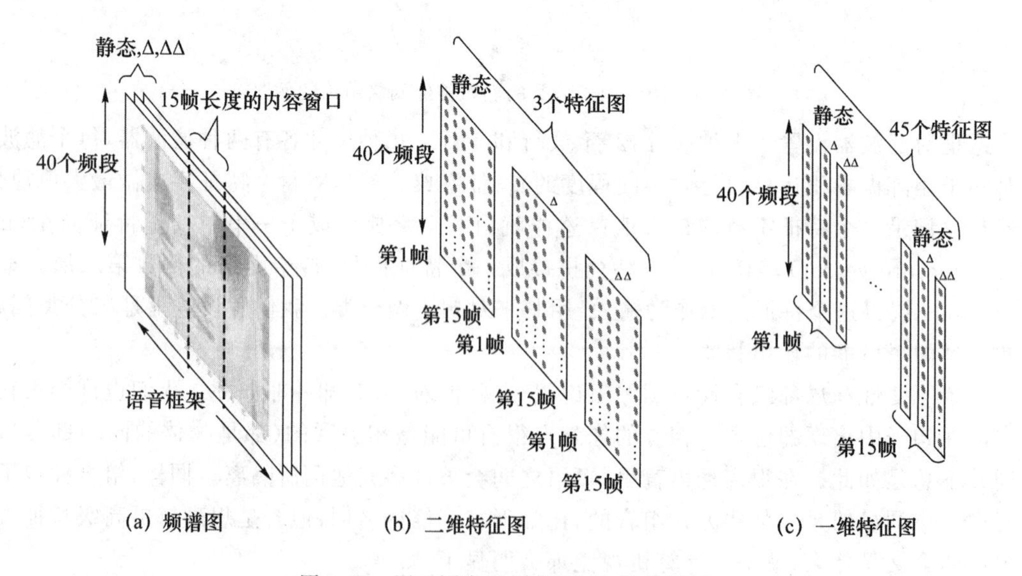

图 3-35 用于语音识别的 CNN 结构例图

3.7 CNN应用实例

3.7.1 手写数字识别

1. 实验准备工作:训练数据下载

https://devlab-1251520893.cos.ap-guangzhou.myqcloud.com/t10k-images-idx3-ubyte.gz。
https://devlab-1251520893.cos.ap-guangzhou.myqcloud.com/t10k-labels-idx1-ubyte.gz。
https://devlab-1251520893.cos.ap-guangzhou.myqcloud.com/train-images-idx3-ubyte.gz。
https://devlab-1251520893.cos.ap-guangzhou.myqcloud.com/train-labels-idx1-ubyte.gz。

2. CNN模型构建

创建源文件 mnist_model.py,完整代码可参考 mnist_model.py(请到北京邮电大学出版社官方网站下载)。

3. 训练CNN模型

在上面文件同一目录下创建源文件 train_mnist_model.py,部分内容可参考如下:

```
……
def main(_):
  mnist = input_data.read_data_sets(FLAGS.data_dir, one_hot = True)
  #输入变量,mnist图片的大小为28×28
  x = tf.placeholder(tf.float32, [None, 784])
  #输出变量,数字是1~10
  y_ = tf.placeholder(tf.float32, [None, 10])
  #构建网络,输入→第一层卷积→第一层池化→第二层卷积→第二层池化→第一层全
    连接→第二层全连接
  y_conv, keep_prob = mnist_model.deepnn(x)
  #第一步对网络最后一层的输出做一个softmax,第二步将softmax输出和实际样本
    做一个交叉熵
  #cross_entropy返回的是向量
  with tf.name_scope('loss'):
  cross_entropy = tf.nn.softmax_cross_entropy_with_logits(labels = y_,logits = y_conv)
  #求cross_entropy向量的平均值,得到交叉熵
  cross_entropy = tf.reduce_mean(cross_entropy)
  #AdamOptimizer是Adam优化算法:一个寻找全局最优点的优化算法,引入二次方梯度校验
  with tf.name_scope('adam_optimizer'):
    train_step = tf.train.AdamOptimizer(1e-4).minimize(cross_entropy)
  #在测试集上的精确度
```

```
    with tf.name_scope('accuracy'):
      correct_prediction = tf.equal(tf.argmax(y_conv, 1), tf.argmax(y_, 1))
      correct_prediction = tf.cast(correct_prediction, tf.float32)
    accuracy = tf.reduce_mean(correct_prediction)
    #将神经网络图模型保存在本地,可以通过浏览器查看可视化网络结构
    graph_location = tempfile.mkdtemp()
    print('Saving graph to: %s' % graph_location)
    train_writer = tf.summary.FileWriter(graph_location)
    train_writer.add_graph(tf.get_default_graph())

    #将训练的网络保存下来
    saver = tf.train.Saver()
    with tf.Session() as sess:
      sess.run(tf.global_variables_initializer())
      for i in range(5000):
        batch = mnist.train.next_batch(50)
        if i % 100 == 0:
          train_accuracy = accuracy.eval(feed_dict = {
              x: batch[0], y_: batch[1],keep_prob: 1.0}) #输入是字典,表示 tensor-
                                                           flow 被 feed 的值
          print('step %d, training accuracy %g' % (i, train_accuracy))
        train_step.run(feed_dict = {x: batch[0], y_: batch[1], keep_prob: 0.5})

      test_accuracy = 0
      for i in range(200):
        batch = mnist.test.next_batch(50)
        test_accuracy += accuracy.eval(feed_dict = {x: batch[0], y_: batch[1],
        keep_prob: 1.0}) / 200;
      print('test accuracy %g' % test_accuracy)
      save_path = saver.save(sess,"mnist_cnn_model.ckpt")
……
```

然后执行代码进行训练,训练的时间会较长,请耐心等待。

```
python train_mnist_model.py
```

执行结果:

```
……
step 3600, training accuracy 0.98
……
step 4800, training accuracy 0.98
step 4900, training accuracy 1
test accuracy 0.9862
```

4. 测试 CNN 模型

下载测试图片。下载 test_num. zip，然后解压 test_num. zip，其中 1. png～9. png 为 1～9 数字的图片。

下载网址为 https://devlab-1251520893. cos. ap-guangzhou. myqcloud. com/test _ num. zip。

实现测试 predict 代码。

在同一目录下创建源文件 predict_mnist_model. py，内容可参考下列代码：

```
……
def load_data(argv):
    grayimage = Image.open(argv).convert('L')
    width = float(grayimage.size[0])
    height = float(grayimage.size[1])
    newImage = Image.new('L', (28, 28), (255))
    if width > height:
        nheight = int(round((20.0/width * height),0))
        if (nheight == 0):
            nheight = 1
         img = grayimage.resize((20,nheight), Image.ANTIALIAS).filter(Image-
               Filter.SHARPEN)
        wtop = int(round(((28 - nheight)/2),0))
        newImage.paste(img, (4, wtop))
    else:
        nwidth = int(round((20.0/height * width),0))
        if (nwidth == 0):
            nwidth = 1
        img = grayimage.resize((nwidth,20), Image.ANTIALIAS).filter(ImageFil-
              ter.SHARPEN)
        wleft = int(round(((28 - nwidth)/2),0))
        newImage.paste(img, (wleft, 4))
    tv = list(newImage.getdata())
    tva = [ (255 - x) * 1.0/255.0 for x in tv]
    return tva
……
```

然后执行：

```
python predict_mnist_model.py
```

执行结果：

```
1
```

可以修改 1. png 为 1. png～9. png 中任意一个，再进行测试，看看识别效果。

3.7.2 写诗机器人

基于 TensorFlow 构建两层的 RNN，采用 4 万多首唐诗作为训练数据，实现可以写古诗的 AI demo。

一共分为 4 个部分。

- generate_poetry. py。古诗清洗，过滤较长或较短古诗，过滤既非五言也非七言古诗，为每个字生成唯一的数字 ID，每首古诗都用数字 ID 表示。
- poetry_model. py。两层 RNN 网络模型，采用 LSTM 模型。
- train_poetry. py。训练 LSTM 模型。
- predict_poetry. py。生成古诗，随机取一个汉字，根据该汉字生成一首古诗。

1. 训练数据预处理

(1) 获取训练数据

在腾讯云的 COS 上有 4 万首古诗数据，使用 wget 命令获取：

```
wget http://tensorflow-1253675457.cosgz.myqcloud.com/poetry/poetry
```

采用 3 万首唐诗作为训练数据，唐诗格式为“题目：诗句”，如下：

首春：寒随穷律变，春逐鸟声开。初风飘带柳，晚雪间花梅。
　　碧林青旧竹，绿沼翠新苔。芝田初雁去，绮树巧莺来。
初晴落景：晚霞聊自怡，初晴弥可喜。日晃百花色，风动千林翠。
　　池鱼跃不同，园鸟声还异。寄言博通者，知予物外志。

我们首先通过“：”将题目和内容分离，然后做数据清洗，过滤一些不好的训练样本，特殊符号、字数太少或太多的都要去除，最后在诗的前后分别加上开始和结束符号，用来告诉 LSTM 这是开头和结尾，这里用方括号表示。

(2) 处理思路

数据中的每首唐诗都以“[”开头，以“]”结尾，后续生成古诗时，根据“[”随机取一个字，根据“]”判断是否结束。

两种词袋：“汉字 => 数字”与“数字 => 汉字”。根据第一个词袋将每首古诗都转换为数字表示。

诗歌的生成是根据上一个汉字生成下一个汉字，所以 x_batch 和 y_batch 的 shape 是相同的，y_batch 是 x_batch 中每一位向前循环移动一位。前面介绍了每首唐诗都以“[”开头，以“]”结尾，在这里体现出了好处，“]”的下一个一定是“[”(即一首诗结束下一首诗开始)。具体可以看下面的例子：

```
x_batch:['[', 12, 23, 34, 45, 56, 67, 78, ']']
y_batch:[12, 23, 34, 45, 56, 67, 78, ']', '[']
```

(3) 示例代码

在目录下创建源文件 generate_poetry. py，内容可参考示例代码：generate_poetry. py(请到北京邮电大学出版社官方网站下载)。

```
......
class Poetry:
    def __init__(self):
......

    def get_poetrys(self):
        poetrys = list()
        f = open(self.filename,"r", encoding='utf-8')
        for line inf.readlines():
            _,content = line.strip('\n').strip().split(':')
            content = content.replace('','')
            #过滤含有特殊符号的唐诗
            if(not content or '_' in content or '(' in content or '(' in content or "□"
               in content or '《' in content or '[' in content or ':' in content or ':' in
               content):
                continue
            #过滤较长或较短的唐诗
            if len(content) < 5 or len(content) > 79:
                continue
            content_list = content.replace(',', '|').replace('。', '|').split('|')
            flag = True
            #过滤既非五言也非七言的唐诗
            for sentence in content_list:
                slen = len(sentence)
                if 0 == slen:
                    continue
                if 5 != slen and 7 ! = slen:
                    flag = False
                    break
            if flag:
                #每首古诗都以"["开头,以"]"结尾
                poetrys.append('[' + content + ']')
        return poetrys

    def gen_poetry_vectors(self):
        ......

    def next_batch(self,batch_size):
        ......
```

下面我们可以看下预处理后的数据，可以在终端中一步一步地执行下面的命令。

① 启动 python：

```
python
```

② 构建数据：

```
from generate_poetry import Poetry
p = Poetry()
```

③ 查看第一首唐诗的数字表示：

```
print(p.poetry_vectors[0])
```

④ 根据 ID 查看对应的汉字：

```
print(p.id_to_word[1101])
```

⑤ 根据汉字查看对应的数字：

```
print(p.word_to_id[u"寒"])
```

⑥ 查看 x_batch、y_batch：

```
x_batch, y_batch = p.next_batch(1)
x_batch
y_batch
```

⑦ 查看输出结果：

```
输出:[1, 1101, 5413, 3437, 1416, 555, 5932, 1965, 5029, 5798, 889, 1357, 3, 397, 5567, 5576, 1285, 2143, 5932, 1985, 5449, 5332, 4092, 2198, 3, 3314, 2102, 5483, 1940, 3475, 5932, 3750, 2467, 3863, 1913, 4110, 3, 4081, 3081, 397, 5432, 542, 5932, 3737, 2157, 1254, 4205, 2082, 3, 2]
输出:寒
输出:1101
x_batch [ 1, 1101, 5413, 3437, 1416, 555, 5932, 1965, 5029, 5798, 889, 1357, 3, 397, 5567, 5576, 1285, 2143, 5932, 1985, 5449, 5332, 4092, 2198, 3, 3314, 2102, 5483, 1940, 3475, 5932, 3750, 2467, 3863, 1913, 4110, 3, 4081, 3081, 397, 5432, 542, 5932, 3737, 2157, 1254, 4205, 2082, 3, 2]
y_batch [1101, 5413, 3437, 1416, 555, 5932, 1965, 5029, 5798, 889, 1357, 3, 397, 5567, 5576, 1285, 2143, 5932, 1985, 5449, 5332, 4092, 2198, 3, 3314, 2102, 5483, 1940, 3475, 5932, 3750, 2467, 3863, 1913, 4110, 3, 4081, 3081, 397, 5432, 542, 5932, 3737, 2157, 1254, 4205, 2082, 3, 2, 1]
```

2. LSTM 模型

上面我们将每个字都用一个数字表示，但在模型训练过程中，需要对每个字进行向量化，embedding 的作用是按照 inputs 顺序返回 embedding 中的对应行，类似：

```
import numpy as np
embedding = np.random.random([100, 10])
inputs = np.array([7, 17, 27, 37])
print(embedding[inputs])
```

示例代码如下。

在目录下创建源文件 poetry_model.py,内容可参考示例代码 poetry_model.py(请到北京邮电大学出版社官方网站下载)。

```
……
class poetryModel:
    #定义权重和偏置项
    def rnn_variable(self,rnn_size,words_size):
        ……

    #损失函数
    def loss_model(self,words_size,targets,logits):
        ……

    #优化算子
    def optimizer_model(self,loss,learning_rate):
        ……

    #每个字向量化
    def embedding_variable(self,inputs,rnn_size,words_size):
        ……

    #构建 LSTM 模型
    def create_model(self,inputs,batch_size,rnn_size,words_size,num_layers,is
                _training,keep_prob):
         lstm = tf.contrib.rnn.BasicLSTMCell(num_units = rnn_size,state_is_
              tuple = True)
        input_data = self.embedding_variable(inputs,rnn_size,words_size)
        if is_training:
            lstm = tf.nn.rnn_cell.DropoutWrapper(lstm, output_keep_prob = keep_prob)
            input_data = tf.nn.dropout(input_data,keep_prob)
        cell = tf.contrib.rnn.MultiRNNCell([lstm] * num_layers,state_is_tuple = True)
        initial_state = cell.zero_state(batch_size, tf.float32)
        outputs,last_state = tf.nn.dynamic_rnn(cell,input_data,initial_state =
                          initial_state)
```

```
        outputs = tf.reshape(outputs,[-1, rnn_size])
        w,b = self.rnn_variable(rnn_size,words_size)
        logits = tf.matmul(outputs,w) + b
        probs = tf.nn.softmax(logits)
        return logits,probs,initial_state,last_state
```

3. 训练 LSTM 模型

每批次采用 50 首唐诗进行训练，训练 40 000 次后，损失函数基本保持不变，GPU 大概需要 2 个小时。当然可以调整循环次数，节省训练时间，抑或者直接下载训练好的模型。

```
wget http://tensorflow-1253675457.cosgz.myqcloud.com/poetry/poetry_model.zip
unzip poetry_model.zip
```

示例代码如下。

① 现在可以在目录下创建源文件 train_poetry.py，内容可参考示例代码 train_poetry.py（请到北京邮电大学出版社官方网站下载）。

```
……
if __name__ == '__main__':
    ……
    saver = tf.train.Saver()
    with tf.Session() as sess:
        sess.run(tf.global_variables_initializer())
        sess.run(tf.assign(learning_rate, 0.002 * 0.97 ))
        next_state = sess.run(initial_state)
        step = 0
        while True:
            x_batch,y_batch = poetrys.next_batch(batch_size)
            feed = {inputs:x_batch,targets:y_batch,initial_state:next_state,
                    keep_prob:0.5}
            train_loss, _,next_state = sess.run([loss,optimizer,last_state],
                                         feed_dict=feed)
            print("step: %d loss: %f" % (step,train_loss))
            if step > 40000:
                break
            if step % 1000 == 0:
                n = step/1000
                sess.run(tf.assign(learning_rate, 0.002 * (0.97 ** n)))
            step += 1
            saver.save(sess,"poetry_model.ckpt")
```

② 然后执行（如果已下载模型，可以省略此步骤，不过建议读者修改循环次数体验下）：

```
python train_poetry.py
```

③ 执行结果：

```
step:0 loss:8.692488
step:1 loss:8.685234
step:2 loss:8.674787
step:3 loss:8.642109
step:4 loss:8.533745
step:5 loss:8.155352
step:6 loss:7.797368
step:7 loss:7.635432
step:8 loss:7.254006
step:9 loss:7.075273
step:10 loss:6.606557
step:11 loss:6.284406
step:12 loss:6.197527
step:13 loss:6.022724
step:14 loss:5.539262
step:15 loss:5.285880
step:16 loss:4.625040
step:17 loss:5.167739
```

4. 生成古诗

根据“[”随机取一个汉字，作为生成古诗的第一个字，遇到“]”结束并生成古诗。

示例代码如下。

① 现在可以在目录下创建源文件 predict_poetry. py，内容可参考示例代码/predict_poetry. py(请到北京邮电大学出版社官方网站下载)。

```
……
if __name__ == '__main__':
    ……

    def to_word(prob):
        prob = prob[0]
        indexs, _ = zip( * sorted(enumerate(prob), key = itemgetter(1)))
        rand_num = int(np.random.rand(1) * 10);
        index_sum = len(indexs)
        max_rate = prob[indexs[(index_sum - 1)]]
        if max_rate > 0.9:
            sample = indexs[(index_sum - 1)]
        else:
            sample = indexs[(index_sum - 1 - rand_num)]
```

```
        return poetrys.id_to_word[sample]

    inputs = tf.placeholder(tf.int32, [batch_size, None])
    keep_prob = tf.placeholder(tf.float32, name='keep_prob')
    model = poetryModel()
    logits,probs,initial_state,last_state = model.create_model(inputs,batch_size,
rnn_size,words_size,num_layers,False,keep_prob)
    saver = tf.train.Saver()
    with tf.Session() as sess:
        sess.run(tf.global_variables_initializer())
        saver.restore(sess,"poetry_model.ckpt")
        next_state = sess.run(initial_state)

        x = np.zeros((1, 1))
        x[0,0] = poetrys.word_to_id['[']
        feed = {inputs: x,initial_state: next_state, keep_prob: 1}
        predict,next_state = sess.run([probs, last_state], feed_dict=feed)
        word = to_word(predict)
        poem = ''
        while word != ']':
            poem += word
            x = np.zeros((1, 1))
            x[0, 0] = poetrys.word_to_id[word]
            feed = {inputs: x,initial_state: next_state, keep_prob: 1}
            predict,next_state = sess.run([probs, last_state], feed_dict=feed)
            word = to_word(predict)
        print(poem)
```

② 然后执行：

```
python predict_poetry.py
```

③ 执行结果：

```
山风万仞下,寒雪入云空。风雪千家树,天花日晚深。秋来秋夜尽,风断雪山寒。莫道人
无处,归人又可伤。
```

每次执行生成的古诗都不一样,可以多执行几次,看下实验结果。

3.7.3 基于 GANs 生成人脸

给定一批样本,基于 TensorFlow 训练 GANs,能够生成类似的新样本,本例主要参考 Brandon Amos 的 Image Completion 博客,GANs 包含 generator 网络(随机信号 z 作为输入,生成人脸图片)和 discriminator 网络(判断图片是否是人脸)。

1. 训练数据预处理

(1) 获取训练数据

在腾讯云的 COS 中有 CelebA 训练数据，使用 wget 命令获取并解压：

```
wget http://tensorflow-1253675457.cosgz.myqcloud.com/face/img_align_celeba.zip
unzip -q img_align_celeba.zip
```

(2) 数据预处理

安装依赖库：

```
pip install scipy
pip install pillow
```

(3) 处理思路

- 原始图片大小为 218×178，从中间裁剪 108×108 区域，然后缩小为 64×64。
- 生成维度为 100 服从正态分布的随机向量，作为 generator 网络的输入，生成新的人脸图片。

(4) 示例代码

现在可以在目录下创建源文件 generate_face.py，内容可参考示例代码/generate_face.py（请到北京邮电大学出版社官方网站下载）。

```
# -*- coding:utf-8 -*-
……
class generateFace:
    def __init__(self,hparams):
        ……

    def get_datas_path(self,data_root):
        return list(itertools.chain.from_iterable(
            glob(os.path.join(data_root,"*.{}".format(ext))) for ext in
                 self.formats))

    def get_image(self,path):
        img = scipy.misc.imread(path,mode='RGB').astype(np.float)
        if(self.is_crop): # 截取中间部分
            h,w = img.shape[:2] # 图像宽、高
            assert(h >self.crop_h and w > self.crop_w)
            j = int(round((h - self.crop_h)/2.))
            i = int(round((w - self.crop_w)/2.))
            img = img[j:j+self.crop_h,i:i+self.crop_w]
        img = scipy.misc.imresize(img,[self.resize_h,self.resize_w])
        return np.array(img)/127.5 - 1.
……
```

(5) 生成数据

我们可以直观感受下生成的数据，可以在终端中一步一步地执行下面的命令：

① 启动 python：

```
cd /
python
from generate_face import *
import tensorflow as tf
```

② 初始化 generate_face：

```
hparams = tf.contrib.training.HParams(
    data_root = './img_align_celeba',
    crop_h = 108,
    crop_w = 108,
    resize_h = 64,
    resize_w = 64,
    is_crop = True,
    z_dim = 100,
    batch_size = 64,
    sample_size = 64,
    output_h = 64,
    output_w = 64,
    gf_dim = 64,
    df_dim = 64)
face = generateFace(hparams)
```

③ 查看处理后的人脸数据和随机数据 z：

```
img,z = face.next_batch(1)
z
save_images(img,(1,1),"test.jpg")
```

2. 模型学习:GANs 模型

- generator 网络。五层网络,采用反卷积,从 100 维的 z 信号生成人脸图片,网络结构如图 3-36 所示。

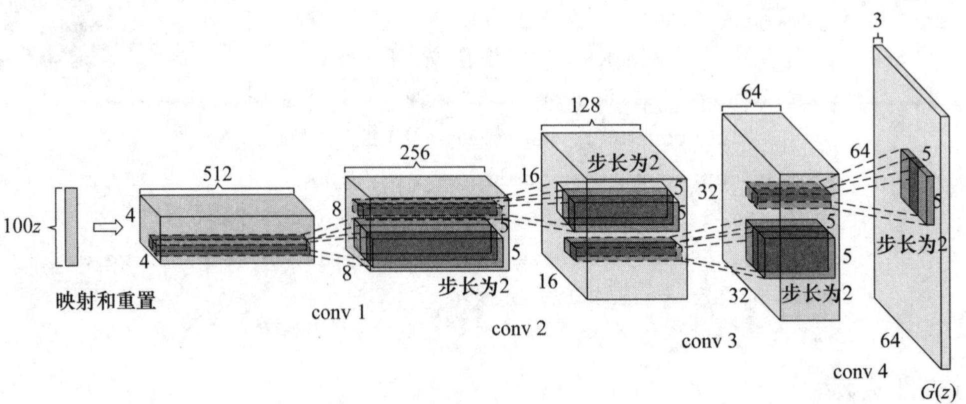

图 3-36　generator 网络结构图

- discriminator 网络。一个五层的判别网络，网络结构如图 3-37 所示。

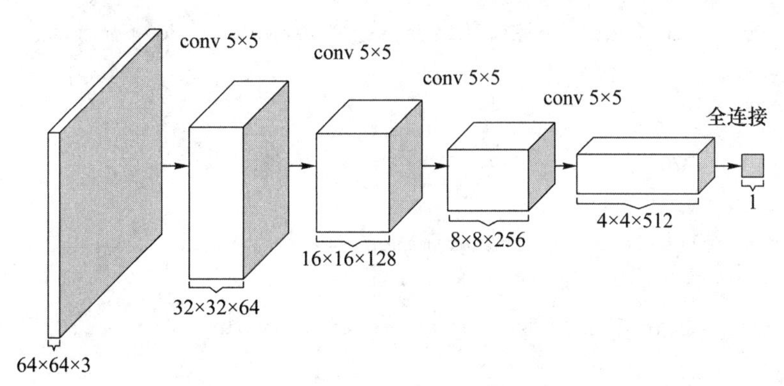

图 3-37　discriminator 网络结构图

示例代码如下。

在目录下创建源文件 gan_model. py，内容可参考示例代码 gan_model. py（请到北京邮电大学出版社官方网站下载）。

```
    ……
class batch_norm(object):
    def __init__(self, epsilon = 1e - 5, momentum = 0.9, name = "batch_norm"):
        with tf.variable_scope(name):
            self.epsilon = epsilon
            self.momentum = momentum
            self.name = name
    def __call__(self,x,train):
        return tf.contrib.layers.batch_norm(x, decay = self.momentum, updates_col-
        lections = None, epsilon = self.epsilon, center = True, scale = True, is_train-
        ing = train, scope = self.name)

class ganModel:
    def __init__(self,hparams):
            ……
    def linear(self,input_z,output_size,scope = None, stddev = 0.02, bias_start = 0.0):
        ……

    def conv2d_transpose(self,input_, output_shape,
        ……

    def conv2d(self,image,output_dim,
        ……
    def lrelu(self,x, leak = 0.2, name = "lrelu"):
        ……
```

```
def conv_out_size_same(self,size, stride):
        return int(math.ceil(float(size) / float(stride)))
def generator(self,z,is_training):
    ......
def discriminator(self,image,is_training,reuse = False):
    ......
def build_model(self,is_training,images,z):
    ......
def optimizer(self,g_loss,d_loss,g_vars,d_vars,learning_rate = 0.0002,beta1 = 0.5):
    ......
```

3. 训练 GANs 模型

训练 13 万次后,损失函数基本保持不变,单个 GPU 大概需要 6 个小时,如果采用 CPU 大概需要 1 天半的时间,可以调整循环次数,体验下训练过程。可以直接下载训练好的模型。

内容可参考示例代码/train_gan.py(请到北京邮电大学出版社官方网站下载)。

```
......

if __name__ == '__main__':
    ......
    with tf.Session() as sess:
        ckpt = tf.train.get_checkpoint_state('./ckpt')
        if ckpt and tf.train.checkpoint_exists(ckpt.model_checkpoint_path):
            print("Reading model parameters from %s" %ckpt.model_checkpoint_path)
            saver.restore(sess, ckpt.model_checkpoint_path)
        else:
            print("Created model with fresh parameters.")
            sess.run(tf.global_variables_initializer())
        summary_writer = tf.summary.FileWriter("train_gan", sess.graph)
        step = 0
        while True:
            step = model.global_step.eval()
            batch_images,batch_z = face.next_batch(hparams.batch_size)
            #Update D network
            _,summary_str = sess.run([d_optim,d_sum],
                feed_dict = {images:batch_images, z:batch_z, is_training:True})
            summary_writer.add_summary(summary_str,step)
            #Update G network
            _,summary_str = sess.run([g_optim,g_sum],
                feed_dict = {z:batch_z, is_training:True})
```

```
            summary_writer.add_summary(summary_str,step)

            d_err = d_loss.eval({images:batch_images, z:batch_z, is_training:False})
            g_err = g_loss.eval({z:batch_z,is_training:False})
            print("step: %d,d_loss: %f,g_loss: %f" % (step,d_err,g_err))
            if step % 1000 == 0:
                samples,d_err, g_err = sess.run([G,d_loss,g_loss],
feed_dict = {images:sample_images, z:sample_z, is_training:False})
                print("sample step: %d,d_err: %f,g_err: %f" % (step,d_err,g_err))
                save_images(samples,image_manifold_size(samples.shape[0]), './
                samples/train_{:d}.png'.format(step))
                saver.save(sess,"./ckpt/gan.ckpt",global_step = step)
```

然后执行：

```
python train_gan.py
```

执行结果：

```
step:1,d_loss:1.276464,g_loss:0.757655
step:2,d_loss:1.245563,g_loss:0.916217
step:3,d_loss:1.253453,g_loss:1.111729
step:4,d_loss:1.381798,g_loss:1.408796
step:5,d_loss:1.643821,g_loss:1.928348
step:6,d_loss:1.770768,g_loss:2.165831
step:7,d_loss:2.172084,g_loss:2.746789
step:8,d_loss:2.192665,g_loss:3.120509
```

下载已有模型：

```
wget http://tensorflow-1253675457.cosgz.myqcloud.com/face/GANs_model.zip
unzip -o GANs_model.zip
```

4. 生成人脸

利用训练好的模型，可以开始生成人脸。

内容可参考示例代码/predict_gan.py(请到北京邮电大学出版社官方网站下载)。

```
……
if __name__ == '__main__':
    hparams = tf.contrib.training.HParams(
        z_dim = 100,
        batch_size = 1,
        gf_dim = 64,
        df_dim = 64,
        output_h = 64,
```

```
        output_w = 64)

    is_training = tf.placeholder(tf.bool,name = 'is_training')
    z = tf.placeholder(tf.float32, [None,hparams.z_dim], name = 'z')
    sample_z = np.random.uniform(-1,1,size = (hparams.batch_size,hparams.z_dim))
    model = ganModel(hparams)
    G = model.generator(z,is_training)
    saver = tf.train.Saver()
    with tf.Session() as sess:
        saver.restore(sess,"gan.ckpt-130000")
        samples = sess.run(G,feed_dict = {z:sample_z,is_training:False})
        save_images(samples,image_manifold_size(samples.shape[0]),'face.png')
        print("done")
```

然后执行：

```
python predict_gan.py
```

可以进入文件目录查看执行结果。

本章小结

卷积网络在本质上是一种输入到输出的映射，它能够学习大量的输入与输出之间的映射关系，而不需要任何输入和输出之间的精确的数学表达式，只要用已知的模式对卷积网络加以训练，网络就具有输入输出对之间的映射能力。

CNN 的一个非常重要的特点就是头重脚轻(越往输入权值越小，越往输出权值越大)，呈现出一个倒三角的形态，这就很好地避免了 BP 神经网络中反向传播的时候梯度损失得太快。

CNN 主要用来识别位移、缩放及其他形式扭曲不变性的二维图形。由于 CNN 的特征检测层通过训练数据进行学习，所以在使用 CNN 时，避免了显式的特征抽取，而隐式地从训练数据中进行学习；再者由于同一特征映射面上的神经元权值相同，所以网络可以并行学习，这也是卷积网络相对于神经元彼此相连网络的一大优势。卷积神经网络以其局部权值共享的特殊结构在语音识别和图像处理方面有着独特的优越性，其布局更接近于实际的生物神经网络，权值共享降低了网络的复杂性，特别是多维输入向量的图像可以直接输入网络这一特点，避免了特征提取和分类过程中数据重建的复杂度。

课后习题

一、选择题

1. 把下面这个过滤器应用到灰度图像会怎么样？(　　)

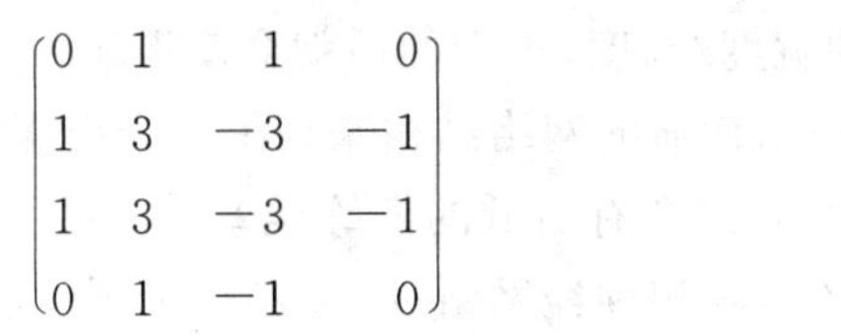

$$\begin{pmatrix} 0 & 1 & 1 & 0 \\ 1 & 3 & -3 & -1 \\ 1 & 3 & -3 & -1 \\ 0 & 1 & -1 & 0 \end{pmatrix}$$

A. 会检测 45°边缘　　　　　　B. 会检测垂直边缘

C. 会检测水平边缘　　　　　　D. 会检测图像对比度

2. 假设输入是一个 300×300 的彩色(RGB)图像，而没有使用卷积神经网络。如果第一个隐藏层有 100 个神经元，每个神经元都与输入层进行全连接，那么这个隐藏层有(　　)个参数(包括偏置参数)？

A. 9 000 001　　B. 9 000 100　　C. 27 000 001　　D. 27 000 100

3. 假设输入是 300×300 彩色(RGB)图像，并且使用卷积层和 100 个过滤器，每个过滤器都是 5×5 的大小，请问这个隐藏层有(　　)个参数(包括偏置参数)。

A. 2 501　　B. 2 600　　C. 7 500　　D. 7 600

4. 有一个 63×63×16 的输入，并使用大小为 7×7 的 32 个过滤器进行卷积，使用步幅为 2 和无填充，请问输出是(　　)。

A. 29×29×32　　B. 16×16×32　　C. 29×29×16　　D. 16×16×16

5. 有一个 15×15×8 的输入，并使用“pad = 2”进行填充，填充后的尺寸是(　　)。

A. 17×17×10　　B. 19×19×8　　C. 19×19×12　　D. 17×17×8

6. 有一个 63×63×16 的输入，有 32 个过滤器进行卷积，每个过滤器的大小都为 7×7，步幅为 1，使用“same”的卷积方式，请问 pad 的值是多少？(　　)

A. 1　　B. 2　　C. 3　　D. 7

7. 有一个 32×32×16 的输入，并使用步幅为 2、过滤器大小为 2 的最大化池，请问输出是多少？(　　)

A. 15×15×16　　B. 16×16×8　　C. 16×16×16　　D. 32×32×8

8. 关于参数共享的下列哪个陈述是正确的？(　　)

A. 它减少了参数的总数，从而减少了过拟合

B. 它允许在整个输入值的单个位置使用特征检测器

C. 它允许一项任务学习的参数即使对于不同的任务也可以共享(迁移学习)

D. 它允许梯度下降法将许多参数设置为零，从而使得连接稀疏

9.“稀疏连接”是使用卷积层的好处。这是什么意思？(　　)

A. 正则化导致梯度下降，将许多参数设置为零

B. 卷积网络中的每一层只连接到另外两层

C. 每个过滤器都连接到上一层的每个通道

D. 下一层中的每个激活只依赖于前一层的少量激活

10. 假设输入的维度为 64×64×16，单个 1×1 的卷积过滤器含有多少个参数(包括偏差)？(　　)

A. 2　　B. 17　　C. 4 097　　D. 1

二、判断题

(　　)1. 因为池化层不具有参数，所以它不影响反向传播的计算。

(　　)2. 为了构建一个非常深的网络，我们经常在卷积层使用“valid”的填充，只使用池

化层来缩小激活值的宽度/高度，否则的话就会使得输入迅速变小。

(　　)3. 我们使用普通的网络结构来训练一个很深的网络，要使得网络适应一个很复杂的功能(比如增加层数)，总会有更低的训练误差。

(　　)4. 在典型的卷积神经网络 $n_H \times n_W \times n_C$ 中，随着网络深度的增加，n_H 和 n_W 减小，同时 n_C 增加。

(　　)5. 假设有一个维度为 $n_H \times n_W \times n_C$ 的卷积输入，能够使用 1×1 的卷积层来减小 n_C，但是不能减小 n_H、n_W。

三、简答题

1. 什么是卷积神经网络？它与传统神经网络的主要区别是什么？

2. 池化层有几种池化方式，它的主要作用是什么？

第4章 图卷积神经网络

尽管卷积神经网络被证明可成功地解决大量机器学习问题(Hinton et al.,2012;Dundar et al.,2015),但是它们通常要求输入为张量。比如,图像和视频被分别建模为2-D和3-D张量。但是,在很多真实问题中,数据是不规则或者非欧几里得域(non-Euclidean domain)的,如化学分子、点云和社交网络。相比于规则的张量,这些数据更适合被建构为图,从而能够处理不同的近邻顶点连接性(neighborhood vertex connectivity)和非欧几里得度量。在这种情况下,因为图结构不具备欧式数据上天然的平移不变性,因此,在图结构数据上重构卷积算子是必要的,即本章所引入的图卷积神经网络(Graph Convolutional Network,GCN)。

4.1 图卷积神经网络的基础

4.1.1 图的定义

根据图的描述方式可以将图结构分为**无向图**、**有向图**及**动态图(时空图)**,3类图的定义分别如下。

1. 无向图

图 $G=(V,E,\boldsymbol{A})$,其中 V 表示节点集合,E 表示边集合,$\boldsymbol{A}$ 表示邻接矩阵。$v_i \in V$ 表示一个节点,$\boldsymbol{e}_{ij}=(v_i,v_j)\in E$ 表示两个节点 v_i 和 v_j 之间的边,$\boldsymbol{A}$ 是一个 $N\times N$ 的矩阵,其中

$$A_{ij}=\begin{cases} w_{ij}, & \boldsymbol{e}_{ij}=(v_i,v_j)\in E \\ 0, & \boldsymbol{e}_{ij}\notin E \end{cases} \tag{4-1}$$

其中,w_{ij} 为节点 i 和节点 j 之间边的权重。

节点度是指和该节点相关联的边的条数:$\text{degree}(v_i)=\sum \boldsymbol{A}_i$。

图与节点属性 $\boldsymbol{X}$ 关联,$\boldsymbol{X}\in\mathbb{R}^{N\times D}$ 是一个特征矩阵,且 $\boldsymbol{x}_i\in\mathbb{R}^{D}$ 表示节点 v_i 的特征向量。当 $D=1$ 时,$\boldsymbol{X}\in\mathbb{R}^{N}$ 表示图的特征向量。

2. 有向图

在有向图中所有的边都是从一个节点指向另一个节点的。对于有向图,$A_{ij}\neq A_{ji}$。无向图是所有边都无方向的图。对于无向图,$A_{ij}=A_{ji}$。

3. 动态图(时空图)

时空图是一种特征矩阵 $\boldsymbol{X}$ 随时间变化的图 $G=(V,E,\boldsymbol{A},\boldsymbol{X})$,其中 $\boldsymbol{X}\in\mathbb{R}^{T\times N\times D}$,$T$ 表示时间步长。

4.1.2 图节点的表示

对于图节点的表示，可以分为一阶相似性和二阶相似性两种。

1. 一阶相似性

一阶邻域结构如图4-1所示，节点之间的局部成对接近。

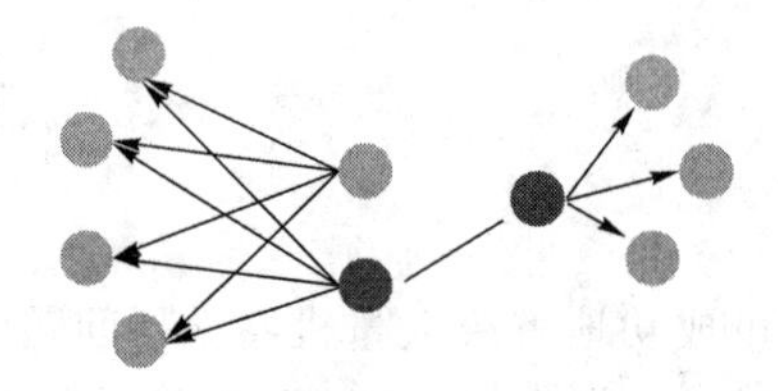

图4-1 一阶邻域结构

下面以无向边 i-j 为例，进行图节点的一阶相似性定义。

一阶近似的经验分布：

$$\hat{p}_1(v_i, v_j) = \frac{w_{ij}}{\sum_{(m,n)\in E} w_{mn}}$$

一阶近似的模型分布：

$$p_1(v_i, v_j) = \frac{1}{1+\exp(-\boldsymbol{u}_i^{\mathrm{T}} \cdot \boldsymbol{u}_i)}$$

其中，$\boldsymbol{u}_i$ 表示节点 i 的嵌入。

优化目标：

$$o_1 = \mathrm{KL}(\hat{p}_1, p_1) = -\sum_{(i,j)\in E} w_{ij} \lg p_1(v_i, v_j)$$

2. 二阶相似性

由于一阶相似性节点之间的许多连接没有被观察到，一阶邻域结构不足以保存整个网络结构，因此人们引入二阶邻域结构来定义节点，如图4-2所示。

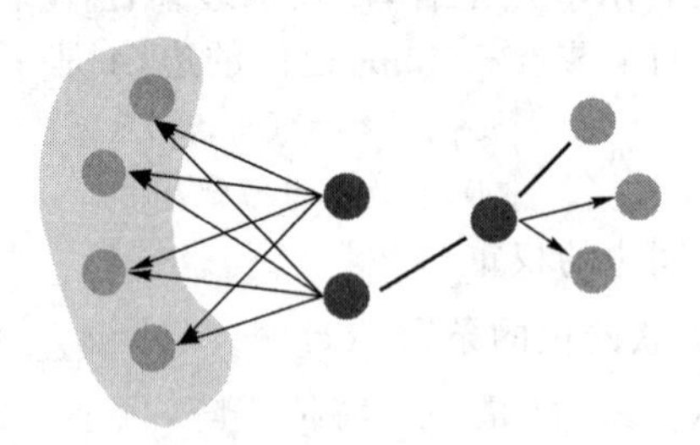

图4-2 二阶邻域结构

下面以无向边 i-j 为例进行定义。

邻域结构的经验分布：

$$(v_i \mid v_j) = \frac{w_{ij}}{\sum_{k\in N(i)} w_{ik}}$$

v_j 是 v_i 的邻居的概率为(邻域结构模型分布)

$$p_2(v_i \mid v_j) = \frac{\exp(\boldsymbol{u}_i^{\mathrm{T}} \cdot \boldsymbol{u}_i)}{\sum_{k=1}^{|V|} \exp(\boldsymbol{u}_k^{\mathrm{T}} \cdot \boldsymbol{u}_i)}$$

优化目标：

$$o_2 = \sum_{i \in V} \mathrm{KL}(\hat{p}_2, p_2) = -\sum_{(i,j) \in E} w_{ij} \lg p_2(v_i \mid v_j)$$

4.1.3　图节点的聚合

1. 图节点聚合的原理

图节点聚合基于局部邻居生成节点的嵌入原理，节点使用神经网络聚合来自相邻节点的信息，如图4-3(a)所示，对目标节点A的聚合情况如图4-3(b)所示，其中灰色方框(■)中可以设计不同的聚合方式。

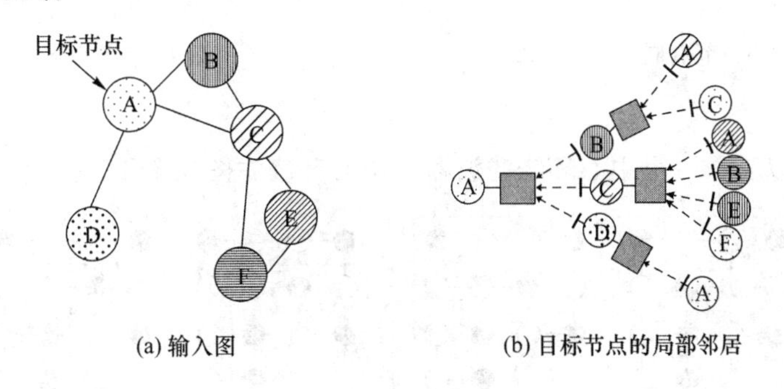

图4-3　邻域聚合图

2. 网络邻域定义计算图

确定邻域聚合方式之后，可以为输入图中的节点定义计算图，对图4-3(a)中的每个节点都画出了计算图，结果如图4-4所示。

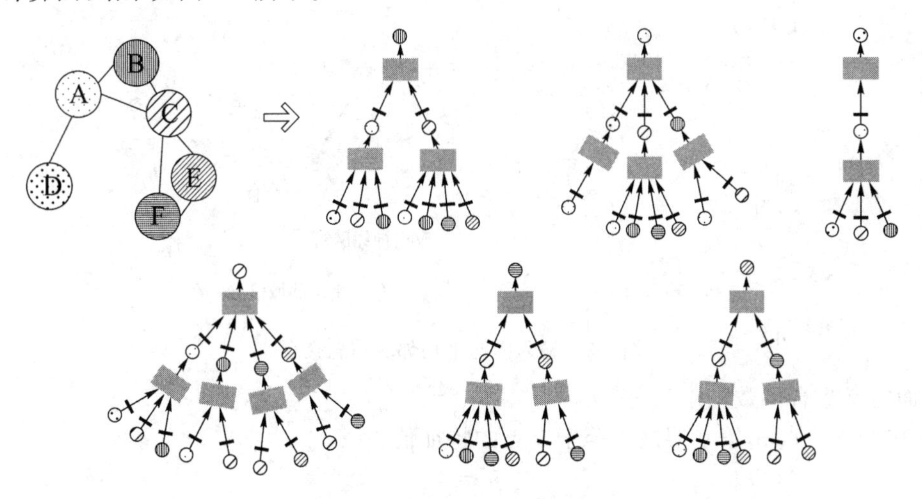

图4-4　原图及6个节点的计算图

3. 节点分层

根据计算图，可以确定每个节点计算图的层次关系，节点在每一层都有嵌入。模型可以是任意深度。节点 U 的“0 层”嵌入是其输入特征，即 X_U。节点嵌入的分层结构如图 4-5 所示。

4. 节点聚合方式

节点聚合方式的关键区别在于不同的方法如何跨层聚合信息，图 4-6 所示为节点嵌入图。

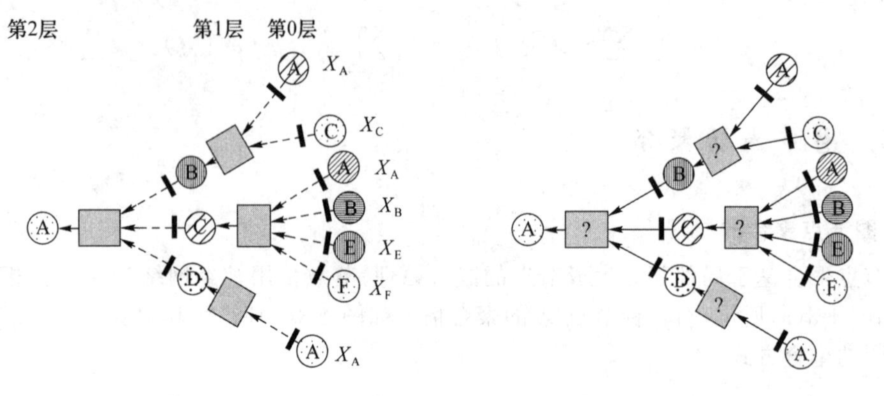

图 4-5　节点嵌入的分层结构　　　　图 4-6　节点嵌入图

(1) 邻域聚合

邻域聚合可以看作一个中心环绕滤波器。中心环绕滤图如图 4-7 所示。

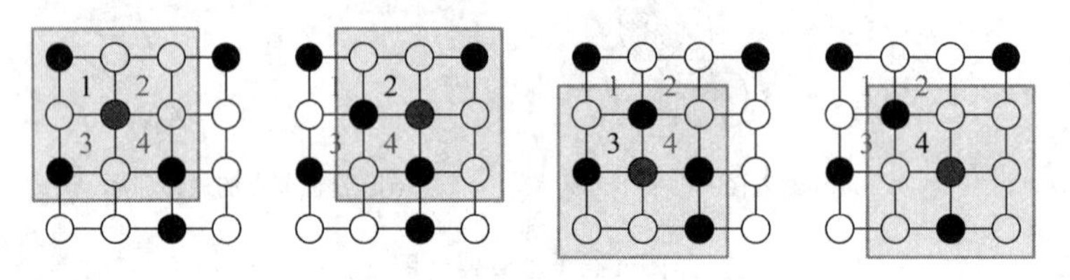

图 4-7　中心环绕滤图

(2) 基本方法

基本方法即平均邻域信息并应用神经网络。输入图与平均邻域信息聚合如图 4-8 所示。

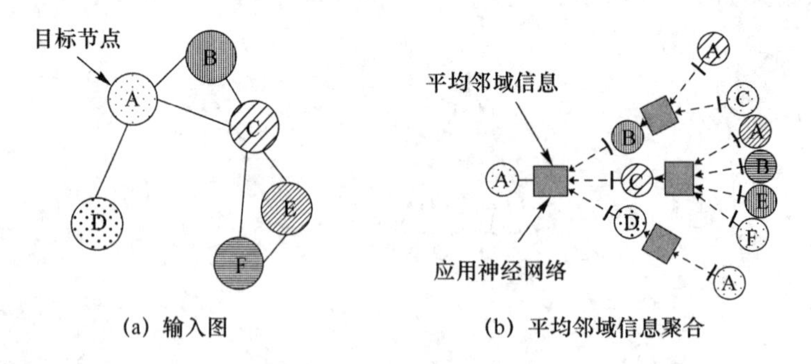

图 4-8　输入图与平均邻域信息聚合

下面定义聚合函数。

① 初始化节点 v，第 0 层嵌入等于节点的特征值：

$$\boldsymbol{h}_v^0 = \boldsymbol{x}_v$$

其中，$\boldsymbol{h}_v^0$ 为节点 v 初始化“0 层”的嵌入，也就是节点的特征向量。

② 节点 v 的第 k 层嵌入为

$$\boldsymbol{h}_v^k = \sigma\left(w_k \sum_{u \in N(v)} \frac{\boldsymbol{h}_u^{k-1}}{|N(v)|} + B_k \boldsymbol{h}_v^{k-1}\right), \quad \forall\, k > 0$$

其中，$\boldsymbol{h}_v^0$ 为节点 v 第 k 层的嵌入，σ 为非线性激活函数（比如 ReLU 或者 tanh 等），$\sum_{u\in N(v)}\frac{\boldsymbol{h}_u^{k-1}}{|N(v)|}$ 为前一层邻域嵌入信息的平均值，$\boldsymbol{h}_v^{k-1}$ 表示前一层 v 节点的嵌入，w_k 和 B_k 为训练参数。

③ 输出为 $\boldsymbol{Z}_{\mathrm{A}}=\boldsymbol{h}_v^k$，$\boldsymbol{h}_v^k$ 为经过 k 层的邻域聚合，得到每个节点的输出嵌入。$\boldsymbol{Z}_{\mathrm{A}}$ 为节点分类标签。

要想在这个训练模型中生成“高质量”嵌入，首先需要在嵌入上定义一个损失函数 $\mathscr{L}(zu)$。可以将这些嵌入输入任何损失函数中，并用随机梯度下降法来训练聚集参数，损失函数定义如下：

$$\mathscr{L}=\sum_{v\in V}y_v\lg(\sigma(\boldsymbol{Z}_v^{\mathrm{T}}\theta))+(1-y_v)\lg(1-\sigma(\boldsymbol{Z}_v^{\mathrm{T}}\theta))$$

其中，θ 为分类权重，$\boldsymbol{Z}_v$ 为图 4-9 中输出节点的嵌入。

在一组节点上进行训练，一批计算图如图 4-10 所示。

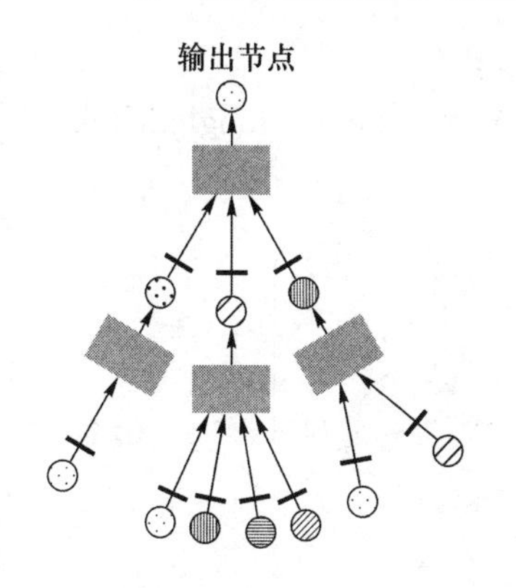

图 4-9　单个节点的计算图

图 4-10　计算图组

根据需要为节点生成嵌入，如图 4-11 所示。

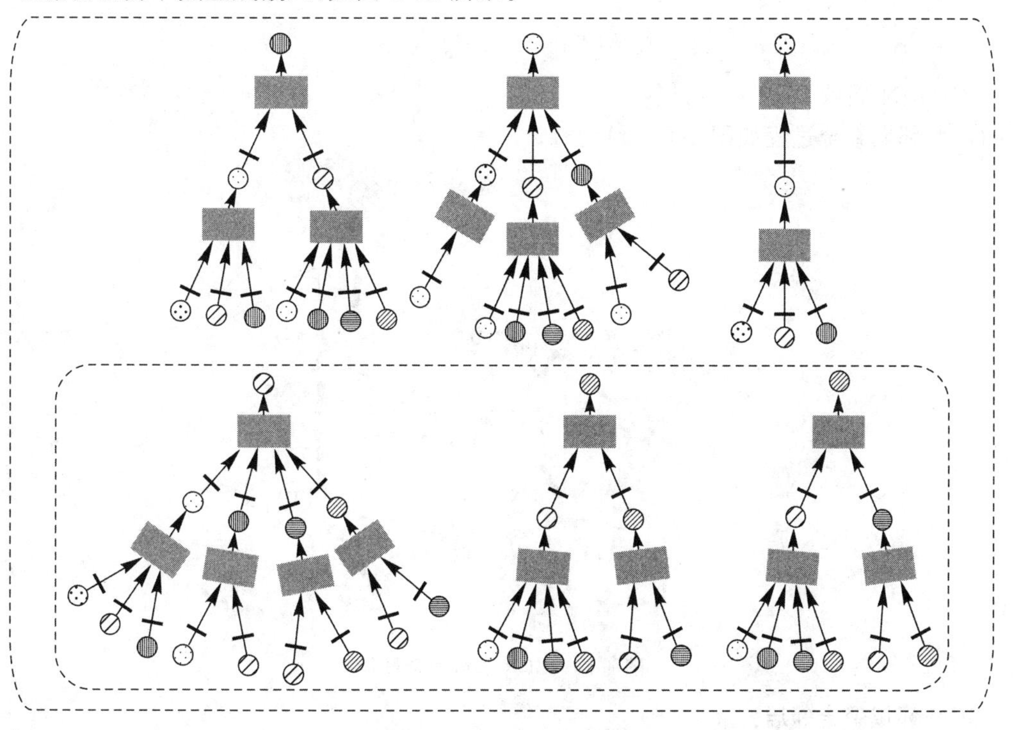

图 4-11　生成新的计算图组

所有节点共享相同的聚合参数。模型参数的数量在$|V|$中是次线性的，由此可以推广到看不见的节点。计算图共享参数情况如图 4-12 所示。

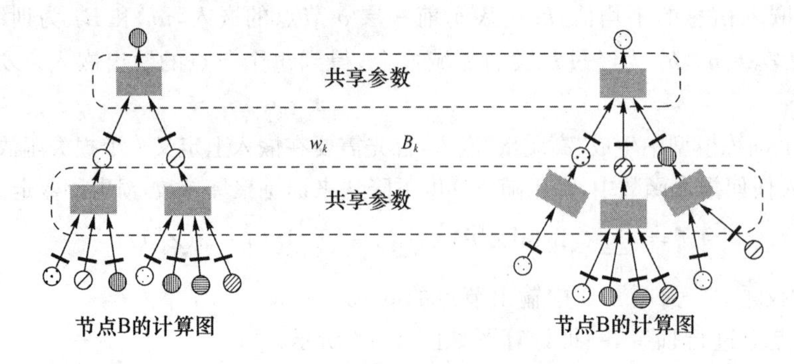

图 4-12 计算图共享参数情况

许多应用程序设置经常遇到以前看不见的节点，例如 Reddit、YouTube、GoogleScholar 等，需要"即时"生成新的嵌入，如图 4-13 所示。

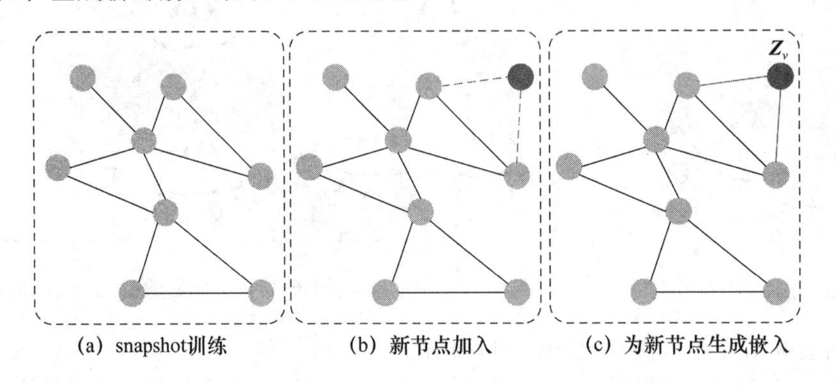

图 4-13 生成节点嵌入

(3) GCN 邻域聚合

GCN 邻域聚合过程如图 4-14 所示。

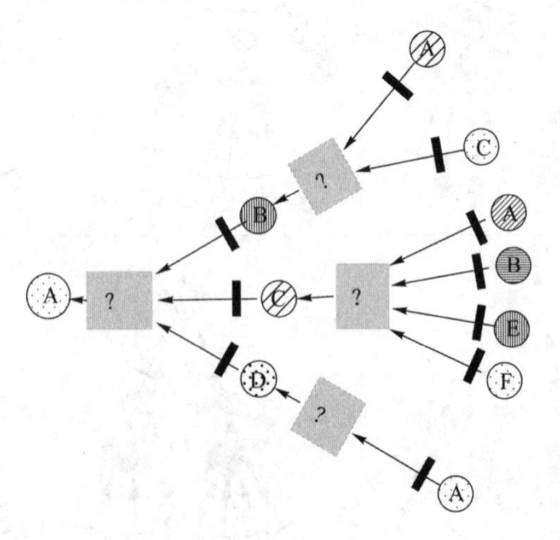

图 4-14 GCN 邻域聚合过程

GCN 邻域聚合邻居：

$$h_v^k = \sigma\left(w_k \sum_{u \in N(v) \cup v} \frac{h_u^{k-1}}{\sqrt{|N(u)||N(v)|}}\right)$$

根据经验，研究人员发现这种配置可以产生最佳效果，实现更多参数共享，只聚合自身和一阶邻居的特征。

（4）GraphSAGE

到目前为止，可以通过采用（加权）平均值来聚合邻居消息：

$$h_v^k=\sigma([A_k \cdot \mathrm{AGG}(\{h_v^{k-1}, \forall u \in N(v)\}), B_k h_v^{k-1}])$$

$\forall u \in N(v)$表示任何将向量集映射到单个向量的可微函数。

- Mean：$\mathrm{AGG} = \sum_{u \in N(v)} \frac{h_u^{k-1}}{|N(v)|}$。
- Pool：变换邻居向量并应用对称向量函数，即 $\mathrm{AGG}=\gamma(\{Qh_u^k, \forall u \in N(v)\})$。
- LSTM：将 LSTM 应用于邻居的随机排列，即 $\mathrm{AGG}=\mathrm{LSTM}([h_u^k, \forall u \in \pi(N(v))])$。

（5）构建多层神经网络

节点使用神经网络聚合来自邻居的“消息”，GCN 和 GraphSAGE 一般只有 2～3 层深。节点多层嵌入计算如图 4-15 所示。

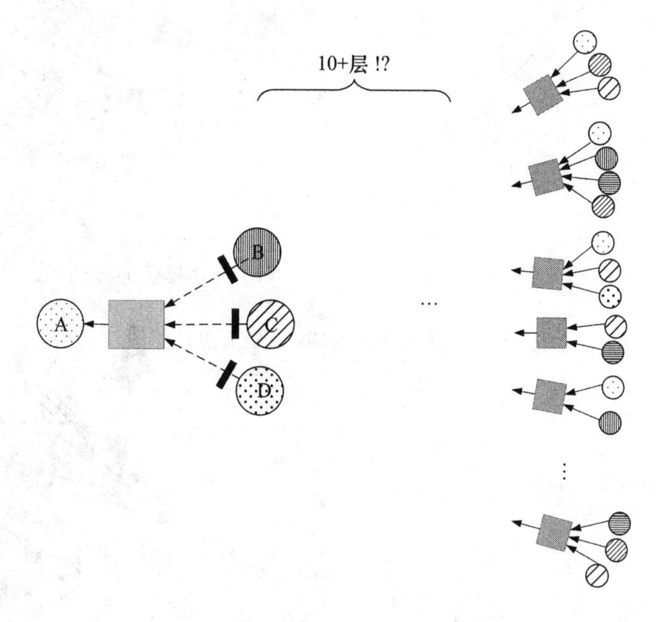

图 4-15　节点多层嵌入计算图

（6）构建门控图神经网络

构建具有多层邻域聚合的模型，主要将面临如下挑战。

- 过多的参数过度拟合。
- 反向传播期间消失/爆炸的梯度。

解决思路是使用现代循环神经网络的技术，跨层采用相同的神经网络，共享参数，从而减少参数，如图 4-16 所示。

另外一种思路是尝试采用循环神经网络，如图 4-17 所示。

（7）构建图注意力网络

如果一些邻居比其他邻居更重要，则需要构建图注意力网络，如图 4-18 所示。

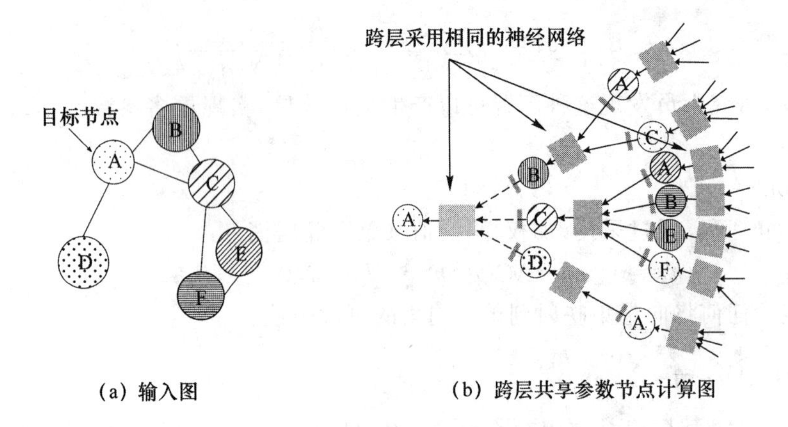

(a) 输入图　　(b) 跨层共享参数节点计算图

图 4-16　输入图与跨层共享参数节点计算图

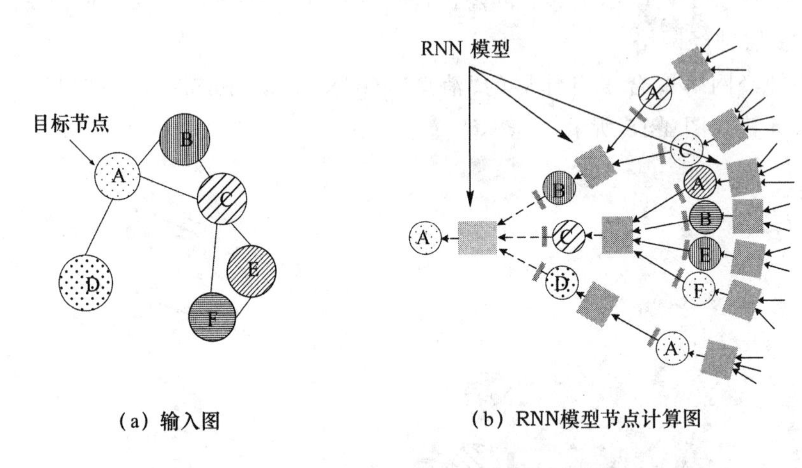

(a) 输入图　　(b) RNN模型节点计算图

图 4-17　输入图与 RNN 模型节点计算图

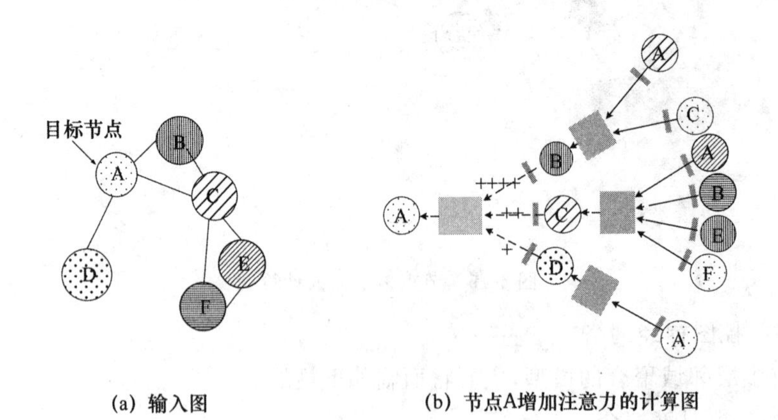

(a) 输入图　　(b) 节点A增加注意力的计算图

图 4-18　注意力网络节点计算图

注意力增强基本图神经网络模型如下：

$$\boldsymbol{h}_v^k = \sigma\left(\sum_{u \in N(v) \cup \{v\}} \alpha_{vu} w^k \boldsymbol{h}_u^{k-1}\right)$$

各种注意机制可以纳入“消息”步骤。

① 在步骤 k 从邻居那里获得“消息”：

$$\boldsymbol{m}_v^k = \sum_{u \in N(v)} M(\boldsymbol{h}_u^{k-1}, \boldsymbol{h}_v^{k-1}, e_{uv})$$

② 更新节点“状态”：

$$\boldsymbol{h}_v^k = U(\boldsymbol{h}_v^{k-1}, \boldsymbol{m}_v^k)$$

4.1.4　子图级嵌入

前述内容主要专注于节点级嵌入(见图 4-19)，下面我们介绍子图级嵌入(见图 4-20)。

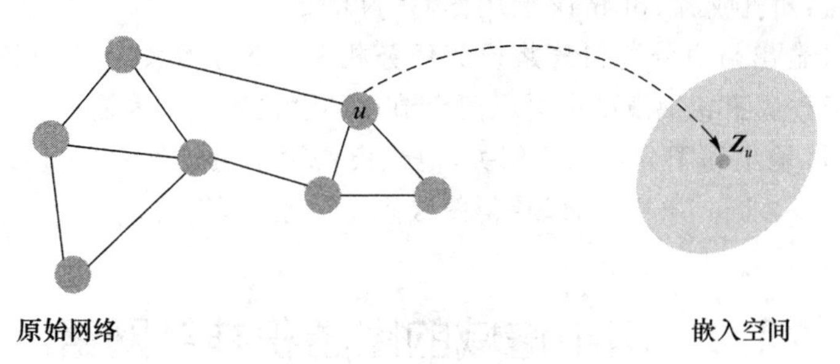

图 4-19　节点级嵌入

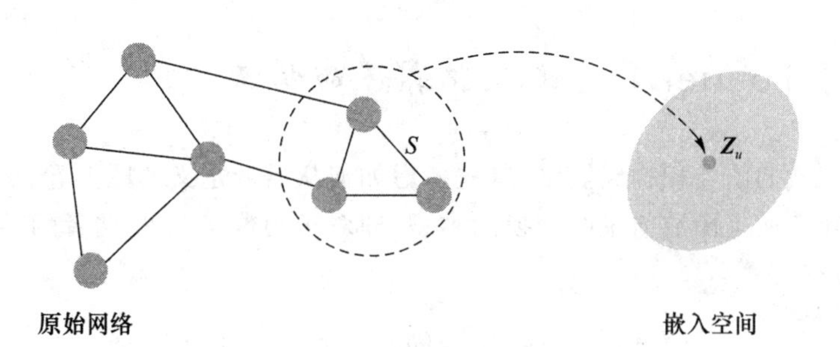

图 4-20　子图级嵌入

第一种方法也是最简单的方法即只需对(子)图中的节点嵌入求和(或平均)：

$$\boldsymbol{Z}_S = \sum_{v \in S} \boldsymbol{Z}_v$$

该方法由 Duvenaud 等人于 2016 年使用，以基于其图结构对分子进行分类。

第二种方法是引入一个“虚拟节点”来表示子图，并运行标准图形神经网络。引入虚拟节点的子图级嵌入如图 4-21 所示。

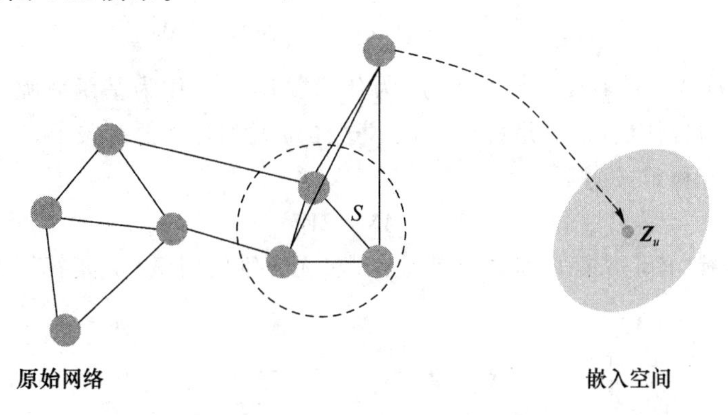

图 4-21　引入虚拟节点的子图级嵌入

4.1.5 图神经网络的输出

GNN 图神经网络(尤其是 GCN 图卷积神经网络)通过谱图理论和空间局部性重新定义图卷积,试图在图数据上重复 CNN 的成功。使用图结构和节点信息作为输入,GCN 的输出能够将以下的一种机制用于不同的图分析任务。

- Node-level 输出用于点回归和分类任务。图卷积模型直接给定节点的潜在表示,然后一个多层感知机或者 softmax 层用作 GCN 的最后一层。
- Edge-level 输出与边分类和链路预测任务相关。为了预测一条边的便签或者连接强度,附加函数从图卷积模型中提取两个节点的潜在表示作为输入。
- Graph-level 输出和图分类任务相关,池化模块用于粗化(coarsening)一个图为子图或者对节点表示求和/求平均,以获得图级别上的紧凑表示。

4.2 基于谱域的图卷积神经网络

4.2.1 基于 Fourier 的图上卷积算子的构建

构建基于谱域的图卷积神经网络,首先考虑如何从谱域定义的图上卷积。由卷积定理(函数卷积的傅里叶变换是函数傅里叶变换的乘积,即对于函数 f 与 h,两者的卷积是其函数傅里叶变换的乘积)有

$$f * h=\mathscr{F}^{-1}\{\mathscr{F}(f)\cdot\mathscr{F}(h)\}=\mathscr{F}^{-1}\{\hat{f}(\omega)\cdot\hat{h}(\omega)\} \tag{4-2}$$

其中,f 为待卷积函数,h 为卷积核(根据需要设计),$f*h$ 为卷积结果。

可知,只要解决图上傅里叶变换的方法,就可以定义图上的卷积了,下面从传统的傅里叶变换开始逐步理解图上的傅里叶变换。

1. 图上的傅里叶变换

(1) 传统的傅里叶变换

传统的傅里叶变换定义为

$$F(\omega)=\mathscr{F}(f(t))=\int f(t)\mathrm{e}^{-\mathrm{i}\omega t}\mathrm{d}t$$

其中,对于信号 $f(t)$ 与基函数 $\mathrm{e}^{-\mathrm{i}\omega t}$ 的积分,为什么要用 $\mathrm{e}^{-\mathrm{i}\omega t}$ 作为基函数呢?从数学上看 $\mathrm{e}^{-\mathrm{i}\omega t}$ 是拉普拉斯算子的特征函数(满足特征方程),这样 ω 就和特征值有关了。

广义的特征方程定义为

$$\boldsymbol{AV}=\lambda\boldsymbol{V}$$

其中 $\boldsymbol{A}$ 是一种变换,$\boldsymbol{V}$ 是特征向量或者特征函数(无穷维的向量),λ 是特征值。

$\mathrm{e}^{-\mathrm{i}\omega t}$ 满足

$$\Delta\mathrm{e}^{-\mathrm{i}\omega t}=\frac{\partial^2}{\partial t^2}\mathrm{e}^{-\mathrm{i}\omega t}=-\omega^2\mathrm{e}^{-\mathrm{i}\omega t}$$

当然 $\mathrm{e}^{-\mathrm{i}\omega t}$ 就是 Δ 的本征函数,ω 与特征值密切相关。

由传统傅里叶变换可知，我们需要找到一个和 $e^{-i\omega t}$ 等价的一组基向量实现图上的傅里叶变换，为了寻找这组基向量，我们首先考虑图上的拉普拉斯算子。

(2) 图上的拉普拉斯算子

① 拉普拉斯算子的定义

拉普拉斯算子的定义如下：

$$\Delta = \sum_{i=1}^{n} \frac{\partial^2}{\partial x_i^2}$$

拉普拉斯算子的含义很明确，它是所有非混合二阶偏导数的和。

② 拉普拉斯算子在数字图像处理上的近似

图像是一种离散数据，那么拉普拉斯算子必然要进行离散化，先从导数说起：

$$f'(x)=\frac{\partial f(x)}{\partial x}\approx f(x+1)-f(x)$$

$$\begin{aligned} f''(x) &= \frac{\partial^2 f(x)}{\partial x^2} \\ &\approx f'(x+1)-f'(x) \\ &\approx f(x+1)-f(x)-[f(x)-f(x-1)] \\ &= f(x+1)+f(x-1)-2f(x) \end{aligned}$$

可以得出以下两个结论：

a. 二阶导数近似等于其二阶差分；

b. 二阶导数等于其在所有自由度上微扰之后获得的增益。

一维函数其自由度可理解为+1和−1两个方向。对于二维图像来说，则有4个自由度可以变化，即如果对 $f(x,y)$ 处的像素进行扰动，其可以变为4种状态 $f(x+1,y)$，$f(x-1,y)$，$f(x,y+1)$，$f(x,y-1)$。当然，如果将对角线方向也认为是一个自由度的话，会再增加几种状态：$f(x+1,y+1)$，$f(x+1,y-1)$，$f(x-1,y+1)$，$f(x-1,y-1)$。下面讨论第一种。

$$\begin{aligned} \Delta &= \frac{\partial^2 f(x,y)}{\partial x^2}+\frac{\partial^2 f(x,y)}{\partial y^2} \\ &\approx [f(x+1,y)+f(x-1,y)-2f(x,y)]+[f(x,y+1)+f(x,y-1)-2f(x,y)] \\ &= f(x+1,y)+f(x-1,y)+f(x,y+1)+f(x,y-1)-4f(x,y) \end{aligned}$$

上式可以理解为，图像上某一点拉普拉斯算子的值即其进行扰动，时期变化到相邻像素后得到的增益。可以总结为拉普拉斯算子就是在所有自由度上进行微扰后获得的增益。

③ 拉普拉斯算子在图上的近似

在谱域方面，对于无向图 $G(V(t),E(t))$，设有 N 个顶点，$V=\{v_1,v_2,\cdots,v_N\}$，E 为边，$\boldsymbol{A}$ 为其邻接矩阵，$\boldsymbol{D}$ 为其度矩阵，$d_{ij}=\sum_j A_{ij}$。推广到图上，对于有 N 个节点的图，设节点为 $1,2,\cdots,N$，这个图的自由度有多少呢？答案是最多为 N。

如果该图是一个连通图，即任意节点之间都有一条边，那么对一个节点进行微扰，它可能变成任意一个节点。那么上面的函数 $\boldsymbol{f}$ 就理所当然是一个 N 维的向量，即

$$\boldsymbol{f}=(f_1,\cdots,f_n)$$

其中，f_i 即函数 $\boldsymbol{f}$ 在节点 i 的值。类比图像中的 $f(x,y)$，即 $\boldsymbol{f}$ 在 (x,y) 处的值，对于任意节点 i，对节点 i 进行微扰，它可能变为任意一个与它相邻的节点 $j\in\mathcal{N}_i$，其中 $\mathcal{N}_i$ 表示节点 i 的一阶邻域节点的集合。

对于图来说,从节点 i 变化到节点 j 的增益 f_j-f_i 是多少?最容易想到的就是和它们的边权相关,那就只有 A_{ij} 了。

对于节点 i 来说,其变化的增益就是

$$\sum_{j\in\mathcal{N}_i}A_{ij}[f_j-f_i]$$

所以对于图来说,其拉普拉斯算子如下:

$$\Delta f(i)=\sum_i\frac{\partial^2}{\partial x_i^2}\approx\sum_{j\in\mathcal{N}_i}A_{ij}[f_j-f_i]$$

上式中 $j\in\mathcal{N}_i$ 可以去掉,因为节点 i 和 j 如果不直接相邻,则 $A_{ij}=0$。

$$\begin{aligned}\sum_{j\in\mathcal{N}_i}A_{ij}[f_j-f_i]&=\sum_j A_{ij}f_j-\sum_j A_{ij}f_i\\&=(\boldsymbol{A}f)_i-(\boldsymbol{D}f)_i\\&=[(\boldsymbol{A}-\boldsymbol{D})f]_i\end{aligned}$$

即

$$\Delta f(i)=[(\boldsymbol{A}-\boldsymbol{D})f]_i$$

对于任意 i 都成立,则

$$-\Delta\boldsymbol{f}=(\boldsymbol{D}-\boldsymbol{A})\boldsymbol{f}$$

所以图上的拉普拉斯算子就是 $\boldsymbol{D}-\boldsymbol{A}$,也称为拉普拉斯矩阵:

$$\boldsymbol{L}=\boldsymbol{D}-\boldsymbol{A}\tag{4-3}$$

如图 4-22 所示。

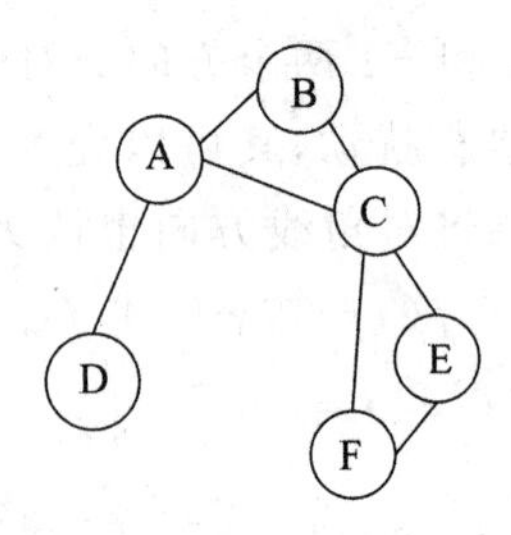

图 4-22 图的拓扑图

$$\boldsymbol{D}=\begin{pmatrix}3&0&0&0&0&0\\0&2&0&0&0&0\\0&0&4&0&0&0\\0&0&0&1&0&0\\0&0&0&0&2&0\\0&0&0&0&0&2\end{pmatrix},\quad \boldsymbol{W}=\begin{pmatrix}0&1&1&1&0&0\\1&0&1&0&0&0\\1&1&0&0&1&1\\1&0&0&0&0&0\\0&0&1&0&0&1\\0&0&1&0&1&0\end{pmatrix}$$

$$\boldsymbol{L}=\boldsymbol{D}-\boldsymbol{A}=\begin{pmatrix}3&-1&-1&-1&0&0\\-1&2&-1&0&0&0\\-1&-1&4&0&-1&-1\\-1&0&0&1&0&0\\0&0&-1&0&2&-1\\0&0&-1&0&-1&2\end{pmatrix}$$

其中，$\boldsymbol{D}$ 为图的度矩阵，$\boldsymbol{A}$ 为其邻接矩阵，$\boldsymbol{L}$ 为其拉普拉斯矩阵。

- 拉普拉斯矩阵⇔离散拉普拉斯算子。
- 拉普拉斯矩阵的【特征向量 $\boldsymbol{U}$】⇔拉普拉斯算子的【本征函数 $\mathrm{e}^{-\mathrm{i}\omega t}$】。

④ 拉普拉斯矩阵(半正定、对称)

拉普拉斯矩阵的性质：

- 有 N 个线性无关的特征向量。
- 特征值非负。
- 特征向量相互正交，即 $\boldsymbol{Q}$ 为正交矩阵。

下面给出拉普拉斯矩阵半正定性的证明。

证明：对于 $\forall\, \boldsymbol{f}\in\mathbb{R}^N, \boldsymbol{f}\neq\boldsymbol{0}$，有

$$
\begin{aligned}
\boldsymbol{f}^{\mathrm{T}}\boldsymbol{L}\boldsymbol{f} &= \boldsymbol{f}^{\mathrm{T}}\boldsymbol{D}\boldsymbol{f} - \boldsymbol{f}^{\mathrm{T}}\boldsymbol{A}\boldsymbol{f} \\
&= \sum_{i=1}^{N} d_i f_i^2 - \sum_{i=1}^{N}\sum_{j=1}^{N} A_{ij} f_i f_j \\
&= \frac{1}{2}\left(\sum_{i=1}^{N} d_i f_i^2 - 2\sum_{i=1}^{N}\sum_{i=1}^{N} A_{ij} f_i f_j + \sum_{i=1}^{N} d_j f_j^2\right) \\
&= \frac{1}{2}\sum_{i=1}^{N}\sum_{i=1}^{N}(f_i - f_j)^2 \geqslant 0
\end{aligned}
$$

所以，拉普拉斯矩阵是半正定的。

(3) 特征向量矩阵(一组基)

把拉普拉斯算子的特征函数变为图对应的拉普拉斯矩阵的特征向量。

① 图上拉普拉斯算子的定义形式

先说图拉普拉斯算子的定义，有很多种，主要是以下 2 种。

a. $\boldsymbol{L}=\boldsymbol{D}-\boldsymbol{A}$。

b. $\boldsymbol{L}^{\mathrm{nor}}=\boldsymbol{D}^{-1/2}\boldsymbol{L}\boldsymbol{D}^{-1/2}$ 或者 $\boldsymbol{L}^{\mathrm{nor}}=\boldsymbol{D}^{-1}\boldsymbol{L}$。

其实就是一种，第二种是第一种的标准化(normalized)形式。

② 求图拉普拉斯矩阵的特征向量

针对图拉普拉斯矩阵：

$$\boldsymbol{L}=\boldsymbol{D}-\boldsymbol{A}$$

根据矩阵 $\boldsymbol{L}$ 的特征分解定义：将矩阵 $\boldsymbol{L}$ 分解为由特征值 λ 和特征向量 $\boldsymbol{u}$ 表示的矩阵之积。

a. 求特征值和特征向量。λ 为特征值，$\boldsymbol{u}$ 为特征向量，则满足下式：

$$\boldsymbol{L}\boldsymbol{u}=\lambda\boldsymbol{u}$$

b. 求特征分解。令 $\boldsymbol{L}$ 是一个 $N\times N$ 的方阵，且有 N 个线性无关的特征向量，这样 $\boldsymbol{L}$ 可以被分解为

$$\boldsymbol{L}=\boldsymbol{U}\boldsymbol{\Lambda}\boldsymbol{U}^{\mathrm{T}}=\boldsymbol{U}\begin{Bmatrix}\lambda_1 & & \\ & \ddots & \\ & & \lambda_n\end{Bmatrix}\boldsymbol{U}^{\mathrm{T}}$$

其中，$\boldsymbol{U}$ 为图的拉普拉斯矩阵 $\boldsymbol{L}$ 的特征向量矩阵，且其第 i 列为 $\boldsymbol{L}$ 的特征向量 $\boldsymbol{u}_i$，$\boldsymbol{u}_i$ 为列向量，$\boldsymbol{U}=\{\boldsymbol{u}_1,\boldsymbol{u}_2,\cdots,\boldsymbol{u}_n\}$。

设 $\lambda_1\leqslant\lambda_2\leqslant\cdots\leqslant\lambda_n$ 为 $\boldsymbol{L}$ 的特征值，$\boldsymbol{\Lambda}=\mathrm{diag}(\lambda_1,\lambda_2,\cdots,\lambda_n)$。

(4) 图上的傅里叶变换

根据传统傅里叶的定义,得到图上的傅里叶变换:

① i 为第 i 个顶点;

② λ_l 为第 l 个特征值,$\boldsymbol{u}_l$ 为第 l 个特征向量;

③ $\boldsymbol{f}$ 为待变换信号(向量),$\hat{\boldsymbol{f}}$为其对应的傅里叶变换,$\boldsymbol{f}$ 和$\hat{\boldsymbol{f}}$与顶点 i 一一对应,即

$$\mathscr{F}(\lambda_l) = \hat{f}(\lambda_l) = \sum_{i=1}^{N} f(i) u_l^*(i)$$

$\boldsymbol{f}$ 是图上的 N 维向量,$f(i)$与图上的节点一一对应,$u_l^*(i)$表示第 l 个特征向量的第 i 个分量,那么特征值(频率)λ_l 下的 $\boldsymbol{f}$ 的图傅里叶变换就是与 λ_l 对应的特征向量 $\boldsymbol{u}_l$ 进行内积运算。

利用矩阵乘法将图上的傅里叶变换推广到矩阵形式:

$$\begin{pmatrix} \hat{\boldsymbol{f}}(\lambda_1) \\ \hat{\boldsymbol{f}}(\lambda_2) \\ \vdots \\ \hat{\boldsymbol{f}}(\lambda_n) \end{pmatrix} = \begin{pmatrix} u_1(1) & u_1(2) & \cdots & u_1(n) \\ u_2(1) & u_2(2) & \cdots & u_2(n) \\ \vdots & \vdots & & \vdots \\ u_n(1) & u_n(2) & \cdots & u_n(n) \end{pmatrix} \begin{pmatrix} f(1) \\ f(2) \\ \vdots \\ f(n) \end{pmatrix}$$

即 $\boldsymbol{f}$ 在图上的傅里叶变换的矩阵形式为

$$\mathscr{F}(\boldsymbol{f}) = \hat{\boldsymbol{f}} = \boldsymbol{U}^{\mathrm{T}} \boldsymbol{f} \tag{4-4}$$

逆变换形式为

$$\mathscr{F}^{-1}\{\boldsymbol{f}\} = \boldsymbol{U} \hat{\boldsymbol{f}} \tag{4-5}$$

为什么 $\boldsymbol{U}^{\mathrm{T}}\boldsymbol{f}$ 就是对向量 $\boldsymbol{f}$ 的傅里叶变换,$\boldsymbol{U}\hat{\boldsymbol{f}}$就是对向量 $\boldsymbol{f}$ 的傅里叶逆变换呢?我们先来理解一下特征值和特征向量,从线性说起,一个线性变换可由一个矩阵乘法表示,一个空间坐标系可看作一个矩阵,那么这个坐标系就可由这个矩阵的所有特征向量表示,用图来表示的话,可以想象就是一个空间张开的各个坐标角度,这一组向量可以完全表示一个矩阵表示的空间的"特征",而它们的特征值就表示了各个特征上的强度(可以想象成从各个角度上伸出的长短,越长的轴就越可以代表这个空间,它的"特征"就越强,或者说越显性,而短轴自然就成了隐性特征)。

对于经典的傅里叶变换 $\hat{f}(\omega) = \int f(t) \mathrm{e}^{-\mathrm{i}\omega t} \mathrm{d}t$,我们知道 ω 表示频率,对于某一特定的 ω_i 值,$\hat{f}(\omega_i)$表示信号 $\boldsymbol{f}$ 包含 ω_i 频率成分的多少。如果把 $\boldsymbol{f}$ 看作无穷维向量,则傅里叶变换可以表示为

$$\begin{pmatrix} \vdots \\ f(\omega_{-1}) \\ f(\omega_0) \\ f(\omega_1) \\ \vdots \end{pmatrix} = \Delta t \begin{pmatrix} \cdots & \cdots & \cdots & \cdots & \cdots \\ \cdots & \mathrm{e}^{-\mathrm{i}\omega_{-1}t_{-1}} & \mathrm{e}^{-\mathrm{i}\omega_{-1}t_0} & \mathrm{e}^{-\mathrm{i}\omega_{-1}t_1} & \cdots \\ \cdots & \mathrm{e}^{-\mathrm{i}\omega_0 t_{-1}} & \mathrm{e}^{-\mathrm{i}\omega_0 t_0} & \mathrm{e}^{-\mathrm{i}\omega_0 t_1} & \cdots \\ \cdots & \mathrm{e}^{-\mathrm{i}\omega_1 t_{-1}} & \mathrm{e}^{-\mathrm{i}\omega_1 t_0} & \mathrm{e}^{-\mathrm{i}\omega_1 t_1} & \cdots \\ \cdots & \cdots & \cdots & \cdots & \cdots \end{pmatrix} \begin{pmatrix} \vdots \\ f(t_{-1}) \\ f(t_0) \\ f(t_1) \\ \vdots \end{pmatrix}$$

对于$\hat{\boldsymbol{f}} = \boldsymbol{U}^{\mathrm{T}}\boldsymbol{f}$,其中 $\hat{f}(\lambda_l) = \boldsymbol{u}_l^{\mathrm{T}}\boldsymbol{f}$,$\boldsymbol{u}_l$ 为特征向量,表示图的一个特征(谱),λ_l 表示这个特征的"强度"(频率)。公式$\hat{\boldsymbol{f}} = \boldsymbol{U}^{\mathrm{T}}\boldsymbol{f}$ 展开可以表示为

$$\begin{pmatrix} \hat{f}(\lambda_1) \\ \hat{f}(\lambda_2) \\ \vdots \\ \hat{f}(\lambda_n) \end{pmatrix} = \begin{pmatrix} u_1(1) & u_1(2) & \cdots & u_1(n) \\ u_2(1) & u_2(2) & \cdots & u_2(n) \\ \vdots & \vdots & & \vdots \\ u_n(1) & u_n(2) & \cdots & u_n(n) \end{pmatrix} \begin{pmatrix} f(1) \\ f(2) \\ \vdots \\ f(n) \end{pmatrix}$$

这样对应起来，λ 就是图 G 的频率，对于特定的 λ_l，$\hat{f}(\lambda_l)$的含义应该是向量 $\boldsymbol{f}$ 中包含多少 λ_l。

2. 图上的卷积

图上的傅里叶变换为 $\hat{\boldsymbol{f}}=\boldsymbol{U}^{\mathrm{T}}\boldsymbol{f}$，卷积核 h 的傅里叶变换写成对角矩阵的形式，为 $\begin{pmatrix} \hat{h}(\lambda_1) & & \\ & \ddots & \\ & & \hat{h}(\lambda_n) \end{pmatrix}$，其中，$\hat{h}(\lambda_l)=\sum_{i=1}^{N} h(i)u_l^*(i)$ 是根据需要设计的 h 在图上的傅里叶变换。两个傅里叶变换的乘积为 $\begin{pmatrix} \hat{h}(\lambda_1) & & \\ & \ddots & \\ & & \hat{h}(\lambda_n) \end{pmatrix}\boldsymbol{U}^{\mathrm{T}}\boldsymbol{f}$，再乘以 $\boldsymbol{U}$ 求得两者傅里叶变换乘积的逆变换，则求出图上的卷积公式：

$$\boldsymbol{f} *_{\mathcal{G}} h=\boldsymbol{U}\begin{pmatrix} \hat{h}(\lambda_1) & & \\ & \ddots & \\ & & \hat{h}(\lambda_n) \end{pmatrix}\boldsymbol{U}^{\mathrm{T}}\boldsymbol{f}$$

注：很多论文中的图卷积公式为

$$\boldsymbol{f} *_{\mathcal{G}} h=\boldsymbol{U}(\boldsymbol{U}^{\mathrm{T}}h)\odot(\boldsymbol{U}^{\mathrm{T}}\boldsymbol{f}) \tag{4-6}$$

其中，$\odot$表示哈达玛积（Hadamard product）。

由式(4-6)可以看出，$\boldsymbol{U}$ 为特征向量，$\boldsymbol{f}$ 为待卷积函数，重点在于设计含有可训练、共享参数的卷积核 h，卷积参数就是 $\mathrm{diag}(\hat{h}(\lambda_l))$。

3. 图上的卷积核

(1) 第一代 GCN

卷积核：

$$\mathrm{diag}(\hat{h}(\lambda_1)):\mathrm{diag}(\theta_l)$$

$$y_{\mathrm{output}}=\sigma\left(\boldsymbol{U}\begin{pmatrix} \theta_1 & & \\ & \ddots & \\ & & \theta_n \end{pmatrix}\boldsymbol{U}^{\mathrm{T}}\boldsymbol{x}\right)$$

上式就是标准的第一代 GCN 中的 layer 了，其中 $\sigma(\cdot)$是激活函数，$\boldsymbol{\Theta}=(\theta_1,\theta_2,\cdots,\theta_n)$就跟三层神经网络中的 weight 一样是任意的自由参数，通过初始化赋值，然后利用误差反向传播进行调整，$\boldsymbol{x}$ 就是图上对应于每个点的特征向量。

第一代 GCN 的缺点：有 n 个参数 θ_n，计算量大。

(2) 第二代 GCN

第二代 GCN 的主要贡献在于将$\hat{h}(\lambda_l)$改成了 $\sum_{j=0}^{K}\alpha_j\lambda_l^j$，卷积核：$\hat{h}(\lambda_l) \rightarrow \sum_{j=0}^{K}\alpha_j\lambda_l^j$ 。

$$y_{\text{output}}=\sigma(\boldsymbol{U}g_\theta(\boldsymbol{\Lambda})\boldsymbol{U}^{\mathrm{T}}\boldsymbol{x})$$

$$g_\theta(\boldsymbol{\Lambda})=\begin{pmatrix}\sum_{j=0}^{K}\alpha_j\lambda_1^j & & \\ & \ddots & \\ & & \sum_{j=0}^{K}\alpha_j\lambda_n^j\end{pmatrix}$$

利用矩阵乘法可得

$$\begin{pmatrix}\sum_{j=0}^{K}\alpha_j\lambda_1^j & & \\ & \ddots & \\ & & \sum_{j=0}^{K}\alpha_j\lambda_n^j\end{pmatrix}=\sum_{j=0}^{K}\alpha_j\Lambda^j$$

output 公式：

$$y_{\text{output}}=\sigma\left(\boldsymbol{U}\begin{pmatrix}\sum_{j=0}^{K}\alpha_j\lambda_1^j & & \\ & \ddots & \\ & & \sum_{j=0}^{K}\alpha_j\lambda_n^j\end{pmatrix}\boldsymbol{U}^{\mathrm{T}}\boldsymbol{x}\right)$$

注意下式：

$$\begin{pmatrix}\sum_{j=0}^{K}\alpha_j\lambda_1^j & & \\ & \ddots & \\ & & \sum_{j=0}^{K}\alpha_j\lambda_n^j\end{pmatrix}=\sum_{j=0}^{K}\alpha_j\Lambda^j$$

进而可以导出下式：

$$\boldsymbol{U}\sum_{j=0}^{K}\alpha_j\boldsymbol{\Lambda}^j\boldsymbol{U}^{\mathrm{T}}=\sum_{j=0}^{K}\alpha_j\boldsymbol{U}\Lambda^j\boldsymbol{U}^{\mathrm{T}}=\sum_{j=0}^{K}\alpha_j\boldsymbol{L}^j$$

上式成立是因为 $\boldsymbol{L}^2=\boldsymbol{U\Lambda U}^{\mathrm{T}}\boldsymbol{U\Lambda U}^{\mathrm{T}}=\boldsymbol{U\Lambda}^2\boldsymbol{U}^{\mathrm{T}}$，且 $\boldsymbol{U}^{\mathrm{T}}\boldsymbol{U}=\boldsymbol{E}$。

经过矩阵变换，简化后的输出公式：

$$y_{\text{output}}=\sigma(\sum_{j=0}^{K}\alpha_j\boldsymbol{L}^j\boldsymbol{x})$$

其中，$(\alpha_1,\alpha_2,\cdots,\alpha_K)$是任意的参数。

事先把 L^k 计算出来，后续每一步只要向量与矩阵相乘，复杂度降到了 $\mathcal{O}(KN^2)$，如果使用稀疏算法，复杂度为 $\mathcal{O}(K|E|)$。

第二代 GCN 是如何引入空间局部性的呢？这里首先要讲到拉普拉斯矩阵的性质，对于一个拉普拉斯矩阵，如果节点 $d_G(m,n)>s$，则 $L_{m,n}^{s}=0$，其中，$d_G(m,n)$ 为节点 m 和节点 n 的最短距离。因此第二代的卷积公式其实只使用了一个 K-hot 的邻域，即感受野为 K。

有人提出了一种卷积核的设计方法，即 $g_\theta(\Lambda)$ 可以用切比雪夫(Chebyshev)多项式 $T_k(x)$ 到 k^{th} 的截断展开来近似。

切比雪夫多项式：

$$T_k(x)=2xT_{k-1}(x)-T_{k-2}(x)$$
$$T_0(x)=1$$
$$T_1(x)=x$$

则新的卷积核为

$$g_{\theta'}(\boldsymbol{\Lambda})\approx\sum_{k=0}^{K}\boldsymbol{\theta}'_kT_k(\widetilde{\boldsymbol{\Lambda}})\tag{4-7}$$
$$\widetilde{\boldsymbol{\Lambda}}=\frac{2\boldsymbol{\Lambda}}{\lambda_{\max}}-\boldsymbol{I}_N$$

其中：$\lambda_{\max}$ 是 $\boldsymbol{L}$ 的最大特征值，是为了将其半径约束到$[-1,1]$，防止连乘过程中产生爆炸；$\boldsymbol{\theta}'\in\mathbb{R}^K$ 是切比雪夫系数的向量。

根据切比雪夫多项式的性质，可以得到如下推导：

$$T_k(\widetilde{\boldsymbol{\Lambda}})\boldsymbol{x}=2\widetilde{\boldsymbol{\Lambda}}T_{k-1}(\widetilde{\boldsymbol{\Lambda}})\boldsymbol{x}-T_{k-2}(\widetilde{\boldsymbol{\Lambda}})\boldsymbol{x}$$
$$T_0(\widetilde{\boldsymbol{\Lambda}})\boldsymbol{x}=\boldsymbol{I}$$
$$T_1(\widetilde{\boldsymbol{\Lambda}})\boldsymbol{x}=\widetilde{\boldsymbol{\Lambda}}$$

基于该卷积核，得到的卷积公式如下：

$$g_{\theta'}*_{\mathcal{G}}\boldsymbol{x}\approx\sum_{k=0}^{K}\boldsymbol{\theta}'_kT_k(\widetilde{\boldsymbol{L}})\boldsymbol{x}\tag{4-8}$$

其中，$\widetilde{\boldsymbol{L}}=\frac{2\boldsymbol{L}}{\lambda_{\max}}-\boldsymbol{I}_N$，此公式为拉普拉斯算子的 K^{th} 阶多项式近似，即它取决于离中央节点最大 K 步的节点。

下面证明式(4-8)。要证式(4-8)需要下面两个基础推导。

① 证明：

$$\widetilde{\boldsymbol{L}}=\frac{2\boldsymbol{L}}{\lambda_{\max}}-\boldsymbol{I}_N=\boldsymbol{U}\widetilde{\boldsymbol{\Lambda}}\boldsymbol{U}^{\mathrm{T}}$$

$$\begin{aligned}\widetilde{\boldsymbol{L}}&=\frac{2\boldsymbol{L}}{\lambda_{\max}}-\boldsymbol{I}_N\\&=\frac{2}{\lambda_{\max}}\boldsymbol{U}\boldsymbol{\Lambda}\boldsymbol{U}^{\mathrm{T}}-\boldsymbol{U}\boldsymbol{I}_N\boldsymbol{U}^{\mathrm{T}}\\&=\boldsymbol{U}\left(\frac{2}{\lambda_{\max}}\boldsymbol{\Lambda}-\boldsymbol{I}_N\right)\boldsymbol{U}^{\mathrm{T}}\\&=\boldsymbol{U}\widetilde{\boldsymbol{\Lambda}}\boldsymbol{U}^{\mathrm{T}}\end{aligned}\tag{4-9}$$

② 命题：已知 $\boldsymbol{U}$ 为正交矩阵，$\boldsymbol{L}$ 为对称矩阵，既满足

$$\boldsymbol{U}\boldsymbol{U}^{\mathrm{T}}=\boldsymbol{I}_N$$
$$\widetilde{\boldsymbol{L}}^k=(\boldsymbol{U}\widetilde{\boldsymbol{\Lambda}}\boldsymbol{U}^{\mathrm{T}})^k=\boldsymbol{U}\widetilde{\boldsymbol{\Lambda}}^k\boldsymbol{U}^{\mathrm{T}}$$

则有

$$UT_k(\widetilde{\boldsymbol{\Lambda}})U^{\mathrm{T}} = T_k(U\widetilde{\boldsymbol{\Lambda}}U^{\mathrm{T}}) = T_k(\widetilde{\boldsymbol{L}}) \tag{4-10}$$

证明:根据切比雪夫多项式的定义,已知

$$UT_0(\widetilde{\boldsymbol{\Lambda}})U^{\mathrm{T}} = UU^{\mathrm{T}} = I = T_0(U\widetilde{\boldsymbol{\Lambda}}U^{\mathrm{T}})$$

$$UT_1(\widetilde{\boldsymbol{\Lambda}})U^{\mathrm{T}} = U\widetilde{\boldsymbol{\Lambda}}U^{\mathrm{T}} = T_1(U\widetilde{\boldsymbol{\Lambda}}U^{\mathrm{T}})$$

假设对任意 k,满足

$$UT_{k-2}(\widetilde{\boldsymbol{\Lambda}})U^{\mathrm{T}} = T_{k-2}(U\widetilde{\boldsymbol{\Lambda}}U^{\mathrm{T}})$$

与

$$UT_{k-1}(\widetilde{\boldsymbol{\Lambda}})U^{\mathrm{T}} = T_{k-1}(U\widetilde{\boldsymbol{\Lambda}}U^{\mathrm{T}})$$

$$\begin{aligned} UT_k(\widetilde{\boldsymbol{\Lambda}})U^{\mathrm{T}} &= 2U\widetilde{\boldsymbol{\Lambda}}T_{k-1}(\widetilde{\boldsymbol{\Lambda}})U^{\mathrm{T}} - UT_{k-2}(\widetilde{\boldsymbol{\Lambda}})U^{\mathrm{T}} \\ &= 2(U\widetilde{\boldsymbol{\Lambda}}U^{\mathrm{T}})UT_{k-1}(\widetilde{\boldsymbol{\Lambda}})U^{\mathrm{T}} - UT_{k-2}(\widetilde{\boldsymbol{\Lambda}})U^{\mathrm{T}} \\ &= 2(U\widetilde{\boldsymbol{\Lambda}}U^{\mathrm{T}})T_{k-1}(U\widetilde{\boldsymbol{\Lambda}}U^{\mathrm{T}}) - T_{k-2}(U\widetilde{\boldsymbol{\Lambda}}U^{\mathrm{T}}) \\ &= T_k(U\widetilde{\boldsymbol{\Lambda}}U^{\mathrm{T}}) \end{aligned}$$

由式(4-7)和式(4-9)及式(4-10),则

$$\begin{aligned} g_\theta *_{\mathcal{G}} \boldsymbol{x} &= (Ug_\theta(\boldsymbol{\Lambda})U^{\mathrm{T}})\boldsymbol{x} \\ &\approx U(\sum_{k=0}^{K}\boldsymbol{\theta}'_k T_k(\widetilde{\boldsymbol{\Lambda}}))U^{\mathrm{T}}\boldsymbol{x}\text{〔由式(4-7)〕} \\ &\approx \sum_{k=0}^{K}\boldsymbol{\theta}'_k UT_k(\widetilde{\boldsymbol{\Lambda}})U^{\mathrm{T}}\boldsymbol{x} \\ &\approx \sum_{k=0}^{K}\boldsymbol{\theta}'_k T_k(\widetilde{\boldsymbol{L}})\boldsymbol{x} \end{aligned}$$

可以发现,这时原始矩阵的幂次运算没有了,只需要计算矩阵和向量的乘积即可,因此复杂度是 $\mathcal{O}(K|E|)$,E 是图中边的集合,当图为稀疏图的时候,计算加速尤为明显。

总结一下第二代 GCN:

- 计算复杂度降低到了 $\mathcal{O}(K|E|)$;
- 引入了空间局部性。

(3) 第三代 GCN

直到第二代 GCN,基于谱的图卷积基本成形,第三代 GCN 改动不大,概括为两个点:

- 令 $K=1$,即每层卷积只考虑直接邻域,类似于 CNN 中 3×3 的卷积核;
- 深度增加,宽度减少(深度学习的经验,深度>宽度)。

对于第二代 GCN 的公式

$$\boldsymbol{g}_\theta(\boldsymbol{\Lambda}) \approx \sum_{k=0}^{K}\beta_k T_k(\widetilde{\boldsymbol{\Lambda}})$$

令 $\lambda_{\max}=2$,$k=1$,可得

$$\begin{aligned} \boldsymbol{g}_\theta * \boldsymbol{x} &= \boldsymbol{\theta}_0 + \boldsymbol{\theta}_1(\boldsymbol{L} - \boldsymbol{I}_N)\boldsymbol{x} \\ &= \boldsymbol{\theta}_0 - \boldsymbol{\theta}_1(\boldsymbol{D}^{-1/2}\boldsymbol{A}\boldsymbol{D}^{-1/2})\boldsymbol{x} \end{aligned}$$

这里运用的是上面提过的归一化后的拉普拉斯矩阵:$\boldsymbol{L} = \boldsymbol{D}^{-1/2}(\boldsymbol{D}-\boldsymbol{A})\boldsymbol{D}^{-1/2} = \boldsymbol{I}_N - \boldsymbol{D}^{-1/2}\boldsymbol{A}\boldsymbol{D}^{-1/2}$。其中,$\boldsymbol{A}$ 为邻接矩阵,$\boldsymbol{D}$ 为度矩阵。

进一步简化，$\boldsymbol{\theta}=\boldsymbol{\theta}_0=-\boldsymbol{\theta}_1$，可得

$$\boldsymbol{g}_\theta *_{\mathcal{G}} \boldsymbol{x}=\boldsymbol{g}_\theta(\widetilde{\boldsymbol{L}})\boldsymbol{x}\approx\boldsymbol{\theta}(\boldsymbol{I}_N+\boldsymbol{D}^{-1/2}\boldsymbol{W}\boldsymbol{D}^{-1/2})$$

由于 $\boldsymbol{I}_N+\boldsymbol{D}^{-1/2}\boldsymbol{W}\boldsymbol{D}^{-1/2}$ 的谱半径范围是[0,2]，所以进一步约束为

$$\boldsymbol{I}_N+\boldsymbol{D}^{-1/2}\boldsymbol{A}\boldsymbol{D}^{-1/2}\rightarrow\widetilde{\boldsymbol{D}}^{-1/2}\widetilde{\boldsymbol{A}}\widetilde{\boldsymbol{D}}^{-1/2}$$

其中，$\widetilde{\boldsymbol{A}}=\boldsymbol{A}+\boldsymbol{I}_N$，$\widetilde{D}_{ii}=\sum_j\widetilde{A}_{ij}$，最终应用多通道卷积，并表达为矩阵形式，可以得到如下形式：

$$\boldsymbol{Z}=\widetilde{\boldsymbol{D}}^{-1/2}\widetilde{\boldsymbol{A}}\widetilde{\boldsymbol{D}}^{-1/2}\boldsymbol{X}\boldsymbol{g}_\theta$$

其中，$\boldsymbol{X}\in\mathbb{R}^{N\times C}$，$\boldsymbol{g}_\theta\in\mathbb{R}^{C\times F}$，$\boldsymbol{Z}\in\mathbb{R}^{N\times F}$，$N$、$C$、$F$ 分别代表节点个数、通道个数和卷积核个数。

总结一下第三代 GCN：

- 计算复杂度为 $\mathcal{O}(|E|)$；
- 只考虑 1-hop 邻域，通过堆叠多层来增加感受野。

4. 应用案例(一)——GCN

案例：图卷积神经网络。

本案例分析了 Kipf 和 Welling 2017 年介绍半监督图节点分类问题的论文，模型为两层 GCN，论文下载地址为 https://arxiv.org/pdf/1609.02907.pdf，有兴趣的读者可以下载阅读。

(1) 卷积核

本案例的 GCN 采用了第三代卷积核，即

$$\boldsymbol{g}_{\theta'}(\boldsymbol{\Lambda})\approx\sum_{k=0}^{K}\boldsymbol{\theta}'_k T_k(\widetilde{\boldsymbol{\Lambda}})$$

(2) 层间递推关系

层间推导公式为

$$\boldsymbol{H}^{(l+1)}=\sigma(\widetilde{\boldsymbol{D}}^{-1/2}\widetilde{\boldsymbol{A}}\widetilde{\boldsymbol{D}}^{-1/2}\boldsymbol{H}^{(l)}\boldsymbol{W}^{(l)})$$

其中，$\boldsymbol{H}^{(l+1)}$ 为 l 层的输出，$\sigma(\cdot)$ 为激活函数，$\widetilde{\boldsymbol{A}}=\boldsymbol{A}+\boldsymbol{I}$，$\widetilde{D}_{ii}=\sum_j\widetilde{A}_{ij}$，$\boldsymbol{H}^{(l)}$ 为 l 层的输入，$\boldsymbol{W}^{(l)}$ 为 l 层的权重矩阵。

(3) GCN 模型

GCN 模型为两层模型，在预处理阶段先计算 $\hat{\boldsymbol{A}}=\widetilde{\boldsymbol{D}}^{-1/2}\widetilde{\boldsymbol{A}}\widetilde{\boldsymbol{D}}^{-1/2}$，其前向推导模型为

$$\text{第一层}：X^{(1)}=\mathrm{ReLU}(\hat{\boldsymbol{A}}\boldsymbol{X}\boldsymbol{W}^{(0)})$$

$$\text{第二层}：Z=\mathrm{softmax}(\hat{\boldsymbol{A}}\boldsymbol{X}^{(1)}\boldsymbol{W}^{(1)})$$

其中，$\boldsymbol{W}^{(0)}\in\mathbb{R}^{C\times H}$ 为输入层到隐藏层的权重矩阵，隐藏层的特征数为 H，$\boldsymbol{W}^{(1)}\in\mathbb{R}^{H\times F}$ 为隐藏层到输出层的权重矩阵，$\mathrm{softmax}(x_i)=\frac{1}{z}\exp(x_i)$，并且 $z=\sum_i\exp(x_i)$。

(4) 损失函数

$$\mathrm{Loss}=-\sum_{l\in y_L}\sum_{i=1}^{K}Y_{li}\ln Z_{li}$$

其中，y_L 代表已标注标签的节点集合。

(5) 代码分析

以下代码为在 Pytorch 和 Pytorch Geometric(PyG)框架下重现的 GCN 代码，大家如果感兴趣可以查看设计者提供的源代码，下载网址为 https://github.com/tkipf/gcn。

① 导入相应的包

```
import torch
from torch_geometric.nn import MessagePassing
from torch_geometric.utils import add_self_loops, degree
import torch.nn.functional as F
import os
import os.path as osp
from torch_geometric.datasets import Planetoid
import torch_geometric.transforms as T
```

② 下载并处理数据集

本案例以 Cora 数据集为例：

```
dataset = 'Cora'
path = osp.join(osp.dirname(osp.realpath('__file__')), 'data', dataset)
##加载数据集
dataset = Planetoid(path, dataset, T.NormalizeFeatures())
data = dataset[0]
```

其中，data 中的内容如下。

- Data.edge_index=[2, 10556]。COO 稀疏存储格式，保存了图的所有边，若$(i,j)\in E$表示节点i到j的一条边，改变为图的第k条边，则 Data.edge_index[0][k]=i, Data.edge_index[1][k]=j。
- Data.train_mask=[2708]。Data.train_mask[0～139]的值为 Ture，其他值为 Flase。
- Data.test_mask=[2708]。Data.train_mask[140～639]的值为 Ture，其他值为 Flase。
- Data.val_mask=[2708]。Data.train_mask[1708～2707]的值为 Ture，其他值为 Flase。
- Data.x=[2708, 1433]。2 708 个节点，每个节点的特征维度为 1 433。
- Data.y=[2708]。每个节点的标注标签。

③ 定义卷积层

```
class GCNConv(MessagePassing):
    def __init__(self, in_channels, out_channels):
        super(GCNConv, self).__init__(aggr='add')  # "Add" aggregation.
        self.lin = torch.nn.Linear(in_channels, out_channels)
    def forward(self, x, edge_index):
        # x has shape [N, in_channels = 1433]
        # edge_index has shape [2, E]
        # Step 1: Add self-loops to the adjacency matrix.
        ## x.size(0) = 2708
        edge_index, _ = add_self_loops(edge_index, num_nodes = x.size(0))
        ##print("x = self.lin(x) *** :",x,x.shape)
        ##2708 * 1433
```

```
        # #print(x)

        # Step 2: Linearly transform node feature matrix.2708 * 1433
        x = self.lin(x)
        # #2708 * 16
        # #print("x = self.lin(x):",x,x.shape)

        # Step 3-5: Start propagating messages.
        return self.propagate(edge_index, size = (x.size(0), x.size(0)), x = x)
    def message(self, x_j, edge_index, size):
        # x_j has shape [E, out_channels]
        # Step 3: Normalize node features.
        row, col = edge_index

        #计算每个节点的度
        deg = degree(row, size[0], dtype = x_j.dtype)
        deg_inv_sqrt = deg.pow( - 0.5)

        norm = deg_inv_sqrt[row] * deg_inv_sqrt[col]

        # #1 * (10556 + 2708 = 13264) * (10556 + 2708 = 13264) * out_channels =
        1 * out_channels
        return norm.view( - 1, 1) * x_j
    def update(self, aggr_out):
        # aggr_out has shape [N = 2708, out_channels]
        # Step 5: Return new node embeddings.
        return aggr_out
```

④ 定义网络模型

```
class Net(torch.nn.Module):
    #torch.nn.Module 是所有神经网络单元的基类
    def __init__(self):
        super(Net, self).__init__()
        ###复制并使用 Net 的父类的初始化方法,即先运行 nn.Module 的初始化函数
        self.conv1 = GCNConv(dataset.num_node_features, 16)
        self.conv2 = GCNConv(16, dataset.num_classes)
    def forward(self):
        x, edge_index = data.x, data.edge_index
        x = self.conv1(x, edge_index)
        x = F.relu(x)
        x = F.dropout(x, training = self.training)
        x = self.conv2(x, edge_index)
        return F.log_softmax(x, dim = 1)
```

⑤ 将数据和模型复制到 GPU 并定义优化器

```
device = torch.device('cuda' if torch.cuda.is_available() else 'cpu')
model, data = Net().to(device), data.to(device)
optimizer = torch.optim.Adam(model.parameters(), lr=0.01, weight_decay=5e-4)
```

⑥ 定义模型训练函数

```
def train():
    model.train()
    # 在反向传播之前,先将梯度归 0
    optimizer.zero_grad()
    # 将误差反向传播
    F.nll_loss(model()[data.train_mask], data.y[data.train_mask]).backward()
    # 更新参数
    optimizer.step()
```

⑦ 定义模型测试函数

```
def test():
    model.eval()
    logits, accs = model(), []
    for _, mask in data('train_mask', 'val_mask', 'test_mask'):
        pred = logits[mask].max(1)[1]
        acc = pred.eq(data.y[mask]).sum().item() / mask.sum().item()
        accs.append(acc)
    return accs
```

⑧ 训练并测试模型

```
best_val_acc = test_acc = 0
for epoch in range(1, 201):
    train()
    train_acc, val_acc, tmp_test_acc = test()
    if val_acc > best_val_acc:
        best_val_acc = val_acc
        test_acc = tmp_test_acc
    log = 'Epoch: {:03d}, Train: {:.4f}, Val: {:.4f}, Test: {:.4f}'
    print(log.format(epoch, train_acc, best_val_acc, test_acc))
```

(6) 实验结果

以 Cora 数据集为例,训练后模型利用T-SNE 对 GCN 的 outputs 进行可视化,结果如图 4-23 所示。

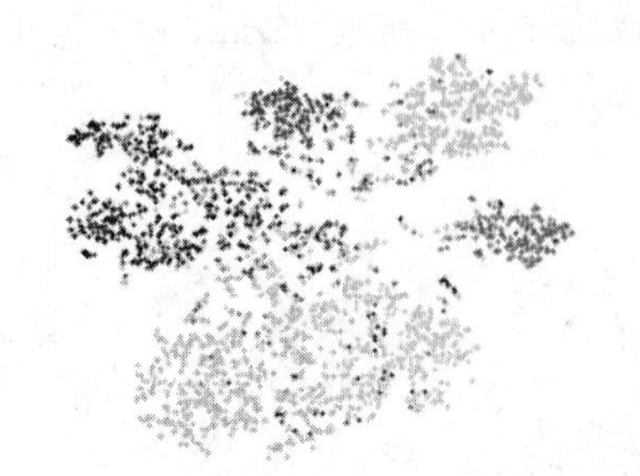

图 4-23 数据集 Cora 可视化结果

程序中训练迭代了 200 次，下面摘取了部分训练结果，本次训练结果最终的准确率为 82.0%，经过多次训练，准确率在 81.5%上下波动。

```
Epoch：001，Train：0.2500，Val：0.1960，Test：0.1840
Epoch：010，Train：0.3643，Val：0.2140，Test：0.2060
Epoch：020，Train：0.5714，Val：0.3320，Test：0.3360
Epoch：030，Train：0.7643，Val：0.4220，Test：0.4450
Epoch：040，Train：0.8714，Val：0.5740，Test：0.5770
Epoch：050，Train：0.9571，Val：0.7220，Test：0.7390
Epoch：060，Train：0.9643，Val：0.7500，Test：0.7730
Epoch：070，Train：0.9643，Val：0.7700，Test：0.7860
Epoch：080，Train：0.9714，Val：0.7820，Test：0.8050
Epoch：090，Train：0.9786，Val：0.7880，Test：0.8170
Epoch：100，Train：0.9786，Val：0.7880，Test：0.8170
Epoch：110，Train：0.9857，Val：0.7900，Test：0.8090
Epoch：120，Train：0.9857，Val：0.7900，Test：0.8090
Epoch：130，Train：0.9857，Val：0.7900，Test：0.8090
Epoch：140，Train：0.9857，Val：0.7980，Test：0.8200
Epoch：150，Train：0.9857，Val：0.7980，Test：0.8200
Epoch：160，Train：0.9857，Val：0.7980，Test：0.8200
Epoch：170，Train：0.9857，Val：0.7980，Test：0.8200
Epoch：180，Train：0.9857，Val：0.7980，Test：0.8200
Epoch：190，Train：1.0000，Val：0.7980，Test：0.8200
Epoch：200，Train：1.0000，Val：0.7980，Test：0.8200
```

5. 应用案例(二)——GMNN

案例:图马尔可夫神经网络(Graph Markov Neural Network,GMNN)。

图灵奖得主 Bengio(图 4-24)于 2019 年提出并开源了图马尔可夫神经网络。提出该网络的论文大量使用数学语言,语句简洁优美,值得反复阅读理解,对于理解图卷积神经网络及节点分类问题都很有帮助。结合了条件随机场和图神经网络模型的优势,模型基于节点特征对节点标签的联合分布进行建模,利用伪似然变分 EM 框架对条件随机场进行优化。在 E-step 中,使用 GCN 学习对象表示来进行标签预测。在 M-step 中,使用另一个 GCN 对节点标签的局部依赖关系进行建模。论文下载地址为 https://arxiv.org/abs/1905.06214v1,有兴趣的读者可下载学习。

图 4-24　图灵奖得主 Bengio

(1) 层间递推关系

GNN 忽略了节点标签的依赖关系，关注于通过学习节点的有效特征表示预测未标注节点的标签。将标签的联合分布分解为

$$p(y_V \mid x_V) = \prod_{n \in V} p(y_n \mid x_V)$$

由上式可知 GNN 独立地推断每个节点的标签分布，对每一个节点 n，GCN 预测标签的方法可表示为

$$\boldsymbol{h}=g(x_V,E)p(y_V|x_V)=\mathrm{Cat}(y_n|\mathrm{softmax}(\boldsymbol{W}\boldsymbol{h}_n))$$

其中，$\boldsymbol{h}\in\mathbb{R}^{|V|\times d}$ 为所有节点的节点嵌入(embedding)，$\boldsymbol{h}_n\in\mathbb{R}^d$ 表示节点 n 的节点嵌入，$\boldsymbol{W}\in\mathbb{R}^{K\times d}$ 为线性变换矩阵，d 表示特征的维度，K 表示标签类别数目，Cat 表示类别分布，归根结底，GNN 聚焦于为每个节点学习有效的节点嵌入，每个节点的 $\boldsymbol{h}_n$ 初始化为特征，根据当前节点的特征表示和节点 n 的邻居 $\boldsymbol{h}_{\mathrm{NB}(n)}$ 的表示迭代更新每个 $\boldsymbol{h}_n$。

(2) GNN 模型

E-step：$q_\theta(y_n|x_V)=\mathrm{Cat}(y_n|\mathrm{softmax}(\boldsymbol{W}_\theta\boldsymbol{h}_{\theta n}))$。

M-step：$q_\theta(y_n|y_{\mathrm{NB}(n)},x_V)=\mathrm{Cat}(y_n|\mathrm{softmax}(W_\varphi h_{\varphi n}))$。

(3) 损失函数

E-step：$O_\theta=\sum_{n\in U}\mathbb{E}_{p_\varphi(y_n|\hat{y}_{\mathrm{NB}(n)},x_V)}[\lg q_\theta(y_n\mid x_V)]+O_{\theta L}=\sum_{n\in L}q_\theta(y_n\mid x_V)$。

M-step：$O_\varphi=\sum_{n\in V}p_\varphi(\hat{y}_n\mid\hat{y}_{\mathrm{NB}(n)},x_V)$。

(4) 代码分析

以下代码为在 Pytorch 和 Pytorch Geometric(PyG)框架下重现的 GMNN 代码，并用 GCN 替代 GNN 模型，结果比设计者的运行结果的准确率高了将近 1 个百分点。大家如果感兴趣可以查看设计者提供的源代码，网址为 https://github. com/DeepGraphLearning/GMNN，在设计者的源代码中，数据集加载部分处理较复杂，理解起来相对较困难。

① 导入相关包

```
import torch
from torch_geometric.nn import MessagePassing
from torch_geometric.utils import add_self_loops, degree
import argparse
import torch.nn.functional as F
import copy
import math
import numpy as np
import torch
from torch.autograd import Variable
from torch.optim import Optimizer2.
```

② 创建 ArgumentParser() 对象

```
##创建 ArgumentParser() 对象
parser = argparse.ArgumentParser()
##调用 add_argument() 方法添加参数
```

```
parser.add_argument('--dataset', type = str, default = 'D:/Tensorflow/GMNN - mas-
                    ter/semisupervised/data/cora')
parser.add_argument('--save', type = str, default = '/')
parser.add_argument('--hidden_dim', type = int, default = 16, help = 'Hidden dimension.')
parser.add_argument('--input_dropout', type = float, default = 0.5, help = 'Input
                    dropout rate.')
parser.add_argument('--dropout', type = float, default = 0.5, help = 'Dropout rate.')
parser.add_argument('--optimizer', type = str, default = 'adam', help = 'Optimizer.')
parser.add_argument('--lr', type = float, default = 0.01, help = 'Learning rate.')
parser.add_argument('--decay', type = float, default = 5e - 4, help = 'Weight decay
                    for optimization')
parser.add_argument('--self_link_weight', type = float, default = 1.0, help = '
                    Weight of self - links.')
parser.add_argument('--pre_epoch', type = int, default = 200, help = 'Number of pre
                    - training epochs.')
parser.add_argument('--epoch', type = int, default = 100, help = 'Number of training
                    epochs per iteration.')
parser.add_argument('--iter', type = int, default = 200, help = 'Number of training
                    iterations.')
parser.add_argument('--use_gold', type = int, default = 1, help = 'Whether using the
                    ground - truth label of labeled objects, 1 for using, 0 for
                    not using.')
parser.add_argument('--tau', type = float, default = 1.0, help = 'Annealing tempera-
                    ture in sampling.')
parser.add_argument('--draw', type = str, default = 'max', help = 'Method for drawing
                    object labels, max for max - pooling, smp for sampling.')
parser.add_argument('--seed', type = int, default = 1)
parser.add_argument('--cuda', type = bool, default = torch.cuda.is_available())
parser.add_argument('--cpu', action = 'store_true', help = 'Ignore CUDA.')

##使用 parse_args() 解析添加的参数
args = parser.parse_args(args = [])

#通过 vars(args) 方法将该对象字典化
opt = vars(args)
```

③ 加载 import os

```
import os.path as osp
from torch_geometric.datasets import Planetoid
import torch_geometric.transforms as T
dataset = 'Cora'
path = osp.join(osp.dirname(osp.realpath('__file__')), 'data', dataset)
##加载数据集
dataset = Planetoid(path, dataset, T.NormalizeFeatures())
data = dataset[0]
```

④ 定义模型输入和输出

```
#num_node:2708,num_feature:1432,num_class:7
device = torch.device('cuda' if torch.cuda.is_available() else 'cpu')
data =  data.to(device)
idx_all = torch.arange(0, data.num_nodes, step=1).cuda()
inputs_q = torch.zeros(data.num_nodes, dataset.num_node_features).cuda()
target_q = torch.zeros(data.num_nodes, dataset.num_classes).cuda()
inputs_p = torch.zeros(data.num_nodes, dataset.num_classes).cuda()
target_p = torch.zeros(data.num_nodes, dataset.num_classes).cuda()
idx_train = idx_all[data.train_mask].cuda()
idx_dev = idx_all[data.val_mask].cuda()
idx_test = idx_all[data.test_mask].cuda()

#data.y 大小为 2 708,存放了每个节点的标注标签,将标签用 one-hot 向量来表示,存
  入 lable_node,大小为 2 708×7
#lable_node = torch.zeros(data.num_nodes, dataset.num_classes).type_as(target_q)
#lable_node.scatter_(1, torch.unsqueeze(data.y, 1), 1.0)
#lable_node_train = copy.deepcopy(lable_node)
```

⑤ 定义卷积层

```
class GCNConv(MessagePassing):
    def __init__(self, in_channels, out_channels):
        super(GCNConv, self).__init__(aggr='add')  # "Add" aggregation.
        self.lin = torch.nn.Linear(in_channels, out_channels)

    def forward(self, x, edge_index):
        # x has shape [N, in_channels=1433]
        # edge_index has shape [2, E]

        # Step 1: Add self-loops to the adjacency matrix.
```

```
        ## x.size(0) = 2708
        edge_index, _ = add_self_loops(edge_index, num_nodes = x.size(0))

        ##print("x = self.lin(x) * * *:",x,x.shape)
        ##2708 * 1433
        ##print(x)
        # Step 2: Linearly transform node feature matrix.2708 * 1433
        x = self.lin(x)

        ##2708 * 16
        ##print("x = self.lin(x):",x,x.shape)

        # Step 3 - 5: Start propagating messages.
        return self.propagate(edge_index, size = (x.size(0), x.size(0)), x = x)
    def message(self, x_j, edge_index, size):
        # x_j has shape [E, out_channels]
        # Step 3: Normalize node features.
        row, col = edge_index

        #计算每个节点的度
        deg = degree(row, size[0], dtype = x_j.dtype)
        deg_inv_sqrt = deg.pow(-0.5)
        norm = deg_inv_sqrt[row] * deg_inv_sqrt[col]
                ##1 * (10556 + 2708 = 13264) * (10556 + 2708 = 13264) * out_
                    channels = 1 * out_channels
        return norm.view(-1, 1) * x_j

    def update(self, aggr_out):
        # aggr_out has shape [N = 2708, out_channels]

        # Step 5: Return new node embeddings.
        return aggr_out
```

⑥ 定义训练器

```
##优化方法
def get_optimizer(name, parameters, lr, weight_decay = 0):
    if name == 'sgd':
        return torch.optim.SGD(parameters, lr = lr, weight_decay = weight_decay)
    elif name == 'rmsprop':
        return torch.optim.RMSprop(parameters, lr = lr, weight_decay = weight_decay)
```

```
    elif name == 'adagrad':
        return torch.optim.Adagrad(parameters, lr = lr, weight_decay = weight_decay)
    elif name == 'adam':
        return torch.optim.Adam(parameters, lr = lr, weight_decay = weight_decay)
    elif name == 'adamax':
        return torch.optim.Adamax(parameters, lr = lr, weight_decay = weight_decay)
    else:
        raise Exception("Unsupported optimizer: {}".format(name))
def change_lr(optimizer, new_lr):
    for param_group in optimizer.param_groups:
        param_group['lr'] = new_lr
class Trainer(object):
    def __init__(self, opt, model):
        self.opt = opt
        self.model = model

        ##loss 函数
        self.criterion = torch.nn.CrossEntropyLoss()
        self.parameters = [p for p in self.model.parameters() if p.requires_grad]
        if opt['cuda']:
            self.criterion.cuda()
        #优化方法"adam"
        self.optimizer = get_optimizer(self.opt['optimizer'], self.parameters,
                                       self.opt['lr'], self.opt['decay'])
    def reset(self):
        self.model.reset()
        self.optimizer = get_optimizer(self.opt['optimizer'], self.parameters,
                                       self.opt['lr'], self.opt['decay'])
    def update(self, inputs, target, idx):
        if self.opt['cuda']:
            inputs = inputs.cuda()
            target = target.cuda()
            idx = idx.cuda()
        self.model.train()

        #即将梯度初始化为零(因为一个 batch 的 loss 关于 weight 的导数是所有
          sample 的 loss 关于 weight 的导数的累加和)
        self.optimizer.zero_grad()

        logits = self.model()
```

```
        loss = self.criterion(logits[idx], target[idx])

        loss.backward()
        self.optimizer.step()
        return loss.item()
    def update_soft(self, inputs, target, idx):
        if self.opt['cuda']:
            inputs = inputs.cuda()
            target = target.cuda()
            idx = idx.cuda()
        #model.train():启用 BatchNormalization 和 Dropout
        #model.eval():不启用 BatchNormalization 和 Dropout
        self.model.train()
        #即将梯度初始化为零(因为一个 batch 的 loss 关于 weight 的导数是所有
          sample 的 loss 关于 weight 的导数的累加和)
        self.optimizer.zero_grad()
        logits = self.model()
        logits = torch.log_softmax(logits, dim = -1)
        loss = -torch.mean(torch.sum(target[idx] * logits[idx], dim = -1))

        loss.backward()
        self.optimizer.step()
        return loss.item()

    def evaluate(self, inputs, target, idx):
        if self.opt['cuda']:
            inputs = inputs.cuda()
            target = target.cuda()
            idx = idx.cuda()
        self.model.eval()
        logits = self.model()
        loss = self.criterion(logits[idx], target[idx])
        preds = torch.max(logits[idx], dim = 1)[1]
        correct = preds.eq(target[idx]).double()
        accuracy = correct.sum() / idx.size(0)
        return loss.item(), preds, accuracy.item()
    def predict(self, inputs, tau = 1):
        if self.opt['cuda']:
            inputs = inputs.cuda()
        self.model.eval()
```

```
        logits = self.model() / tau
        logits = torch.softmax(logits, dim = -1).detach()
        return logits
    def save(self, filename):
        params = {
                'model': self.model.state_dict(),
                'optim': self.optimizer.state_dict()
                }
        try:
            torch.save(params, filename)
        except BaseException:
            print("[Warning: Saving failed… continuing anyway.]")
    def load(self, filename):
        try:
            checkpoint = torch.load(filename)
        except BaseException:
            print("Cannot load model from {}".format(filename))
            exit()
        self.model.load_state_dict(checkpoint['model'])
        self.optimizer.load_state_dict(checkpoint['optim'])
```

⑦ 定义网络模型

a. GNNq(用特征进行训练)

```
class GNNq(torch.nn.Module):
    #torch.nn.Module 是所有神经网络单元的基类
    def __init__(self):
        super(GNNq, self).__init__()###复制并使用 Net 的父类的初始化方法,
             即先运行 nn.Module 的初始化函数
        self.conv1 = GCNConv(dataset.num_node_features, 16)
        self.conv2 = GCNConv(16, dataset.num_classes)

    def reset(self):
        self.conv1.reset_parameters()
        self.conv2.reset_parameters()
    def forward(self):
        x, edge_index = inputs_q, data.edge_index
        x = F.dropout(x, 0.5, training = self.training)
        x = self.conv1(x, edge_index)
        x = F.relu(x)
        x = F.dropout(x, 0.5, training = self.training)
        x = self.conv2(x, edge_index)
        return F.log_softmax(x, dim = 1)
```

b. GNNp(用标签进行训练)

```
class GNNp(torch.nn.Module):
    #torch.nn.Module 是所有神经网络单元的基类
    def __init__(self):
        super(GNNp, self).__init__()###复制并使用 Net 的父类的初始化方法，
            即先运行 nn.Module 的初始化函数
        self.conv1 = GCNConv(dataset.num_classes, 16)
        self.conv2 = GCNConv(16, dataset.num_classes)

    def reset(self):
        self.m1.reset_parameters()
        self.m2.reset_parameters()
    def forward(self):
        #输入为标签
        x, edge_index = inputs_p, data.edge_index
        x = F.dropout(x, 0.5, training=self.training)
        x = self.conv1(x, edge_index)
        x = F.relu(x)
        x = F.dropout(x,0.5, training=self.training)
        x = self.conv2(x, edge_index)
        return F.log_softmax(x, dim=1)
```

⑧ 处理 GNNp 和 GNNq 的初始化和更新

a. 初始化 init_q_data

```
#opt:参数字典。adj:邻接矩阵
gnnq = GNNq().to(device)
trainer_q = Trainer(opt, gnnq)

gnnp = GNNp().to(device)
trainer_p = Trainer(opt, gnnp)

def init_q_data():
    #初始化训练集标签
    ##任何就地改变一个 tensor 的操作都以_为后缀。例如 x.copy_(y), x.t_()转
        置,都会改变 x
    inputs_q.copy_(data.x)
    #temp140*7
    temp = torch.zeros(idx_train.size(0), target_q.size(1)).type_as(target_q)
    #scatter_(input, dim, index, src)将 src 中数据根据 index 中的索引按照 dim 的
      方向填进 input(temp)中
```

```
    #dim=1 表示按列填充
    temp.scatter_(1, torch.unsqueeze(data.y[idx_train], 1), 1.0)
    target_q[idx_train] = temp
```

b. 更新 update_p_data()

```
def update_p_data():
    #'tau'默认为 1.0
    preds = trainer_q.predict(inputs_q, opt['tau'])
    #draw 默认为 'max'
    if opt['draw'] == 'exp':
        inputs_p.copy_(preds)
        target_p.copy_(preds)
    elif opt['draw'] == 'max':
        #获取每个节点的标签
        idx_lb = torch.max(preds, dim=-1)[1]
        #用 one_hot 向量表示每个标签
        #将 inputs_p 清零,然后用 2 708 个长度为 7 的 one_hot 向量填充
        inputs_p.zero_().scatter_(1, torch.unsqueeze(idx_lb, 1), 1.0)
        target_p.zero_().scatter_(1, torch.unsqueeze(idx_lb, 1), 1.0)
    elif opt['draw'] == 'smp':
        idx_lb = torch.multinomial(preds, 1).squeeze(1)
        inputs_p.zero_().scatter_(1, torch.unsqueeze(idx_lb, 1), 1.0)
        target_p.zero_().scatter_(1, torch.unsqueeze(idx_lb, 1), 1.0)
    if opt['use_gold'] == 1:
        temp = torch.zeros(idx_train.size(0), target_q.size(1)).type_as(tar-
               get_q)
        temp.scatter_(1, torch.unsqueeze(data.y[idx_train], 1), 1.0)
        inputs_p[idx_train] = temp
        target_p[idx_train] = temp
```

c. 更新 update_q_data()

```
def update_q_data():
    #更新训练集标签
    preds = trainer_p.predict(inputs_p)
    target_q.copy_(preds)
    #是否使用标注标签
    if opt['use_gold'] == 1:
        #temp1433*7
        temp = torch.zeros(idx_train.size(0), target_q.size(1)).type_as(target_q)
        temp.scatter_(1, torch.unsqueeze(data.y[idx_train], 1), 1.0)
        target_q[idx_train] = temp
```

⑨ 定义预训练函数

```
def pre_train(epoches):
    best = 0.0
    init_q_data()
    results = []
    for epoch in range(epoches):
        loss = trainer_q.update_soft(inputs_q, target_q, idx_train)
        _, preds, accuracy_dev = trainer_q.evaluate(inputs_q, data.y, idx_dev)
        _, preds, accuracy_test = trainer_q.evaluate(inputs_q, data.y, idx_test)
        results += [(accuracy_dev, accuracy_test)]
        if accuracy_dev > best:
            best = accuracy_dev
            state = dict([('model', copy.deepcopy(trainer_q.model.state_dict
                    ())), ('optim', copy.deepcopy(trainer_q.optimizer.state_
                    dict()))])
    trainer_q.model.load_state_dict(state['model'])
    trainer_q.optimizer.load_state_dict(state['optim'])
    return results
```

⑩ 定义训练测试函数

a. train_q

```
def train_q(epoches):
    update_q_data()
    results = []
    for epoch in range(epoches):
        loss = trainer_q.update_soft(inputs_q, target_q, idx_all)
        _, preds, accuracy_dev = trainer_q.evaluate(inputs_q, data.y, idx_dev)
        _, preds, accuracy_test = trainer_q.evaluate(inputs_q, data.y, idx_test)
        results += [(accuracy_dev, accuracy_test)]
    return results
```

b. train_p

```
def train_p(epoches):
    update_p_data()
    results = []
    for epoch in range(epoches):
        loss = trainer_p.update_soft(inputs_p, target_p, idx_all)
        _, preds, accuracy_dev = trainer_p.evaluate(inputs_p, data.y, idx_dev)
        _, preds, accuracy_test = trainer_p.evaluate(inputs_p, data.y, idx_test)
        results += [(accuracy_dev, accuracy_test)]
    return results
```

⑪ 训练并测试模型

```
base_results, q_results, p_results = [], [], []
base_results += pre_train(opt['pre_epoch'])
best_dev, acc_test = 0.0, 0.0
for k in range(opt['iter']):
    p_results += train_p(opt['epoch'])
    q_results += train_q(opt['epoch'])
    for d, t in q_results:
        if d > best_dev:
            best_dev, acc_test = d, t
    log = 'iter: {:03d},  Val: {:.4f}, Test: {:.4f}'
    print(log.format(k, best_dev, acc_test))

def get_accuracy(results):
    best_dev, acc_test = 0.0, 0.0
    for d, t in results:
        if d > best_dev:
            best_dev, acc_test = d, t
    return acc_test

acc_test = get_accuracy(q_results)

print('{:.3f}'.format(acc_test * 100))

if opt['save'] != '/':
    trainer_q.save(opt['save'] + '/gnnq.pt')
    trainer_p.save(opt['save'] + '/gnnp.pt')
```

(5) 实验结果

在 Cora 数据集上测试,GCNq 的准确率为 84.2%左右,GCNp 的准确率达到 83.4%左右,略高于设计者使用 GNN 的运行结果。

4.2.2 基于谱图小波变换的图上卷积算子的构建

目前,图卷积神经网络中的谱图小波变换理论源于 Hammond 等将二进小波泛化到图结构上的谱图小波理论,其数学本质都是利用图拉普拉斯算子或者矩阵谱分解,滤波其特征值或者特征值的函数,在不改变特征向量的前提下,构造新的算子或者矩阵,称为某种图小波,图在这种图小波下的线性变换结果称为图小波变换,由于拉普拉斯矩阵特征值序列的处理或者加工缺陷,拉普拉斯算子矩阵有 0 特征值,导致矩阵不可逆,原始文献中使用带通滤波器时,不能改变这个“不可逆”性质,其后的继承性研究文献中,使用特征值序列的(复)指数函数,这样避免了变换后的特征值序列不出现 0 数值，从而保证了算子或者矩阵是可逆的，利用这种形式解决了图上的卷积运算问题，但并没有真正发挥小波变换在图结构数据中的威力，有待于进一步的深入研究。

1. 基于二进小波的图谱小波

(1) 经典小波理论

本节首先介绍了平方可积实值函数集 $\mathscr{L}^2(\mathbb{R})$ 的经典连续小波变换(CWT)，接着描述了小波正变换及逆变换，然后介绍了如何在傅里叶域中表示尺度。这些表达式将为稍后定义谱图小波变换提供一个参考。一般来说，通过选择单个“母”小波 ψ 来生成连续小波变换。通过对母小波进行平移和缩放，形成不同位置和尺度的小波。公式表示如下：

$$\psi_{s,a}(x)=\frac{1}{s}\psi\left|\frac{x-a}{s}\right|$$

这种尺度约定保留了小波的 L^1 范数。其他缩放约定是常见的，尤其是那些保留 L^1 规范的约定，但是在本书的情况下，L^1 约定将更加方便。我们把自己限制在正尺度 $s>0$。对于给定的信号 f、尺度 s 和位置 a 处的小波系数，由 f 与小波 $\psi_{s,a}$ 的内积给出，即

$$W_f(s,a)=\int_{-\infty}^{+\infty}\frac{1}{s}\psi^*\left(\frac{s-a}{s}\right)f(x)\mathrm{d}x$$

如果小波 ψ 满足容许性条件，则可以对 CWT 进行逆变换：

$$\int_0^{+\infty}\frac{|\hat{\psi}(\omega)|^2}{s}\mathrm{d}\omega=C_\psi<+\infty$$

这个条件意味着，对于连续可微的 ψ，$\hat{\psi}(0)=0$，又因为

$$\hat{\psi}(0)=\int\psi(x)\mathrm{e}^{-\mathrm{i}\omega t}\mathrm{d}x$$

当 $\omega=0$，$\mathrm{e}^{-\mathrm{i}\omega t}=1$ 时：

$$\hat{\psi}(0)=\int\psi(x)\mathrm{d}x=0$$

因此 ψ 必须是零均值的(即小波的波动性)。

CWT 的逆变换由以下公式给出：

$$f(x)=\frac{1}{C_\psi}\int_0^{\infty}\int_{-\infty}^{+\infty}W_f(s,a)\psi_{s,a}(x)\frac{\mathrm{d}a\mathrm{d}s}{s}$$

这种构造小波变换的方法即直接在信号域中生成小波，通过缩放和平移来构造，然而，将这种构造方法直接应用于图是有问题的。对于在加权图顶点上定义的特定函数 $\psi(x)$，如何定义 $\psi(sx)$ 并不直观，当 x 为图中的一个顶点时，对于一个标量 s，sx 的含义无法解释。我们解决这个问题的方法是转换到傅里叶域。首先，我们将证明对于经典的小波变换，缩放可以在傅里叶域中定义。由此得到的表达式将为我们在图上定义类似的变换提供基础。

目前，我们考虑尺度参数离散化而平移参数保持连续的情况(二进小波)。虽然这类变换的应用并不广泛，但它将为我们提供与谱图小波变换最接近的类比。对于一个给定的尺度 s，小波变换可以看作一个算子，该算子将一个算子 T^s 作用于函数 f 并返回函数 $T^sf(a)=W_f(s,a)$。换句话说，我们把平移参数看作算子 T^s 返回的函数的自变量。设

$$\bar{\psi}_s(x)=\frac{1}{s}\psi^*\left(\frac{-x}{s}\right)$$

可以看到这个算子是由卷积给出的，即

$$
\begin{aligned}
(T^s f)(a) &= \int_{-\infty}^{+\infty} \frac{1}{s}\psi^*\left(\frac{x-a}{s}\right) f(x)\mathrm{d}x \\
&= \int_{-\infty}^{+\infty} \overline{\psi}_s(a-x) f(x)\mathrm{d}x \\
&= (\overline{\psi}_s * f)(a)
\end{aligned}
$$

采用傅里叶变换并应用卷积定理得到

$$\widehat{T^s f}(\omega) = \hat{\overline{\psi}}_s(\omega)\hat{f}(\omega)$$

利用傅里叶变换的尺度特性和上式得出

$$\hat{\overline{\psi}}_s(\omega) = \hat{\psi}^*(s\omega)$$

补充尺度变换特性和折叠性：

$$f(t) \Leftrightarrow F(\omega), \quad f(at) \Leftrightarrow \frac{1}{|a|}F\left(\frac{\omega}{a}\right), \; a \neq 0$$

$$f(-t) \Leftrightarrow F(-\omega)$$

结合这些，逆变换可以表示为

$$(T^s f)(x) = \frac{1}{2\pi}\int_{-\infty}^{+\infty} \mathrm{e}^{\mathrm{i}\omega x}\hat{\psi}^*(s\omega)\hat{f}(\omega)\mathrm{d}\omega \tag{4-11}$$

在式(4-11)中，尺度 s 仅出现在 $\hat{\psi}^*(s\omega)$ 的参数中，表明尺度运算可以完全转移到傅里叶域。式(4-11)清楚地表明，小波变换的每个尺度 s 都可以看作一个傅里叶乘子算子，由滤波器决定，该滤波器是从单个滤波器的尺度 $\hat{\psi}^*(\omega)$ 衍生而来的。这可以理解为带通滤波器，对于允许的子波，用 $\hat{\psi}(0)=0$ 表示。公式(4-11)为后面定义谱图小波变换提供了参考。

小波函数可以通过将小波算子"局部化"作用于单个脉冲来定义，记 $\delta_a(x)=\delta(x-a)$，其中一个：

$$(T^s\delta_a)(x) = \frac{1}{s}\psi^*\left(\frac{a-x}{s}\right)$$

对于实值和数小波，这里简写为

$$(T^s\delta_a)(x) = \psi_{a,s}(x)$$

(2) 加权图与谱图理论

上述内容表明，传统的小波变换可以在不需要在原始信号域中表示尺度的情况下进行定义，这依赖于在傅里叶域中表示小波算子。我们在图上定义小波的方法依赖于将其推广到图上，这样做需要对加权图顶点上定义的信号进行傅里叶变换的模拟，该工具由谱图理论提供。在本节中，我们修正了加权图的符号表示，并推导和定义了图的傅里叶变换。

① 加权图的表示

加权图 $G=\{E,V,W\}$ 由一组边 E、一组顶点 V 和一个权重函数 $W: E \rightarrow \mathbb{R}^+$ 组成，该函数为每个边指定一个正权重。这里我们只考虑 $|V|=N<+\infty$ 的有限图。加权图 G 的邻接矩阵 $\boldsymbol{A}$ 是 $N \times N$ 矩阵，其中元素 $a_{m,n}$ 可表示为

$$a_{m,n} = \begin{cases} \omega(e), & \text{如果 } e \in E\text{，连接定点 } m \text{ 和 } n \\ 0, & \text{其他} \end{cases}$$

在本书中，我们只考虑对应于对称邻接矩阵的无向图，不考虑负权重的可能性。

如果一个图包含一个具有连接到它自身的边的顶点，则称它具有环。环意味着邻接矩阵中存在非零对角元素。由于环的存在对于我们在本书中描述的理论来说并不存在显著的问

题，所以我们并没有特别地禁止环的存在。

对于加权图，每个顶点 m 的度数〔写为 $d(m)$〕被定义为其所有边的权重之和。这意味着 $d(m)=\sum_n a_{m,n}$。我们将矩阵 $\boldsymbol{D}$ 定义为对角元素等于度数，其他地方为零。

图 G 顶点上的每个实值函数 $f:V\to\mathbb{R}$ 都可以被视为 $\mathbb{R}^N$ 中的一个向量，其中每个顶点上的 f 值都定义了一个坐标，这意味着对顶点进行隐式编号。采用这种识别方法，对图的顶点上的函数记为 $\boldsymbol{f}\in\mathbb{R}^N$，对 m^{th}（第 m 个）顶点上的函数记为 $f(m)$，对于我们的理论来说，最重要的是图的拉普拉斯算子 $\boldsymbol{L}$，然后把它定义为 $\boldsymbol{L}=\boldsymbol{D}-\boldsymbol{A}$，可以证明对于任何 $f\in\mathbb{R}^N$，$\mathscr{L}$ 满足

$$(\mathscr{L}f)(m)=\sum_{m\sim n}\omega_{m,n}\cdot(f(m)-f(n))$$

其中 $m\sim n$ 表示连接到顶点 m 的所有顶点总和，$w_{m,n}$ 表示连接 m 和 n 的边的权值。

对于规则网格产生的图，图拉普拉斯对应于连续拉普拉斯的标准模板近似值（符号中有差异）。将顶点 $v_{m,n}$ 作为一个规则的二维网格上的点，每个点都连接到它的 4 个相邻点上，权重为 $1/(\delta x)^2$，其中 δx 是相邻网格点之间的距离。使用索引符号，对于一个定义在顶点上的函数 $f=f_{m,n}$，将图拉普拉斯算子作用于 f，得到

$$(\mathscr{L}f)_{m,n}=(4f_{m,n}-f_{m+1,n}-f_{m-1,n}-f_{m,n+1}-f_{m,n-1})/(\delta x)^2$$

这是标准的 5 点近似计算模板 $-\nabla^2 f$。

一些学者定义并使用另一种拉普拉斯的标准化形式，定义为

$$\boldsymbol{L}^{\text{norm}}=\boldsymbol{D}^{-1/2}\boldsymbol{L}\boldsymbol{D}^{-1/2}=\boldsymbol{I}-\boldsymbol{D}^{-1/2}\boldsymbol{A}\boldsymbol{D}^{-1/2}\tag{4-12}$$

注意：$\boldsymbol{L}$ 和 $\boldsymbol{L}^{\text{norm}}$ 不是相似的矩阵，特别是它们的特征向量，是不同的。正如我们稍后将要介绍的，这两个操作符都可以用来定义谱图小波变换，但是所得到的变换并不等价。除非另有说明，否则我们将使用拉普拉斯的非归一化形式。

② 谱图理论

在实数域，定义傅里叶变换的复指数 $\mathrm{e}^{-\mathrm{i}\omega t}$ 是一维拉普拉斯算子 $\frac{\mathrm{d}}{\mathrm{d}x^2}$ 的本征函数。傅里叶逆变换公式如下：

$$f(x)=\frac{1}{2\pi}\int\hat{f}(\omega)\mathrm{e}^{-\mathrm{i}\omega t}\,\mathrm{d}\omega$$

可以将上式看作拉普拉斯算子的本征函数的 f 的扩展。图傅里叶变换的定义与前面的陈述完全类似。由于图拉普拉斯 $\boldsymbol{L}$ 是实对称矩阵，因此它具有一组完整的标准正交特征向量，我们用 $\boldsymbol{x}_l$ 表示，$l=0,\cdots,N-1$，$\boldsymbol{x}_l$ 具有相关的特征值 λ_l：

$$\boldsymbol{L}\boldsymbol{x}_l=\lambda_l\boldsymbol{x}_l$$

由于 $\boldsymbol{L}$ 是实对称的，因此每个 λ_l 都是实数。对于图拉普拉斯算子的正定性，可以证明特征值都是非负的，并且 0 作为特征值，其多重性等于图的连通分量的数量[1]。我们假设图 G 是连通的，因此我们可以对特征值进行排序，$0=\lambda_0<\lambda_1<\lambda_2<\cdots\leqslant\lambda_{N-1}$，对于在 G 的顶点上定义的任何函数 $f\in\mathbb{R}^N$，其图傅里叶变换 $\hat{f}$ 由下式定义：

$$\hat{f}(l)=<x_l,\boldsymbol{f}>=\sum_{n=1}^{N}x_l^*(n)f(n)$$

其逆变换为

$$f(n)=\sum_{l=1}^{N-1}\hat{f}(l)x_l(n)$$

Parseval 关系适用于图傅里叶变换，特别是对于任意 $f,h\in\mathbb{R}^N$：

$$<\boldsymbol{f},h>=<\hat{f},\hat{h}>$$

(3) 谱图小波理论

在定义了加权图顶点上定义的函数的傅里叶变换的模拟之后，现在我们准备定义谱图小波变换(SGWT)。变换将通过选择核函数 $g:\mathbb{R}^+\mapsto\mathbb{R}^+$ 进行，这类似于方程(4-11)中的傅里叶域小波 $\hat{\psi}^*$。该核函数 g 应该表现为带通滤波器，即它满足 $g(0)=0$ 和 $\lim_{x\to\infty}g(x)=0$。我们将在后边对使用的内核 g 的确切规范进行介绍。

① 小波分析

谱图小波变换由小波算子生成，小波算子是拉普拉斯算子的值函数。利用连续泛函微积分可以在 Hilbert 空间上定义有界自伴线性算子的可测函数。这是使用算子的谱表示来实现的，在我们的设置中，它等价于上一节中定义的图的傅里叶变换。特别地，对于我们的谱图小波核 g，小波算子 $T_g=g(L)$ 通过每个傅里叶模式调制作用于特定函数 f：

$$\widehat{T_g f}(l)=g(\lambda_l)\hat{f}(l)$$

采用反傅里叶变换得到：

$$(T_g f)(m)=\sum_{l=0}^{N-1}g(\lambda_l)\hat{f}(l)x_l(m)$$

然后定义尺度为 t 的小波算子：$T_g=g(L)$。应该强调的是，即使图的“空间域”是离散的，但核 g 的域还是连续的，因此尺度可以定义为任意正实数 t。通过将这些算子应用于单个顶点上的脉冲，即通过定位这些算子来实现谱图小波。

$$\psi_{t,n}=T_g^t\delta_n$$

在图域中显式地展开此项：

$$\psi_{t,n}(m)=\sum_{l=0}^{N-1}g(t\lambda_l)x_l^*(l)x_l(m)$$

上式意味着：$n=m\Rightarrow\psi_{t,n}(m)\neq0$；$n\neq m\Rightarrow\psi_{t,n}(m)=0$。

形式上，小波系数是由给定函数 f 与这些小波的内积产生的，如

$$W_f(t,n)=<\psi_{t,n},f>$$

利用 $\{x_l\}$ 的正交性，可以看出小波系数也可以直接从小波算子中实现，如

$$W_f(t,n)=T_g^t f(n)=\sum_{l=0}^{N-1}g(t\lambda_l)\hat{f}(l)x_l(n)$$

$$T_g^t f(n)=\sum_{l=0}^{N-1}g(t\lambda_l)\hat{f}(l)x_l(n)$$

谱图小波函数：

$$T_g^t f(n)=\boldsymbol{U}_g(t\lambda_l)\boldsymbol{U}^{\mathrm{T}}f(n) \tag{4-13}$$

② 尺度函数

通过构造，谱图小波 $\psi_{t,n}$ 均与零特征向量 $\boldsymbol{U}$ 正交，而对于接近 0 的 λ_l 几乎正交于 λ_l。为了稳定地表示图顶点上的 f 的低频分量，引入第二类波形是方便的，类似于经典小波分析的低通残差尺度函数。这些谱图尺度函数具有与谱图小波类似的结构。它们将由一个单实值函数 $h:\mathbb{R}^+\mapsto\mathbb{R}^+$ 确定，其充当低通滤波器，并满足 $h(0)>0$ 和 $\lim_{x\to\infty}h(x)=0$。尺度函数由 $\varphi_n=T_g^t\delta_n=g(L)\delta_n$ 给出，系数由 $s_f(n)=<\varphi_n,f>$ 给出。

当以离散值 t_j 对尺度参数 t 进行采样时，引入尺度函数有助于从小波系数中稳定地恢复原始信号 f。正如我们将在后续的小波理论框架中介绍的，如果

$$G(\lambda)=h(\lambda)^2+\sum_{j=1}^{J}g(t_j\lambda)^2$$

是能量有限的，则将确保稳定恢复。注意，以这种方式定义的尺度函数仅用于平滑地表示图上的低频成分。它们不像传统的正交小波那样通过双尺度关系产生小波 ψ。因此，如果实现 g 的合理平铺，则尺度函数发生器 h 的设计与小波核 G 的选择分离。

(4) 深度学习中的 SGWT

式(4-14)给出了二进小波泛化到图结构之后的小波基函数：

$$\boldsymbol{\psi}_s^{-1}=\boldsymbol{U}g(\boldsymbol{\lambda})\boldsymbol{U}^{\mathrm{T}} \tag{4-14}$$

其中，$\boldsymbol{U}$ 为图 G 的特征向量矩阵，$\boldsymbol{\lambda}=(\lambda_0,\lambda_1,\cdots,\lambda_N)$ 为图 G 的特征值，$g(\boldsymbol{\lambda})=\mathrm{diag}(\boldsymbol{\lambda})$。由于图拉普拉斯矩阵的最小特征值 $\lambda_0=0$，导致其不可逆，所以继承性文章中引入了热核，令 $g_s=\mathrm{e}^{-\lambda s}$ 是一个具有缩放参数 s 的过滤器内核，则谱图小波变换基为

$$\boldsymbol{\psi}_s^{-1}=\boldsymbol{U}\boldsymbol{G}_s\boldsymbol{U}^{\mathrm{T}} \tag{4-15}$$

其中，$\boldsymbol{G}_s=\mathrm{diag}\{\mathrm{e}^{-\lambda_0 s},\mathrm{e}^{-\lambda_1 s},\cdots,\mathrm{e}^{-\lambda_N s}\}$。

谱图小波逆变换基为

$$\boldsymbol{\psi}_s=\boldsymbol{U}\boldsymbol{G}_{-s}\boldsymbol{U}^{\mathrm{T}} \tag{4-16}$$

其中，$\boldsymbol{G}_{-s}=\mathrm{diag}\{\mathrm{e}^{\lambda_0 s},\mathrm{e}^{\lambda_1 s},\cdots,\mathrm{e}^{\lambda_N s}\}$。

将图小波谱表示为一个 N 维向量：

$$\boldsymbol{\psi}_v^{-1}=\boldsymbol{U}\boldsymbol{G}_s\boldsymbol{U}^{\mathrm{T}}\boldsymbol{\delta}_v$$

其中，$\boldsymbol{\delta}_v=\mathbb{I}(v)$ 是节点 v 的 one-hot 向量。

下面利用傅里叶乘子算子理论推导谱图小波变换卷积快速算法。

① 傅里叶乘子算子定理：

$$T_m:T_m(f)=\mathscr{F}^{-1}(m\cdot\hat{f}),\quad \mathscr{F}(T_m(f))=m\cdot\hat{f}$$

对于函数 f，傅里叶乘子算子或滤波器 $\boldsymbol{\Psi}$ 通过傅里叶域中的乘法重塑函数的频率，即

$$\widehat{\psi f}(\omega)=g(\omega)\hat{f}(\omega)\text{，对于所有频率 }\omega$$

等价地用 $\mathscr{F}$ 和 $\mathscr{F}^{-1}$ 表示傅里叶和逆傅里叶变换，则有

$$\begin{aligned}\psi f(x)&=\mathscr{F}^{-1}(g(\omega)\mathscr{F}(f))(x)\\&=\frac{1}{2\pi}\int_{-\infty}^{+\infty}g(\omega)\hat{f}(\omega)\mathrm{e}^{-\mathrm{i}\omega t}\mathrm{d}x\end{aligned}$$

② 图傅里叶乘子算子。文献"Chebyshev_polynomial_approximation_for_distributed"(下载地址：https://arxiv.org/pdf/1105.1891.pdf)将傅里叶乘子算子定理扩展到图顶点上定义的函数中：

$$\hat{f}(l)=\sum_{n=1}^{N}x_l^*(n)f(n)$$

$$f(n)=\sum_{l=1}^{N}\hat{f}(l)x_l(n)$$

图傅里叶乘子算子是一个线性运算符：

$$\psi:\mathbb{R}^N\mapsto\mathbb{R}^N$$

$$\begin{aligned}\psi f(n) &= \mathcal{F}^{-1}(g(\lambda_l)\mathcal{F}(f)(l))(n) \\ &= \sum_{l=0}^{N-1} g(\lambda_l)\hat{f}(l)x_l(n)\end{aligned}$$

其中,$g(\cdot)$称为乘子。

图傅里叶乘子算子 ψ 的作用是修改每个特征向量的贡献。例如应用乘子 $g(\cdot)$,对于所有的 λ_l,低于阈值为 1,高于阈值为 0,这相当于将信号映射到与最小特征值对应的图拉普拉斯矩阵的特征向量上,这类似于连续域中的低通滤波器。

Hammond 等在论文"Wavelets on Graphs via Spectral Graph Theory"中将二进小波变换泛化到图结构上,并证明小波变换每个尺度 s 都可以看作一个傅里叶乘子算子。

③ 快速算法:

$$(g(s\lambda_l) = \mathrm{e}^{-s\lambda_l})$$

$$\begin{aligned}\psi_s(f * h) &= \mathcal{F}^{-1}(g(s\lambda_l)\mathcal{F}(f * h)(l))(n) \\ &= \mathcal{F}^{-1}(g(s\lambda_l)(\hat{f}(l)\hat{h}(l)))(n) \\ &= \mathcal{F}^{-1}(g(s\lambda_l)(\hat{f}\odot\hat{h}))\end{aligned}$$

小波变换卷积快速算法:

$$\begin{aligned}f * h &= \psi_s{}^{-1}(\mathcal{F}^{-1}(g(s\lambda_l)(\hat{f}\odot\hat{h}))) \\ &= \psi_s{}^{-1}((\psi_s f)\odot\hat{h})\end{aligned} \tag{4-17}$$

设 k 为核函数,则

$$f * k = \psi^{-1}(k \cdot \psi f) \tag{4-18}$$

至此实现了基于谱图小波的卷积快速算法,图上的卷积运算解决了,图卷积神经网络的泛化问题就解决了。

2. 应用案例(三)——GWNN

案例:图小波神经网络(Graph Wavelet Neural Network,GWNN)。

本案例分析了 Xu 等人于 2019 年发表的关于半监督图节点分类问题的论文,模型在两层 GCN 的基础上,用谱图小波变化实现了卷积的快速算法,论文下载地址为 https://openreview.net/pdf?id=H1ewdiR5tQ,有兴趣的读者可以下载阅读。

(1) 卷积核

GWNN 使用了第一代 GCN,即 $\mathrm{diag}(\hat{h}(\lambda_1))$:$\mathrm{diag}(\theta_l)$,4.2.1 节中有详细介绍。

(2) 层间递推关系

$$\begin{cases} X_{[:,j]}^{m+1} = \sigma(\boldsymbol{\psi}_s \sum_{i=1}^{p} F_{i,j}^{m} \psi_s^{-1} X_{[:,i]}^{m}),\ j = 1,\cdots,q \\ X^{m\prime} = X^m W \end{cases}$$

其中,$\boldsymbol{\psi}_s$ 为谱图小波逆变换基,$\boldsymbol{\psi}_s^{-1}$ 为谱图小波变换基,$\sigma(\cdot)$为激活函数。F^m 在模型中参与训练。

(3) GMNN 模型

GMNN 沿用 GCN 采用的两层模型:

$$\text{第一层}: X_{[:,j]}^{1} = \mathrm{ReLU}\left|\boldsymbol{\psi}_s \sum_{i=1}^{p} F_{i,j}^{0} \boldsymbol{\psi}_s^{-1} X_{[:,i]}^{0}\right|,\quad j = 1,\cdots,q$$

$$\text{第二层：} Z_j = \text{softmax}\left|\boldsymbol{\psi}_s \sum_{i=1}^{p} F_{i,j}^{1} \boldsymbol{\psi}_s^{-1} X_{[:,i]}^{1}\right|, \quad j = 1,\cdots,c$$

其中，c 为节点的类别数，$\boldsymbol{Z} \in \mathbb{R}^{n\times c}$ 为预测结果。

(4) 损失函数

损失函数为预测结果与所有标注标签的交叉熵误差：

$$\text{Loss} = -\sum_{l\in y_L}\sum_{i=1} Y_{li} \ln Z_{li}$$

(5) 代码分析

以下代码为在 Pytorch 和 Pytorch Geometric(PyG)框架下重现的 GWNN 代码，大家如果感兴趣可以查看源代码：https://github.com/Eilene/GWNN。源代码是在 TensorFlow 框架下实现的，源代码在数据集加载部分比复现代码要复杂很多。

① 导入相关包

```
import torch
from torch_geometric.nn import MessagePassing
from torch_geometric.utils import add_self_loops, degree
import torch.nn.functional as F
import scipy.sparse as sp
import numpy as np
import scipy.sparse
import networkx as nx
import math
```

② 加载数据集

```
import os
import os.path as osp
from torch_geometric.datasets import Planetoid
import torch_geometric.transforms as T
dataset = 'Cora'
path = osp.join(osp.dirname(osp.realpath('__file__')), 'data', dataset)
##加载数据集
dataset = Planetoid(path, dataset, T.NormalizeFeatures())
data = dataset[0]
```

③ 定义超参数

```
#threshold 小波基的阈值，小于阈值置为 0
threshold = 1e-4
#小波尺度:s
s = 1.0
```

④ 定义相关处理函数

```
###########################计算拉普拉斯矩阵###################
def laplacian(W):
    """Return the Laplacian of the weight matrix."""
    # Degree matrix.
    d = W.sum(axis=0)
    # Laplacian matrix.
    # d += np.spacing(np.array(0, W.dtype))
    d = d.pow(-0.5)
    D = torch.diag(d, 0)
    I = torch.eye(2708).cuda()
    L = I - torch.mm(torch.mm(D,W),D)
    return L

###########################处理特征分解########################
def fourier(L):
    """Return the Fourier basis, i.e. the EVD of the Laplacian."""
    # print "eigen decomposition:"
    #torch.symeig()函数:计算特征值和特征向量(eigenvectors = True)
    lamb, U= torch.symeig(L,eigenvectors = True,upper = True)
    return lamb, U
###################计算小波变换基和逆小波变换基################
def wavelet_basis(adj,s=1.0,threshold=1e-4):

    ###laplacian 来自文件 weighting_func.py
    L = laplacian(adj)

    #得到特征值和特征向量矩阵
    lamb, U = fourier(L)

    #小波变换 UG-sUT
    Weight = weight_wavelet(s,lamb,U)
    #小波逆变换 UGsUT
    inverse_Weight = weight_wavelet_inverse(s,lamb,U)
    del U,lamb
    #将小波变换基和逆小波变换基中的值,如果小于阈值则置为 0
    Weight[Weight < threshold] = 0.0
    inverse_Weight[inverse_Weight < threshold] = 0.0
    # print len(np.nonzero(Weight)[0])
    t_k = [inverse_Weight,Weight]
    return t_k####sparse_to_tuple(t_k)
```

```
########################## 小波变换基 ##########################
def weight_wavelet(s,lamb,U):
    s = s
    lamb = torch.exp( - lamb * s)
    #UG - sUT
    Weight = torch.mm(torch.mm(U,torch.diag(lamb)),torch.t(U))
    return Weight

########################## 逆小波变换基 ##########################
def weight_wavelet_inverse(s,lamb,U):
    s = s
    lamb = torch.exp(lamb * s)
    #UGsUT
    Weight = torch.mm(torch.mm(U,torch.diag(lamb)),torch.t(U))
    return Weight
```

⑤ 定义谱图小波卷积层

```
class WaveletConv(MessagePassing):
    def __init__(self, in_channels, out_channels):
        super(WaveletConv, self).__init__(aggr='add')  # "Add" aggregation.
        self.lin = torch.nn.Linear(in_channels, out_channels)
        #设置可学习参数
        self.kernel = torch.nn.Parameter(torch.Tensor(2708), requires_grad=True)
    def forward(self, x, edge_index):
        # x has shape [N, in_channels=1433]
        # edge_index has shape [2, E]
        # Step 1: Add self - loops to the adjacency matrix.
        ## x.size(0)=2708
        edge_index, _ = add_self_loops(edge_index, num_nodes=x.size(0))
        ##print("x = self.lin(x) *** :",x,x.shape)
        ##2708 * 1433
        # Step 2: Linearly transform node feature matrix.2708 * 1433
        x = self.lin(x)
        # Step 3 - 5: Start propagating messages.
        return self.propagate(edge_index, size=(x.size(0), x.size(0)), x=x)
    def message(self, x_j, edge_index, size):
        # x_j has shape [E, out_channels]
        # Step 3: (归一化节点特征)Normalize node features.
        row, col = edge_index
```

```
        #计算每个节点的度
        #deg = degree(row, size[0], dtype = x_j.dtype)
        #deg_inv_sqrt = deg.pow( - 0.5)
        #norm = deg_inv_sqrt[row] * deg_inv_sqrt[col]
        #以下为谱图小波处理部分
        adj = torch.zeros((2708,2708),dtype = torch.float).cuda()
        #print(data.edge_index[0].shape)
        #torch.Size([10556])
        adj[edge_index[0],edge_index[1]] = 1
        #计算的小波变换基 support[0]和逆小波变换基 support[1]
        support = wavelet_basis(adj)

        self.kernel.data = torch.ones(2708,dtype = torch.float).cuda() ##
                          (np.ones(2708))
        supports = torch.mm(support[0],torch.diag(self.kernel))
        supports = torch.mm(supports,support[1])
        norm = supports[row, col]
        #norm:中存放了每条边的归一化权重
        ##norm:1 * 10556 * 10556 * out_channels = 1 * out_channels
        #其中参数 -1 表示剩下的值的个数一起构成一个维度
        #第一个参数 1 将第一个维度的大小设定成 1
        #后一个 -1 表示:第二个维度的大小 = 元素总数目/第一个维度的大小
        #norm 将 normal 变为 10 556×1 列
                #print("message:row = ",row.shape)
        #print("message:col = ",col.shape)
        #print("type(norm) = ",type(norm))
        #print("norm.shape = ",norm.shape)
        return norm.view( - 1, 1) * x_j
    def update(self, aggr_out):
        # aggr_out has shape [N = 2708, out_channels]
        # Step 5: Return new node embeddings.
        return aggr_out
```

⑥ 定义网络模型

```
class Net(torch.nn.Module):
    #torch.nn.Module 是所有神经网络单元的基类
    def __init__(self):
        super(Net, self).__init__()
        #复制并使用 Net 的父类的初始化方法,即先运行 nn.Module 的初始化函数
        self.conv1 = WaveletConv(dataset.num_node_features, 16)
        self.conv2 = WaveletConv(16, dataset.num_classes)
```

```
    def forward(self):
        x, edge_index = data.x, data.edge_index

        x = self.conv1(x, edge_index)
        x = F.relu(x)
        x = F.dropout(x, training = self.training)
        x = self.conv2(x, edge_index)
        return F.log_softmax(x, dim = 1)
```

⑦ 定义训练函数

```
def train():
    model.train()
    #在反向传播之前,先将梯度归零
    optimizer.zero_grad()
    #将误差反向传播
    F.nll_loss(model()[data.train_mask], data.y[data.train_mask]).backward()
    #更新参数
    optimizer.step()
```

⑧ 将模型和数据复制到 GPU 并定义优化器

```
#device = torch.device('cpu')
device = torch.device('cuda' if torch.cuda.is_available() else 'cpu')
model, data = Net().to(device), data.to(device)
optimizer = torch.optim.Adam(model.parameters(), lr = 0.01, weight_decay = 5e-4)
```

⑨ 定义训练函数

```
def train():
    model.train()
    #在反向传播之前,先将梯度归零
    optimizer.zero_grad()
    #将误差反向传播
    F.nll_loss(model()[data.train_mask], data.y[data.train_mask]).backward()
    #更新参数
    optimizer.step()
```

⑩ 定义测试函数

```
def test():
    model.eval()
    logits, accs = model(), []
    for _, mask in data('train_mask', 'val_mask', 'test_mask'):
        pred = logits[mask].max(1)[1]
        acc = pred.eq(data.y[mask]).sum().item() / mask.sum().item()
        accs.append(acc)
    return accs
```

⑪ 训练并测试模型

```
best_val_acc = test_acc = 0
for epoch in range(1, 201):
    train()
    train_acc, val_acc, tmp_test_acc = test()
    if val_acc > best_val_acc:
        best_val_acc = val_acc
        test_acc = tmp_test_acc

    #打印参与训练的参数
    #for name, param in model.named_parameters():
        #if param.requires_grad:
            #print(name)

    log = 'Epoch: {:03d}, Train: {:.4f}, Val: {:.4f}, Test: {:.4f}'
    print(log.format(epoch, train_acc, best_val_acc, test_acc))
```

(6) 实验结果

在 Cora 数据集上进行测试，在经过多次运行后，实验结果为 79%左右，没有达到论文提供源代码的 82.8%左右的结果，还有待进一步改进。

4.3 基于空间域的图卷积神经网络

对于基于空间域的图卷积神经网络这一部分，下面以著名的图注意力网络(Graph Attention Network,GAT)为例进行介绍。

深度神经网络(Deep Neural Network,DNN)中的注意力机制是受到认知科学中人类对信息处理机制的启发而产生的。由于信息处理能力的局限，人类会选择性地关注完整信息中的某一部分，同时忽略其他信息。例如，我们在看一幅画时，通常会把视觉关注焦点放到语义信息更丰富的前景物体上，而减少对背景信息的关注，这种机制大大地提高了人类对信息的处理效率。

图注意力网络通过注意力机制(attention mechanism)来对邻居节点做聚合操作，实现对不同邻居权重的自适应分配(GCN 中不同邻居的权重是固定的，来自归一化的拉普拉斯矩阵)，从而大大地提高了图神经网络模型的表达能力。

4.3.1 注意力机制

所谓的注意力机制，其实就是让系统学会注意力，即关注重点信息，忽略无关信息。带有注意力机制的系统，不仅可以自主学习注意力，还可以帮助我们更好地理解神经网络。目前，在计算机视觉当中大多数都是通过掩码来生成注意力的，掩码本质上是一组新的权重，可以帮助我们找到需要关注的信息。

如图 4-25 所示，我们的视觉会更加关注画面上的猫，这种对视觉信息集中进行处理的机制在视觉问答场景中被发挥得淋漓尽致。如果要确定图 4-25 中的猫在做什么，人类会把视觉信息快速集中在猫的前爪以及面部上，而忽略对其他视觉信息的辨识，从而准确地得出图 4-25 中的猫在睡觉的答案。

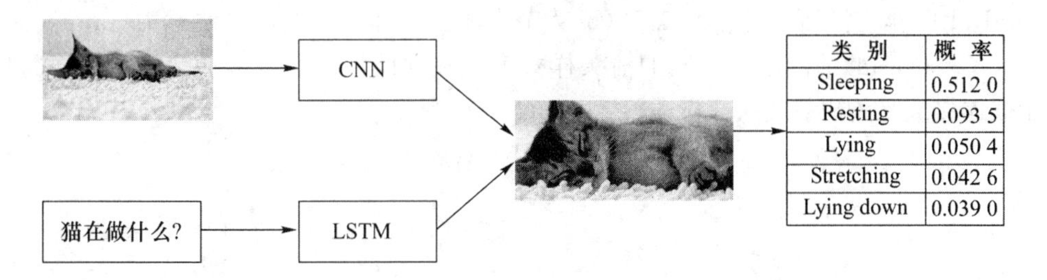

图 4-25　注意力机制

可见，注意力机制的核心在于对给定信息进行权重分配，权重高的信息意味着需要系统进行重点加工。

4.3.2 图注意力层

图注意力层（Graph Attentional Layer ，GAL）的输入是一组节点特征：

$$h=\{\boldsymbol{h}_1,\boldsymbol{h}_2,\cdots,\boldsymbol{h}_N\},\boldsymbol{h}_i\in\mathbb{R}^F$$

其中，N 是节点的个数，F 是每个节点的特征数。该层产生一组新的节点特征，作为其输出，即 $h'=\{\boldsymbol{h}'_1,\boldsymbol{h}'_2,\cdots,\boldsymbol{h}'_N\},\boldsymbol{h}'_i\in\mathbb{R}^{F'}$。

为了获得足够的表达能力，以将输入特征转换为更高级别的特征，需要至少一个可学习的线性变换。为此，作为初始步骤，将一个共享线性变换、参数化的权重矩阵 $\boldsymbol{W}\in\mathbb{R}^{F'\times F}$应用到每个节点上。然后我们在节点上进行自我注意——共享注意机制 $a:\mathbb{R}^{F'}\times\mathbb{R}^{F}\mapsto\mathbb{R}$，计算注意系数（Attention Coefficient，AC）。

$$e_{ij}=a(\boldsymbol{W}\boldsymbol{h}'_i,\boldsymbol{W}\boldsymbol{h}'_j) \tag{4-19}$$

其中 e_{ij} 表示节点 j 的特征对节点 i 的重要性。最一般的形式，该模型允许每个节点关注其他节点，将删除所有结构信息。通过执行屏蔽注意，将图结构注入机制中——只计算对点 $j\in\mathcal{N}_i$ 的 e_{ij}，其中 $\mathcal{N}_i$ 是图中节点 i 的某个邻域。在所有的实验中，这些都是 i（包括 i）的一阶邻域，即两个节点特征先是通过线性变换生成新的表达力更强的特征，然后计算注意力系数，于是，任意两个节点之间都有了注意力系数，本节的这个注意力系数其实是用来做加权平均的，即卷积的时候，每个节点的更新都是其他节点的加权平均，为了使得系数简单地适应不同的节点，我们用 softmax 函数，并对所有的 j 进行归一化：

$$a_{ij}=\underset{j}{\mathrm{softmax}}(e_{ij})=\frac{\exp(e_{ij})}{\sum\limits_{k\in N_i}e_{ik}} \tag{4-20}$$

在实验中，注意机制 a 是单层前馈神经网络，由权向量 $\boldsymbol{a}\in\mathbb{R}^{2F'}$ 参数化，并应用 LeakyReLU 非线性激活函数（带负输入，斜率 $\alpha=0.2$）。完全展开后，用注意机制算出来的系数可表示为

$$a_{ij}=\frac{\exp(\mathrm{LeakyReLU}(\boldsymbol{a}^{\mathrm{T}}[\boldsymbol{W}\boldsymbol{h}'_i\parallel\boldsymbol{W}\boldsymbol{h}'_j]))}{\sum\limits_{k\in N_i}\exp(\mathrm{LeakyReLU}(\boldsymbol{a}^{\mathrm{T}}[\boldsymbol{W}\boldsymbol{h}'_i\parallel\boldsymbol{W}\boldsymbol{h}'_k]))} \tag{4-21}$$

其中，$\cdot^{T}$ 表示转置，$\|$ 表示串联操作。

一旦获得，归一化注意力系数用于计算与其对应的特征的线性加权组合，以用作每个节点的最终输出特征(之后应用非线性函数，σ)。

图 4-26(a)所示模型采用的注意机制为 $a(\boldsymbol{Wh}'_i,\boldsymbol{Wh}'_j)$，通过权重向量 $\boldsymbol{a}\in\mathbb{R}^{2F'}$ 进行参数化，用 LeakyReLU 作为激活函数。图 4-26(b)为节点 1 在其邻域上的多头注意力(multi-head attention)($K=3$ head)的图示。不同的箭头样式表示独立的注意力计算。来自每个 head 的聚合特征被连接或平均以获得 $\boldsymbol{h}'_1$：

$$\boldsymbol{h}'_i=\sigma\Big(\sum_{j\in N_i}a_{ij}\boldsymbol{Wh}'_j\Big) \tag{4-22}$$

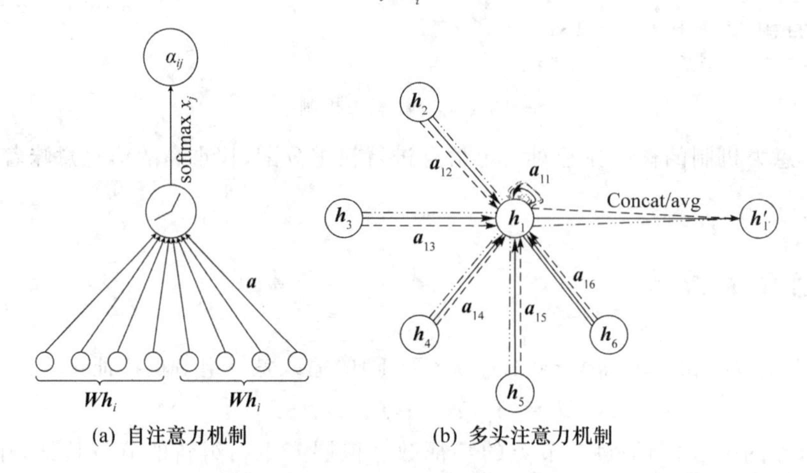

图 4-26　注意力机制

为了使模型更加稳定，人们还提出了多头注意力机制，这种机制更加有利，意思是说不只用一个函数 a 进行注意力系数的计算，而是设置 K 个函数，每一个函数都能计算出一组注意力系数，并能计算出一组加权求和用的系数，在每一个卷积层中，K 个注意力机制独立地工作，分别计算出自己的结果，然后连接在一起，得到卷积的结果，即

$$\boldsymbol{h}'_i=\ \|_{k=1}^{K}\sigma\Big(\sum_{j\in N_i}a_{ij}^{k}\boldsymbol{W}^{k}\boldsymbol{h}'_j\Big) \tag{4-23}$$

其中，“$\|$”表示连接在一起的意思，α_{ij}^{k} 是用第 k 个计算注意力系数的函数 α^{k} 计算出来的。整个过程如图 4-26(b)所示。对于最后一个卷积层，如果还是使用多头注意力机制，那么就不采取连接的方式合并不同的注意力机制的结果了，而是采用求平均的方式进行处理，即

$$\boldsymbol{h}'_i=\sigma\Big(\frac{1}{K}\sum_{k=1}^{K}\sum_{j\in N_i}a_{ij}^{k}\boldsymbol{W}^{k}\boldsymbol{h}'_j\Big)$$

图注意力层有如下优点。

① 计算很高效，注意力机制在所有边上的计算都是可以并行的，输出特征的计算在所有节点上也可以并行。像特征分解这种非常费资源的操作都不需要。单层多头的 GAT 一个 head 的时间复杂度可以表示为 $\mathcal{O}(|V|FF'+|E|F')$，其中 $|V|$、$|E|$ 分别表示图中节点的数量和边的数量，$O(|V|FF')$ 指的是计算注意力机制的复杂度，每一个节点计算注意力因子的复杂度都是 $\mathcal{O}(FF')$，然后每个节点都只计算其与周围几个直接连接的近邻节点之间的因子，即 $\mathcal{O}(|V|)$，因此整个就是 $\mathcal{O}(|V|FF')$，计算 a 应该加上一个 $\mathcal{O}(|V|)$ 的复杂度。而 $|E|F'$ 是用来计算卷积的时间复杂度的，每条边都对应将一个节点乘上权重并包含到卷积的加权求和

中，每一个节点都有 F' 个特征，加进来就是 F' 次操作，因此整个就是 $\mathcal{O}(|E|F')$ 的复杂度。这个复杂度和 Kipf 与 Welling 于 2017 年提出的图卷积神经网络的复杂度相当。

② 和 GCN 不同，本节的模型可以对同一个邻域的节点分配不同的重要性，使得模型的容量（自由度）大增，并且分析这些学到的注意力权重，这有利于可解释性（分析一下模型在分配不同权重的时候是从哪些角度着手的）。

③ 注意力机制是对所有边共享的，不需要依赖图的全局结构以及所有节点的特征。

④ 2017 年 Hamilton 提出的归纳学习方法为每一个节点都抽取一个固定尺寸的邻域，为了计算的时候 footprint 是一致的，这样在计算的时候就不是所有的邻居都能参与其中。此外，Hamilton 的这个模型在使用一些基于 LSTM 的方法的时候能得到较好的结果，这样就是假设了每个节点的邻域中的节点一直存在着一个顺序，使得这些节点成为一个序列。但是本节提出的方法就没有这个问题，每次都可以将邻域所有的节点考虑进来，而且不需要事先假定一个邻域的顺序。

基于空间法通过聚合邻居的特征信息来定义图卷积。根据图卷积层的不同叠加方式，将空间法分为递归法和合成法两大类。基于递归的方法致力于获得节点的稳定状态，基于合成的方法致力于合并更高阶的邻域信息。在训练过程中，两大类的每一层都需要更新所有节点的隐藏层状态。因为要在内存中保存所有的中间状态，因此效率不高。为了解决这个问题，人们提出了一些训练方法，包括基于合成方法的组图训练（如 GraphSage）、基于递归方法的随机异步训练。

4.3.3　应用案例——GAT

案例：图注意力网络。

本案例分析了 2018 年介绍半监督图节点分类问题的图注意力网络（GAT），模型为两层 GNN，论文下载地址为 https://arxiv.org/abs/1710.10903，有兴趣的读者可以下载阅读。

1. 输入和输出（以一层为例）

$$h=\{\boldsymbol{h}_1,\boldsymbol{h}_2,\cdots,\boldsymbol{h}_N\},\boldsymbol{h}_i\in\mathbb{R}^F$$

$$h'=\{\boldsymbol{h}'_1,\boldsymbol{h}'_2,\cdots,\boldsymbol{h}'_N\},\boldsymbol{h}'_i\in\mathbb{R}^{F'}$$

其中，N 为节点数，F 为每个节点输入的特征维度，F' 为每个节点输出的特征维度。

2. 自注意力机制

在 GAT 中使用的自注意力（self-attention）机制，使用一个共享的注意力计算函数，其计算公式为

$$e_{ij}=a(\boldsymbol{W}\boldsymbol{h}'_i,\boldsymbol{W}\boldsymbol{h}'_j)$$

e_{ij} 表示节点 j 的特征对于节点 i 的贡献度。在整个计算过程中，需要计算节点 i 的每一个邻居节点 k 对节点 i 的贡献度，其中，“$\|$”表示向量的拼接，$\boldsymbol{W}\in\mathbb{R}^{F'\times F}$ 为权重矩阵。

3. GCN 模型

$$a_{ij}=\operatorname*{softmax}_j(e_{ij})=\frac{\exp(e_{ij})}{\sum\limits_{k\in N_i}e_{ik}}$$

$$a_{ij} = \frac{\exp(\text{LeakyReLU}(\boldsymbol{a}^{\mathrm{T}}[\boldsymbol{W}\boldsymbol{h}'_i \parallel \boldsymbol{W}\boldsymbol{h}'_j]))}{\sum_{k \in N_i} \exp(\text{LeakyReLU}(\boldsymbol{a}^{\mathrm{T}}[\boldsymbol{W}\boldsymbol{h}'_i \parallel \boldsymbol{W}\boldsymbol{h}'_k]))}$$

其中，N_i 为图中节点 i 的邻域，$\cdot^{\mathrm{T}}$ 表示转置，"$\parallel$"表示串联操作。

4. 损失函数

$$\text{Loss} = -\sum_{l \in y_L} \sum_{i=1}^{K} Y_{li} \ln Z_{li}$$

5. 代码分析

GAT 代码的下载地址为 https://github.com/Diego999/pyGAT，有兴趣的读者可以下载学习。下面只给出卷积层实现部分的代码，其他部分和 GCN 代码相同，不再赘述。

```
import torch
from torch.nn import Parameter
import torch.nn.functional as F
from torch_geometric.nn.conv import MessagePassing
from torch_geometric.utils import remove_self_loops, add_self_loops, softmax
from ..inits import glorot, zeros
class GATConv(MessagePassing):
    def __init__(self, in_channels, out_channels, heads = 1, concat = True,
        negative_slope = 0.2, dropout = 0, bias = True, **kwargs):
    super(GATConv, self).__init__(aggr = 'add', **kwargs)
    self.in_channels = in_channels)
    def message(self, edge_index_i, x_i, x_j, size_i):
    # Compute attention coefficients.
    x_j = x_j.view(-1, self.heads, self.out_channels)
    if x_i is None:
        alpha = (x_j * self.att[:, :, self.out_channels:]).sum(dim = -1)
    else:
    x_i = x_i.view(-1, self.heads, self.out_channels)
    alpha = (torch.cat([x_i, x_j], dim = -1) * self.att).sum(dim = -1)
alpha = F.leaky_relu(alpha, self.negative_slope)
alpha = softmax(alpha, edge_index_i, size_i)
    # Sample attention coefficients stochastically.
    alpha = F.dropout(alpha, p = self.dropout, training = self.training)
    return x_j * alpha.view(-1, self.heads, 1)
def update(self, aggr_out):
    if self.concat is True:
        aggr_out = aggr_out.view(-1, self.heads * self.out_channels)
    else:
```

```
        aggr_out = aggr_out.mean(dim = 1)
    if self.bias is not None:
        aggr_out = aggr_out + self.bias
    return aggr_out
```

6. 实验结果

在 Cora 数据集上进行测试，得到的准确率为 83.0%左右。

4.4　基于 GCN 的图时空网络

图时空网络(动态图网络)同时捕获时空图的时空依赖性。时空图具有全局图结构，每个节点的输入都随时间变化。例如，在交通网络中，将每个传感器都作为一个节点，连续记录某条道路的交通速度，其中交通网络的边由传感器对之间的距离决定。图时空网络的目标是预测未来的节点值或标签，或预测时空图标签。

4.4.1　道路图的交通预测

交通预测是典型的时间序列预测问题，即在给定之前的 M 个交通观测值的情况下，在接下来的 H 个时间步骤中预测最可能的交通量(例如速度或交通流量)：

$$\hat{v}_{t+1},\cdots,\hat{v}_{t+H}=\underset{\boldsymbol{v}_{t+1},\cdots,\boldsymbol{v}_{t+H}}{\operatorname{argmax}}\ \lg P(\boldsymbol{v}_{t+1},\cdots,\boldsymbol{v}_{t+H}\,|\,\hat{v}_{t+1},\cdots,\hat{v}_{t+H})$$

其中 $\boldsymbol{v}_t\in\mathbb{R}^n$是时间步长$t$ 的n 个路段的观测矢量，每个元素都记录了单个路段的历史观察值。在这项工作中，我们在图表上定义了交通网络，并专注于结构化的交通时间序列。观察值 $\boldsymbol{v}_t$ 不是独立的，而是通过图中的成对连接来链接的。因此，数据点 $\boldsymbol{v}_t$ 可以被视为在无向(或有向的)图 G 上定义的图形信号，其权重为w_{ij}，如图 4-27 所示。在第 t 个时间步长，在图形中 $\boldsymbol{G}_t=(\boldsymbol{v}_t,E,\boldsymbol{W})$，$\boldsymbol{v}_t$ 是一组有限的顶点，对应于交通网络中 n 个监测站的观测结果；E 是一组边，表示帧之间的连通性；而 $\boldsymbol{W}\in\mathbb{R}^{n\times n}$ 表示 $\boldsymbol{g}_t$ 的加权邻接矩阵。

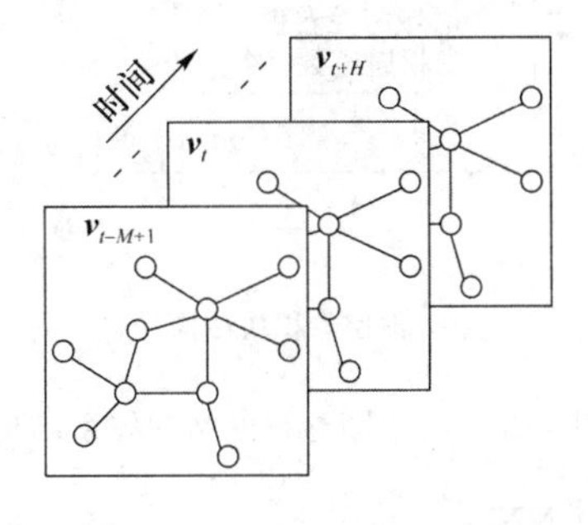

图 4-27　图形结构的交通数据

$\boldsymbol{v}_t$ 表示时间步骤 t 的当前流量状态的帧，其被记录在图形结构化数据矩阵中。

4.4.2 图的卷积

基于谱图卷积的概念引入图卷积算子“$*\mathcal{G}$”的概念，作为信号 $\boldsymbol{x}\in\mathbb{R}^n$ 与核 Θ 的乘法：

$$\Theta *_{\mathcal{G}} \boldsymbol{x}=\Theta(\boldsymbol{L})\boldsymbol{x}=\Theta(\boldsymbol{U\Lambda U}^{\mathrm{T}})\boldsymbol{x}=(\boldsymbol{U}\Theta(\boldsymbol{\Lambda})\boldsymbol{U}^{\mathrm{T}})\boldsymbol{x} \tag{4-24}$$

其中，图形傅里叶基础 $\boldsymbol{U}\in\mathbb{R}^{n\times n}$ 是归一化图的特征向量矩阵，由于

$$\boldsymbol{L}=\boldsymbol{D}^{-1/2}(\boldsymbol{D}-\boldsymbol{W})\boldsymbol{D}^{-1/2}=\boldsymbol{D}^{-1/2}\boldsymbol{D}\boldsymbol{D}^{-1/2}-\boldsymbol{D}^{-1/2}\boldsymbol{W}\boldsymbol{D}^{-1/2}=\boldsymbol{I}_n-\boldsymbol{D}^{-1/2}\boldsymbol{W}\boldsymbol{D}^{-1/2}$$

所以拉普拉斯算子 $\boldsymbol{L}=\boldsymbol{I}_n-\boldsymbol{D}^{-1/2}\boldsymbol{W}\boldsymbol{D}^{-1/2}=\boldsymbol{U\Lambda U}^{\mathrm{T}}\in\mathbb{R}^{n\times n}$，$\boldsymbol{I}_n$ 是单位矩阵，$\boldsymbol{D}\in\mathbb{R}^{n\times n}$ 是对角矩阵，$D_{ii}=\sum_j W_{ij}$，$\boldsymbol{\Lambda}\in\mathbb{R}^{n\times n}$ 是 $\boldsymbol{L}$ 的特征值的对角矩阵，滤波器 $\Theta(\boldsymbol{\Lambda})$ 是对角矩阵。通过这个定义，图形信号 $\boldsymbol{x}$ 由内核 Θ 滤波，其中 Θ 与图形傅里叶变换 $\boldsymbol{U}^{\mathrm{T}}\boldsymbol{x}$ 相乘。

4.4.3 STGCN 模型

如图 4-28 所示，STGCN 由几个时空卷积块(ST-Conv block)组成，每个时空卷积块都形成一个“三明治”结构，其中包括两个时域卷积块和一个空间图卷积块。框架 STGCN 由两个时空卷积块和一个完全连接的输出层组成。每个 ST-Conv block 在中间都包含两个时间门控卷积层和一个空间图卷积层。剩余连接和瓶颈策略应用于每个块内。输入 $(v_{t-M+1},\cdots,v_t)$ 由 ST-Conv block 统一处理，以连贯地探索空间和时间依赖性。通过输出层集成综合特征以生成最终预测。

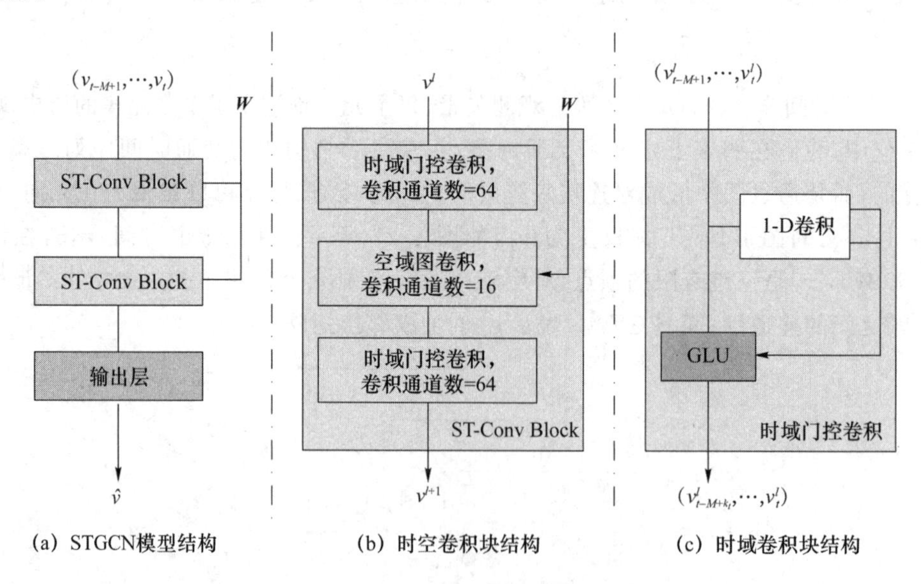

图 4-28 时空图卷积网络的体系结构

1. 用于提取空间特征的图 CNN

交通网络通常组织为图形结构。以数学方式将道路网络表示为图形是自然而合理的。然而，之前的研究忽略了交通网络的空间属性：网络的连通性和全球性被忽略了，因为它们被分成多个部分或网格。即使在网格上进行二维卷积，它也只能由于数据建模的妥协而大致捕获

空间局部性。因此，在我们的模型中，图形卷积直接用于图形结构数据，以提取空间域中高度有意义的模式和特征。在式(4-24)中计算图卷积的核 Θ 与图傅里叶基相乘。时间复杂度 $\mathcal{O}(n^2)$ 较高，可以应用两种近似策略来克服这个问题。

① Chebyshev 多项式近似。

② Chebyshev 一阶近似。

2. 用于提取时间特征的门控 CNN

尽管基于 RNN 的模型在时间序列分析中变得普遍，但是用于交通预测的循环网络仍然存在耗时的迭代、复杂的门控机制以及对动态变化的缓慢响应等问题。相反，CNN 具有空腹训练的优越性，结构简单，并且对先前的步骤没有依赖性约束。受 Gehring et al.(2017)的启发，我们在时间轴上采用整个卷积结构来捕捉交通流的动态时间行为。该特定设计允许通过形成分层表示的多层卷积结构来进行并行和可控的训练过程。

如图 4-28(c)所示，时间卷积层包含具有宽度 K_t 核的 1-D 卷积，随后是门控线性单位(GLU)，它是一个非线性函数。对于图 G 中的每个节点，时间卷积探索输入元素的 K_t 个邻居，导致每次将 K_t-1 的序列长度缩短。因此，每个节点的时间卷积的输入都可以被视为具有 C_i 个通道的长度为 M 的序列，即 $\boldsymbol{Y}\in\mathbb{R}^{M\times C_i}$。卷积核 $\boldsymbol{\Gamma}\in\mathbb{R}^{K_t\times C_i\times 2C_0}$ 被设计为将输入 $\boldsymbol{Y}$ 映射到单个输出元素 $[P,Q]\in\mathbb{R}^{(M+K_t\times 1)\times(2C_0)}$($P$、$Q$ 被分成两半，具有相同的大小通道)。因此，时间门控卷积可以定义为

$$\boldsymbol{\Gamma} *_T \boldsymbol{Y}=P\odot\sigma(Q)\in\mathbb{R}^{(M-K_t+1)\times C_0} \tag{4-25}$$

其中，P、Q 都是 GLU 中门的输入；$\odot$ 表示元素级哈达玛积；$\sigma(Q)$ 函数控制输入的当前状态 P 与发现时间序列中的组成结构和动态方差的相关性。非线性门也有助于通过堆叠的时间层充分利用输入，此外，在叠加的时间卷积层之间实现剩余(残余)连接。类似地，通过对 $\mathcal{G}$ 中的每个节点 $\boldsymbol{y}_i\in\mathbb{R}^{M\times C_i}$(例如传感器站)采用相同的卷积核 $\boldsymbol{\Gamma}$，时间卷积也可以推广到 3-D 变量，标记为"$\boldsymbol{\Gamma} *_T \boldsymbol{Y}$"，$\boldsymbol{y}\in\mathbb{R}^{M\times n\times C_i}$。

为了融合来自时域和空域的特征，构造时空卷积块，以联合处理图结构的时间序列。如图 4-28(b)所示，采用瓶颈策略，产生"三明治"结构，其中两个时间门控卷积层用作上部和下部切片，一个空间图卷积层嵌入作为填充物。空间图卷积层中的通道 C 的降维处理可以减少训练中参数的数量和时间的消耗。此外，每一个时空块都配有层归一化，防止过拟合。

ST-Conv block 的输入和输出都是 3-D 张量。对于块 L 的输入 $\boldsymbol{v}^l\in\mathbb{R}^{M\times n\times C_1}$，输出 $\boldsymbol{v}^{l+1}\in\mathbb{R}^{(M-2(K_t-1))\times n\times C^{l+1}}$ 由下式计算：

$$\boldsymbol{v}^{l+1}=\Gamma_1^l *_T \mathrm{ReLU}(\Theta^l *_{\mathcal{G}} (\Gamma_0^l *_T \boldsymbol{v}^l)) \tag{4-26}$$

其中，Γ_1^l、Γ_0^l 分别是块 l 内的上下核，Θ^l 是图卷积的谱核，ReLU(·)表示整流线性单位函数。

在堆叠两个 ST-Conv block 之后，我们在最后附加一个额外的时间卷积层和一个完全连接的层作为输出层〔参见图 4-28(a)〕。时间卷积层将最后的 ST-Conv block 的输出映射到最终的单步预测。然后，我们可以从模型中获得最终输出 $\boldsymbol{Z}\in\mathbb{R}^{n\times c}$，然后通过在 c-通道上应用线性变换 $\hat{\boldsymbol{v}}=\boldsymbol{Z}\boldsymbol{w}+\boldsymbol{b}$ 来计算 n 节点的速度预测，其中 $\boldsymbol{w}\in\mathbb{R}^c$ 是权重向量，b 是偏置。用于交通预测的 STGCN 的损失函数可以写成

$$L(\hat{v},W_\theta)=\sum_t \|\hat{v}(v_{t-M+1},\cdots,v_t,W_\theta)-v_{t+1}\|^2 \tag{4-27}$$

其中，W_θ 为模型中的所有训练参数，v_{t+1} 表示节点 n 在 $t+1$ 时刻的实际速度，$\hat{v}(\cdot)$ 表示模型的预测结果。

现在总结一下 STGCN 模型的主要特征。

- STGCN 是处理结构化时间序列的通用框架，它不仅能够解决交通网络建模和预测问题，还能应用于更一般的时空序列学习挑战，例如社交网络和推荐系统。
- 空间时间块结合了图卷积和门控时间卷积，可以提取有用的空间特征并同时捕获最重要的时间特征。
- 模型完全由卷积层组成，因此可以在时域和空域进行操作。

STGCN 模型的性能分别在北京市交通委员会和加利福尼亚州交通运输部收集的两个真实交通数据集 BJER4 和 PeMSD7 中得以验证。

本章小结

基于谱域的图卷积神经网络，由于其谱图理论的基础，吸引了很多研究者的兴趣，图上的傅里叶变换研究比较成熟，在图信号处理方面利用切比雪夫多项式近似算法构造的卷积核在图卷积网络中得到了广泛的应用，并取得了很多研究成果，小波变换在图信号处理中也有一些应用，但其理论框架还不够完善，还有很多值得研究的内容。

课后习题

一、填空题

1. 图卷积神经网络按照卷积方式的不同，可分为________和________。

2. 图像、语音都属于欧式数据，图结构数据属于________，不具备欧式数据天然的平移不变性。

3. 谱图傅里叶变换和傅里叶逆变换的公式分别为________和________。

4. 谱图小波变换基和逆小波变换基的表达式分别为________和________。

5. 谱图傅里叶变换下的卷积算子快速算法公式为____________________。

6. GCN 层间推导公式为____________________。

7. GMNN 将 GCN 预测标签的方法表示为____________________。

二、简答题

1. 尝试描述图拉普拉斯算子的推导过程。
2. 试写出谱图傅里叶变换公式的推导过程。
3. 尝试描述二进小波在图结构上的泛化过程。
4. 简述注意力机制。
5. 试写出谱图小波变换基和谱图小波逆变换基的推导过程。

第5章 循环神经网络和递归神经网络

循环神经网络(Recurrent Neural Network, RNN)是一类以序列(sequence)数据为输入,在序列的演进方向进行递归(recursion)且所有节点(循环单元)按链式连接的递归神经网络(Recursive Neural Network,RNN),循环神经网络和递归神经网络有同样一个英文简称RNN。

5.1 循环神经网络的概念

递归神经网络是两种人工神经网络的总称,一种是时间递归神经网络(Recurrent Neural Network),另一种是结构递归神经网络(Recursive Neural Network)[1]。现在大多数人把Recurrent Neural Network称作循环神经网络,一般RNN都指循环神经网络。

时间递归神经网络的神经元间连接构成有向图,而结构递归神经网络利用相似的神经网络结构递归构造更为复杂的深度网络,大多数为无向图。两者训练的算法不同,但属于同一算法变体。如Hopfield神经网络[2]就是结构上递归构成的,还有双向联想记忆(BAM)神经网络、cohen-Grossberg神经网络等。从这里可以很明显地看出,时间递归帮助弥补短记忆网络的长记忆扩展(输入是与时间相关的序列),而结构递归只是在神经网络结构上的设计(与输入无关),但时间递归神经网络应该是结构递归网络的一个有效改进发展。也就是说,在神经网络年代提出的神经网络递归结构,被用在了时间序列的递归上,而充分发展出时间递归神经网络,即循环神经网络(RNN)以及后期的长短时记忆(Long Short-Term Memory,LSTM)网络。

循环神经网络常用于处理序列数据以及语义信息的深度表达,例如一段文字或声音、购物或观影的顺序,甚至是图像中的一行或一列像素。因此,循环神经网络在实际中有着极为广泛的应用,比如语言模型、文本分类、机器翻译、语音识别、图像分析、手写识别和推荐系统[3]。

循环神经网络的主要用途是处理和预测序列数据。循环神经网络的来源就是为了刻画一个序列当前的输出与之前信息的关系。从网络结构上,循环神经网络会记忆之前的信息,并利用之前的信息影响后面节点的输出。也就是说,循环神经网络的隐藏层之间的节点是有连接的,隐藏层的输入不仅包括输入层的输出,还包括上一时刻隐藏层的输出[4]。

图5-1是一个典型的循环神经网络。循环神经网络的主体结构 $\boldsymbol{A}$ 的输入除了来自输入层 $\boldsymbol{x}_t$,还有一个循环的边来提供上一时刻的隐藏状态 $\boldsymbol{h}_{t-1}$。在每一时刻,循环神经网络的模块 $\boldsymbol{A}$ 在读取了 $\boldsymbol{x}_t$ 和 $\boldsymbol{h}_{t-1}$ 之后,会生成新的隐藏状态 $\boldsymbol{h}_t$,并产生此刻的输出 $\boldsymbol{o}_t$。循环神经网络当

前的状态 $\boldsymbol{h}_t$ 是根据上一时刻的状态 $\boldsymbol{h}_{t-1}$ 和当前的输入 $\boldsymbol{x}_t$ 共同决定的。

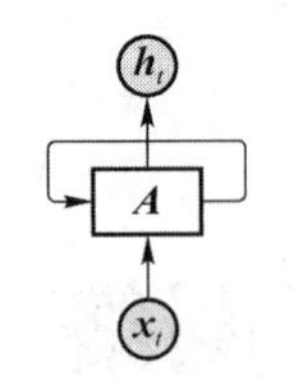

图 5-1 循环神经网络经典结构示意图

在时刻 t，状态 $\boldsymbol{h}_t$ 浓缩了前面序列 $\boldsymbol{x}_0, \boldsymbol{x}_1, \cdots, \boldsymbol{x}_{t-1}$ 的信息，作为输出 o_t 的参考。由于序列可以无限长，维度有限的 h 状态不可能将序列的全部信息都保存下来，因此模型必须学习只保留与后面任务 $\boldsymbol{o}_t, \boldsymbol{o}_{t+1}, \cdots$ 相关的最重要的信息。

如图 5-2 所示，循环神经网络对长度为 N 的序列展开后，可以视为一个有 N 个中间层的前馈神经网络。这个前馈神经网络没有循环链接，因此可以直接使用反向传播算法进行训练，而不需要任何特别的优化算法。这样的训练方法称为沿时间反向传播，是训练循环神经网络最常见的方法。

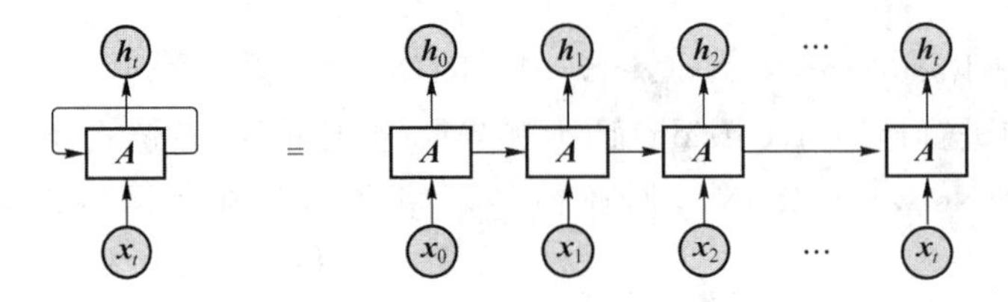

图 5-2 循环神经网络按时间展开后的结构

对于一个序列数据，可以将这个序列上不同时刻的数据依次传入循环神经网络的输入层，而输出可以是对序列下一时刻的预测，也可以是对当前时刻信息的处理结果（如语音识别结果）。循环神经网络要求每一个时刻都有一个输入，但是不一定每个时刻都需要有输出。

5.2 循环神经网络前向计算

递归神经网络的原始结构可以简单地看成“输入层→隐藏层→输出层”的三层结构，加入了一个闭环。使用单层全连接神经网络作为循环体的循环神经网络结构图如图 5-3 所示。

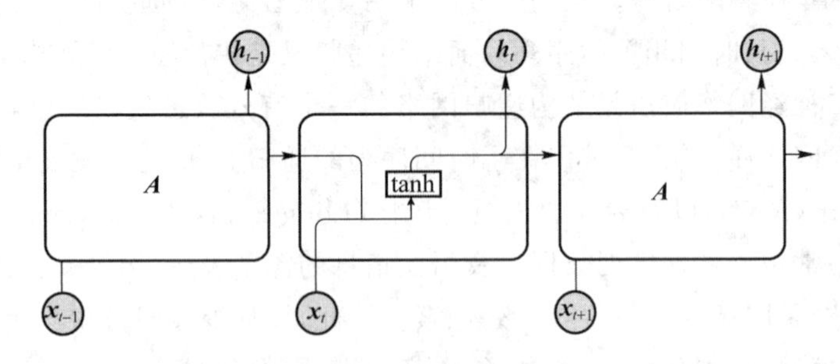

图 5-3 使用单层全连接神经网络作为循环体的循环神经网络结构图

循环神经网络中的状态是通过一个向量来表示的，这个向量的维度也称为循环神经网络隐藏层的大小，假设其为 n。

假设输入向量的维度为 x，隐藏层状态的维度为 n，那么图 5-3 中循环体的全连接层神经网络的输入大小为 $x+n$。也就是将上一时刻的状态与当前时刻的输入拼接成一个大的向量，作为循环体中神经网络的输入。因为该全连接层的输出为当前时刻的状态，于是输出层的节点个数也为 n，循环体中的参数个数为 $(n+x)\times n+n$ 个。

但是需要注意：

① 循环体状态与最终输出的维度通常不同，因此为了将当前时刻的状态转化为最终的输出，循环神经网络还需要另外一个全连接神经网络来完成这个过程。这和卷积神经网络中最后的全连接层的意义是一样的。

② 在得到循环神经网络的前向传播结果之后，可以和其他神经网络类似地定义损失函数。循环神经网络唯一的区别在于因为它每个时刻都有一个输出，所以循环神经网络的总损失为所有时刻（或部分时刻）上的损失函数的总和。

以下代码实现了简单的循环神经网络前向传播的过程。

```
import numpy as np
X = [1,2]
state = [0.0,0.0]
#分开定义不同输入部分的权重，以方便操作
w_cell_state = np.asarray([[0.1,0.2],[0.3,0.4]])
w_cell_input = np.asarray([0.5,0.6])
b_cell = np.asarray([0.1, - 0.1])
#定义用于输出的全连接层参数
w_output = np.asarray([[1.0],[2.0]])
b_output = 0.1
#按照时间顺序执行循环神经网络的前向传播过程
for i in range(len(X)):
    #计算循环体中的全连接层神经网络
    before_activation = np.dot(state,w_cell_state) + X[i] * w_cell_input + b_cell
    state = np.tanh(before_activation)
    #根据当前时刻状态计算最终输出
    final_output = np.dot(state,w_output) + b_output
    #输出每个时刻的信息
    print("before activation: %f" % before_activation)
    print("state: %f" % state)
    print("output: %f" % final_output)
```

运行以上程序可以看到输出结果：

```
before activation:[0.6 0.5]
state:[0.53704957 0.46211716]
output:[1.56128388]
before activation:[1.2923401 1.39225678]
state:[0.85973818 0.88366641]
output:[2.72707101]
```

和其他神经网络类似，在定义完损失函数之后，使用类似的优化框架，TensorFlow 就可以

自动地完成模型训练的过程。需要指出的是：理论上循环神经网络可以支持任意长度的序列，然而在实际训练过程中，如果序列过长，一方面会导致训练时出现梯度消失和梯度爆炸的问题；另一方面展开后的循环神经网络会占用过大的内存，所以实际中会规定一个最大长度，当序列长度超过规定长度后会对序列进行截断。

5.3 长短时记忆网络

5.3.1 LSTM 结构

在当前预测位置和相关信息之间的文本间隔不断增大时，简单循环神经网络有可能会丧失学习距离如此远的信息的能力，或者在复杂语言场景中，有用信息的间隔有大有小、长短不一，循环神经网络的性能也会受到限制。

长短时记忆模型[5]的设计就是为了解决这个问题。LSTM 结构的循环神经网络比标准的循环神经网络表现更好。与单一 tanh 循环体结构不同，LSTM 是一种拥有 3 个“门”结构的特殊网络结构。

LSTM 靠一些“门”结构让信息有选择性地影响循环神经网络中每个时刻的状态。所谓“门”结构就是一个使用 Sigmoid 神经网络和一个按位做乘法的操作，这两个操作合在一起就是一个“门”结构。使用 Sigmoid 作为激活函数的全连接神经网络层会输出一个 0～1 之间的数值，描述当前输入有多少信息量可以通过这个结构。当门打开时，Sigmoid 神经网络层的输出为 1，全部信息都可以通过；当门关上时，Sigmoid 神经网络层的输出为 0，任何信息都无法通过。

图 5-4 中遗忘门和输入门可以使神经网络更有效地保存长期记忆。遗忘门的作用是让循环神经网络忘记之前没有用的信息。遗忘门会根据当前输入 $\boldsymbol{x}_t$ 和上一时刻输出 $\boldsymbol{h}_{t-1}$ 决定哪一部分记忆需要被遗忘。

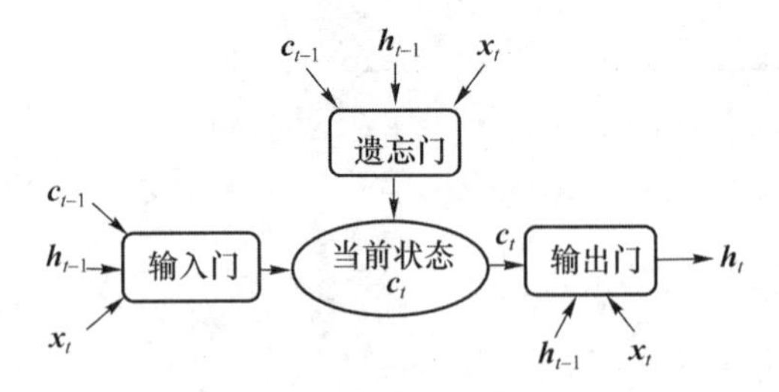

图 5-4 LSTM 单元结构示意图

① 假设状态 c 的维度为 n。遗忘门会根据当前输入 $\boldsymbol{x}_t$ 和上一时刻输出 $\boldsymbol{h}_{t-1}$ 计算一个维度为 n 的向量 $\boldsymbol{f}=\text{sigmoid}(\boldsymbol{W}_1\boldsymbol{x}+\boldsymbol{W}_2\boldsymbol{h})$，它的每一维度上的值都在(0,1)范围内，再将上一时刻的状态 $\boldsymbol{c}_{t-1}$ 与向量 $\boldsymbol{f}$ 按位相乘，那么 $\boldsymbol{f}$ 取值接近 0 的维度上的信息就会被“忘记”，而 $\boldsymbol{f}$ 取值接近 1 的维度上的信息就会被保留。比如，模型发现某地原来是绿水蓝天，后来被污染了，于是在看到被污染之后，循环神经网络应该“忘记”之前绿水蓝天的状态。

② 在循环网络“忘记”了部分之前的状态后，它还需要从当前的输入补充最新的记忆。这个过程由输入门完成。输入门会根据 $\boldsymbol{x}_t$ 和 $\boldsymbol{h}_{t-1}$ 决定哪些信息加入状态 $\boldsymbol{c}_{t-1}$ 中生成新的状态 $\boldsymbol{c}_t$。比如，模型发觉环境被污染之后，需要将这个信息写入新的状态。

③ LSTM 结构在计算得到新的状态 $\boldsymbol{c}_t$ 后，需要产生当前时刻的输出，这个过程由输出门完成。输出门会根据最新的状态 $\boldsymbol{c}_t$、上一时刻的输出 $\boldsymbol{h}_{t-1}$ 和当前的输入 $\boldsymbol{x}_t$ 来决定该时刻的输出 $\boldsymbol{h}_t$。

比如，当前的状态为被污染，那么“天空的颜色”后面的单词很有可能是“灰色的”。

5.3.2 LSTM 前向计算

LSTM 每个“门”的公式具体定义如下。

输入值：$\boldsymbol{z}=\tanh(W_z[\boldsymbol{h}_{t-1},\boldsymbol{x}_t])$。

输入门：$\boldsymbol{i}=\mathrm{sigmoid}(W_i[\boldsymbol{h}_{t-1},\boldsymbol{x}_t])$。

遗忘门：$\boldsymbol{f}=\mathrm{sigmoid}(W_f[\boldsymbol{h}_{t-1},\boldsymbol{x}_t])$。

输出门：$\boldsymbol{o}=\mathrm{sigmoid}(W_o[\boldsymbol{h}_{t-1},\boldsymbol{x}_t])$。

新状态：$\boldsymbol{c}_t=\boldsymbol{f}\cdot\boldsymbol{c}_{t-1}+\boldsymbol{i}\cdot\boldsymbol{z}$。

输出：$\boldsymbol{h}_t=\boldsymbol{o}\cdot\tanh\boldsymbol{c}_t$。

其中 W_z、W_i、W_f、W_o 是 4 个维度为$[2n,n]$的参数矩阵。

以下示例代码展示了在 TensorFlow 中实现使用 LSTM 结构的循环神经网络的前向传播过程。

```
    #定义一个 LSTM 结构。在 TensorFLow 中通过一句简单的命令就可以实现一个完整的LSTM 结构。LSTM 中使用的变量也会在该函数中自动被声明
    lstm = tf.nn.rnn.cell.BasicLSTMCell(lstm_hidden_size)
    #将 LSTM 中的状态初始化为全 0 数组。BasicLSTMCell 类提供了 zero_state 函数来生成全 0 初始状态。state 是一个包含两个张量的 LSTMStateTuple 类，其中 state.c 和 state.h 分别对应了上述 c 状态和 h 状态。和其他神经网络类似，在优化循环神经网络时，每次也会使用一个 batch 的训练样本。在以下代码中，batch_size 给出了一个 batch 的大小
    state = lstm.zero_state(batch_size,tf.float32)
    #定义损失函数
    loss = 0.0
    #虽然在测试时循环神经网络可以处理任意长度的序列，但是在训练中为了将循环神经网络展开成前馈神经网络，我们需要知道训练数据的序列长度。在以下代码中，用 num_steps 来表示这个长度。后面会介绍使用 dynamic_rnn 动态处理变长序列的方法
    for i in range(num_steps):
        #在第一时刻声明 LSTM 结构中使用的变量，在之后的时刻都需要复用之前定义好的变量
        if i>0:
            tf.get_variable_scpoe.reuse_variables()
```

```
#每一步处理时间序列中的一个时刻。将当前输入 current_input 和前一时刻状态
  state(h_t-1 和 c_t-1)传入定义
#LSTM 结构可以得到当前 LSTM 的输出 lstm_output(ht)和更新后状态 state(ht 和
  ct)。lstm_output 用于输出给其他层,state 用于输出给下一时刻,它们在 drop-
  out 等方面可以有不同的处理方式
lstm_output,state = lstm(current_input,state)
#将当前时刻 LSTM 结构的输出传入一个全连接层,得到最后的输出
final_output = fully_connected(lstm_output)
#计算当前时刻输出的损失
loss += calc_loss(final_output,expected_output)
#使用常规神经网络的方法训练模型
```

5.3.3 实验:利用 LSTM 模型生成古诗

1. 实验内容介绍

基于 TensorFlow 构建两层的 RNN,采用 4 万多首唐诗作为训练数据,实现可以写古诗的 AI demo。

2. 实验步骤

① 古诗清洗,过滤较长或较短古诗,过滤既非五言也非七言古诗,为每个字生成唯一的数字 ID,每首古诗都用数字 ID 表示。

② 两层 RNN 网络模型,采用 LSTM 模型。

③ 训练 LSTM 模型。

④ 生成古诗,随机取一个汉字,根据该汉字生成一首古诗。

3. 实验文件及代码

(1) 清洗数据:generate_poetry. py

直接从该网址下载训练数据:http://tensorflow-1253675457. cosgz. myqcloud. com/poetry/poetry。

数据预处理的基本思路如下。

- 数据中的每首唐诗都以"["开头,以"]"结尾,后续生成古诗时,根据"[" 随机取一个字,根据"]"判断是否结束。
- 两种词袋:"汉字 => 数字"与"数字 => 汉字"。根据第一个词袋将每首古诗都转换为数字表示。

诗歌的生成是根据上一个汉字生成下一个汉字,所以 x_batch 和 y_batch 的 shape 是相同的,y_batch 是 x_batch 中每一位向前循环移动一位。前面介绍了每首唐诗都以"["开头,以"]"结尾,在这里体现出了好处,"]"的下一个一定是"["(即一首诗结束下一首诗开始)。具体可以看下面的例子:

```
x_batch:['[', 12, 23, 34, 45, 56, 67, 78, ']']
y_batch:[12, 23, 34, 45, 56, 67, 78, ']', '[']
```

在/home/ubuntu 目录下创建源文件 generate_poetry.py,文件详细编码可在此地址下载:https://github.com/zlanngao/deeplearning/blob/master/5.3.3/generate_poetry.py。

在终端执行以下操作。

• 启动 python:

```
python
```

• 构建数据:

```
from generate_poetry import Poetry
p = Poetry()
```

• 查看第一首唐诗的数字表示([查看输出 1]):

```
print(p.poetry_vectors[0])
```

• 根据 ID 查看对应的汉字([查看输出 2]):

```
print(p.id_to_word[1101])
```

• 根据汉字查看对应的数字([查看输出 3]):

```
print(p.word_to_id[u"寒"])
```

• 查看 x_batch、y_batch([查看输出 4]):

```
x_batch, y_batch = p.next_batch(1)
x_batch
y_batch
```

输出 1:

```
[1, 1101, 5413, 3437, 1416, 555, 5932, 1965, 5029, 5798, 889, 1357, 3, 397, 5567,
5576, 1285, 2143, 5932, 1985, 5449, 5332, 4092, 2198, 3, 3314, 2102, 5483, 1940, 3475,
5932, 3750, 2467, 3863, 1913, 4110, 3, 4081, 3081, 397, 5432, 542, 5932, 3737, 2157,
1254, 4205, 2082, 3, 2]
```

输出 2:

```
寒
```

输出 3:

```
1101
```

输出 4：

```
x_batch [ 1, 1101, 5413, 3437, 1416, 555, 5932, 1965, 5029, 5798, 889, 1357, 3, 397, 5567, 5576, 1285, 2143, 5932, 1985, 5449, 5332, 4092, 2198, 3, 3314, 2102, 5483, 1940, 3475, 5932, 3750, 2467, 3863, 1913, 4110, 3, 4081, 3081, 397, 5432, 542, 5932, 3737, 2157, 1254, 4205, 2082, 3, 2]
y_batch [1101, 5413, 3437, 1416, 555, 5932, 1965, 5029, 5798, 889, 1357, 3, 397, 5567, 5576, 1285, 2143, 5932, 1985, 5449, 5332, 4092, 2198, 3, 3314, 2102, 5483, 1940, 3475, 5932, 3750, 2467, 3863, 1913, 4110, 3, 4081, 3081, 397, 5432, 542, 5932, 3737, 2157, 1254, 4205, 2082, 3, 2, 1]
```

(2) LSTM 模型学习：poetry_model. py

在模型训练过程中，需要对每个字都进行向量化，embedding 的作用是按照 inputs 顺序返回 embedding 中的对应行，类似：

```
import numpy as np
embedding = np.random.random([100, 10])
inputs = np.array([7, 17, 27, 37])
print(embedding[inputs])
```

在/home/ubuntu 目录下创建源文件 poetry_model. py，文件详细编码可在此地址下载：https://github.com/zlanngao/deeplearning/blob/master/5.3.3/poetry_model.py。

(3) 训练 LSTM 模型：train_poetry. py

每批次采用 50 首唐诗进行训练，训练 40 000 次后，损失函数基本保持不变，GPU 大概需要 2 个小时。当然也可以调整循环次数，节省训练时间，或者直接下载已经训练好的模型。

```
wget http://tensorflow-1253675457.cosgz.myqcloud.com/poetry/poetry_model.zip
unzip poetry_model.zip
```

在 /home/ubuntu 目录下创建源文件 train_poetry. py，文件详细编码可在此地址下载：https://github.com/zlanngao/deeplearning/blob/master/5.3.3/train_poetry.py。

然后执行（如果已下载模型，可以省略此步骤）：

```
cd /home/ubuntu;
python train_poetry.py
```

执行结果：

```
step:0 loss:8.692488
step:1 loss:8.685234
step:2 loss:8.674787
step:3 loss:8.642109
step:4 loss:8.533745
step:5 loss:8.155352
step:6 loss:7.797368
step:7 loss:7.635432
step:8 loss:7.254006
```

```
step:9 loss:7.075273
step:10 loss:6.606557
step:11 loss:6.284406
step:12 loss:6.197527
step:13 loss:6.022724
step:14 loss:5.539262
step:15 loss:5.285880
step:16 loss:4.625040
step:17 loss:5.167739
```

(4) 模型测试:predict_poetry.py

根据"["随机取一个汉字,作为生成古诗的第一个字,遇到"]"结束。

在/home/ubuntu目录下创建源文件predict_poetry.py,文件详细编码可在此地址下载:https://github.com/zlanngao/deeplearning/blob/master/5.3.3/predict_poetry.py。

然后执行:

```
cd /home/ubuntu;
python predict_poetry.py
```

执行结果:

```
风雨满风吹日夜,不同秋草不归情。山风欲见寒山水,山外寒流雨半风。夜日春光犹见远,一时相思独伤情。自应未肯为心客,独与江南去故乡。
```

每次执行生成的古诗都不一样,可以多执行几次,查看实验结果。

5.4　循环神经网络的其他变形及应用

5.4.1　GRU

GRU通过引入重置门和遗忘门来解决长期依赖问题,相对于LSTM有更少参数并且在某些问题上效果更好[7]。GRU示意如图5-5所示。

1. 重置门

$$\boldsymbol{r}_t=\sigma(\boldsymbol{W}^r\boldsymbol{x}_t+\boldsymbol{U}^r\boldsymbol{h}_{t-1})$$

如果重置门关闭,会忽略掉历史状态,即与历史不相干的信息不会影响未来的输出。

2. 遗忘门

$$\boldsymbol{z}_t=\sigma(\boldsymbol{W}^z\boldsymbol{x}_t+\boldsymbol{U}^z\boldsymbol{h}_{t-1})$$

遗忘门能够控制历史信息对当前输出的影响,如果遗忘门接近1,此时会把历史信息传递下去。

3. 节点状态

$$\widetilde{\boldsymbol{h}}_t=\tanh(\boldsymbol{W}\boldsymbol{x}_t+\boldsymbol{r}_t\circ\boldsymbol{U}\boldsymbol{h}_{t-1})$$

4. 输出

$$\boldsymbol{h}_t = \boldsymbol{z}_t \circ \boldsymbol{U}\boldsymbol{h}_{t-1} + (1-\boldsymbol{z}_t) \circ \boldsymbol{h}_t$$

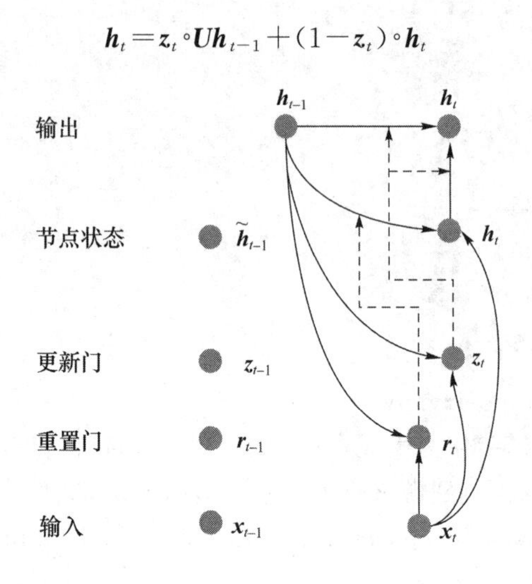

图 5-5　GRU 示意图

5.4.2　序列到序列模型

序列到序列(Seq2Seq)模型是循环神经网络的升级版,其联合了两个循环神经网络。一个循环神经网络负责接收源句子;另一个循环神经网络负责将句子输出成翻译的语言。翻译的每句话的输入长度和输出长度一般来讲都是不同的,而序列到序列的网络结构的优势在于不同长度的输入序列能够得到任意长度的输出序列。使用序列到序列模型,首先将一句话的所有内容压缩成一个内容向量,然后通过一个循环网络不断地将内容提取出来,形成一句新的话。

Seq2Seq 模型可以解决很多不定长输入到输出的变换问题,等价于编码和解码模型,即在编码阶段将不定长输入编码成定长向量;在解码阶段对输出进行解码。序列到序列模型示意如图 5-6 所示。

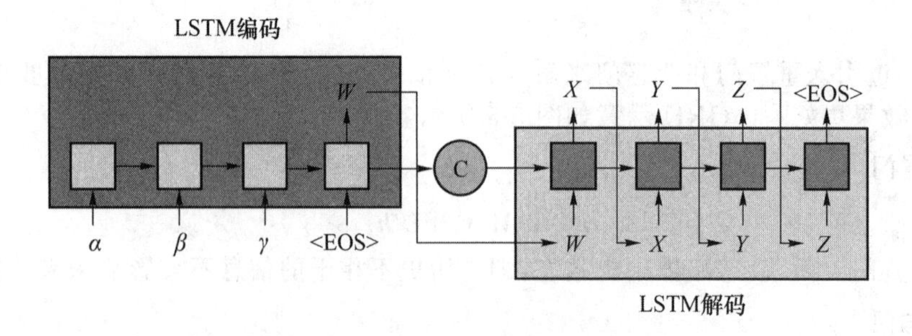

图 5-6　序列到序列模型示意图

① α、β、γ 是输入序列,W、X、Y、Z 是输出序列,EOS 是结束符号。

② 模型分为两个阶段。

a. 编码(encode)阶段。该阶段将输入序列编码成一个定长维度的向量。编码过程实际上使用了循环神经网络记忆的功能,通过上下文的序列关系,将词向量依次输入网络。对于循环神经网络，每一次网络都会输出一个结果，但是编码的不同之处在于，其只保留最后一个隐藏状态，相当于将整句话浓缩在一起，将其存为一个内容向量(context)，供后面的解码器(decoder)使用。

b. 解码(decode)阶段。根据编码后向量预测输出向量。解码和编码网络结构几乎是一样的，唯一不同的是在解码过程中，是根据前面的结果来得到后面的结果。编码过程中输入一句话，这一句话就是一个序列，而且这个序列中的每个词都是已知的，而解码过程相当于什么也不知道，首先需要一个标识符表示一句话的开始，然后接着将其输入网络得到第一个输出，作为这句话的第一个词，接着将得到的第一个词作为网络的下一个输入，将得到的输出作为第二个词，不断循环，通过这种方式来得到最后网络输出的一句话。

③ 编码过程，可以使用标准的 RNN 模型，最后输出一个固定长度的向量 $\boldsymbol{c}$，例如：

$$\boldsymbol{h}_t = f(\boldsymbol{W}^{hx}\boldsymbol{x}_t + \boldsymbol{W}^{hh}\boldsymbol{h}_{t-1})$$

$$\boldsymbol{y}_t = \boldsymbol{W}^{hy}\boldsymbol{h}_t$$

④ 解码过程，也可以使用一个标准的 RNN 模型进行解码，例如 RNN-LM：

$$p(\boldsymbol{y}_1, \boldsymbol{y}_2, \cdots, \boldsymbol{y}_M \mid \boldsymbol{x}_1, \boldsymbol{x}_2, \cdots, \boldsymbol{x}_N) = \prod_{t=1}^{M} P(\boldsymbol{y}_t \mid \boldsymbol{c}, \boldsymbol{y}_1, \boldsymbol{y}_2, \cdots, \boldsymbol{y}_{t-1})$$

其中，$\boldsymbol{c}$ 为编码后的定长向量。

5.4.3 实验：基于 Seq2Seq 模型的聊天机器人

1. 实验内容介绍

基于 TensorFlow 构建 Seq2Seq 模型，并加入 Attention 机制，encoder 和 decoder 为 3 层的 RNN 网络[8]。

2. 实验步骤

① 清洗数据，提取 ask 数据和 answer 数据，提取词典，为每个字生成唯一的数字 ID，ask 和 answer 用数字 ID 表示。

② TensorFlow 中 Translate Demo，由于出现 deepcopy 错误，这里对 Seq2Seq 稍微改动了一下。

③ 训练 Seq2Seq 模型。

④ 进行聊天。

3. 实验文件及代码

(1) 清洗数据：generate_chat. py

可以从以下网址获取训练数据：http://devlab-1251520893. cos. ap-guangzhou. myqcloud. com/chat. conv。

数据清洗的思路如下。

- 原始数据中，每次对话都是以 M 开头的，前一行是 E ，并且每次对话都是一问一答的形式。将原始数据分为 ask、answer 两份数据。
- 两种词袋："汉字 => 数字"和"数字 => 汉字"。根据第一个词袋将 ask、answer 数据转换为数字表示。
- answer 数据每句都添加 EOS 作为结束符号。

示例代码为/home/ubuntu/generate_chat. py、generate_chat. py，文件详细编码可在此地址下载：https://github. com/zlanngao/deeplearning/blob/master/5. 4. 3/generate_chat. py。

可以在终端中一步一步地执行下面的命令来生成数据。

• 启动 python：

```
cd /home/ubuntu/
python
from generate_chat import *
```

• 获取 ask、answer 数据并生成字典：get_chatbot()。

```
train_encode——用于训练的 ask 数据；
train_decode——用于训练的 answer 数据；
test_encode——用于验证的 ask 数据；
test_decode——用于验证的 answer 数据；
vocab_encode——ask 数据词典；
vocab_decode——answer 数据词典。
```

• 训练数据转换为数字表示：get_vectors()。

```
train_encode_vec——用于训练的 ask 数据数字表示形式；
train_decode_vec——用于训练的 answer 数据数字表示形式；
test_encode_vec——用于验证的 ask 数据；
test_decode_vec——用于验证的 answer 数据。
```

(2) 模型学习：seq2seq. py、seq2seq_model. py

采用 translate 的 model，实验过程中会发现 deepcopy 出现 NotImplementedType 错误，所以对 translate 中的 seq2seq 做了改动。

在/home/ubuntu 目录下创建源文件 seq2seq. py，文件详细编码可在此地址下载：https://github. com/zlanngao/deeplearning/blob/master/5. 4. 3/seq2seq. py。

在/home/ubuntu 目录下创建源文件 seq2seq_model. py，文件详细编码可在此地址下载：https://github. com/zlanngao/deeplearning/blob/master/5. 4. 3/seq2seq_model. py。

(3) 训练模型：train_chat. py

训练 30 万次后，损失函数基本保持不变，单个 GPU 大概需要 17 个小时，如果采用 CPU 进行训练，大概需要 3 天。在训练过程中可以调整循环次数，体验下训练过程，可以直接下载已经训练好的模型。

在/home/ubuntu 目录下创建源文件 train_chat. py，文件详细编码可在此地址下载：https://github. com/zlanngao/deeplearning/blob/master/5. 4. 3/train_chat. py。

然后执行：

```
cd /home/ubuntu;
python train_chat.py
```

执行结果：

```
step:311991,loss:0.000332
step:311992,loss:0.000199
step:311993,loss:0.000600
step:311994,loss:0.001900
step:311995,loss:0.018695
step:311996,loss:0.000945
step:311997,loss:0.000517
step:311998,loss:0.000530
step:311999,loss:0.001020
step:312000,per_loss:0.000672
step:312000,loss:0.000276
step:312001,loss:0.000332
step:312002,loss:0.003255
step:312003,loss:0.000452
step:312004,loss:0.000553
```

下载已有模型：

```
wget http://tensorflow-1253675457.cosgz.myqcloud.com/chat/chat_model.zip
unzip -o chat_model.zip
```

(4) 聊天测试：predict_chat. py

利用训练好的模型，我们可以开始聊天了。训练数据有限只能进行简单的对话，提问最好参考训练数据，否则效果不理想。

在/home/ubuntu 目录下创建源文件 predict_chat. py，文件详细编码可在此地址下载：https://github. com/zlanngao/deeplearning/blob/master/5. 4. 3/predict_chat. py。

然后执行(需要耐心等待几分钟)：

```
cd /home/ubuntu
python predict_chat.py
```

执行结果：

```
ask >你好
answer >你好呀
ask >我是谁
answer >哈哈，大屌丝，地地眼
```

5.5　递归神经网络

前文介绍了循环神经网络，它可以用来处理包含序列结构的信息。然而，除此之外，信息往往还存在着诸如树结构、图结构等更复杂的结构。对于这种复杂的结构，循环神经网络就无能为力了。为此，本章介绍一种更为强大、复杂的神经网络：递归神经网络(Recursive Neural

Network，RNN)以及它的训练算法 BPTS(Back Propagation Through Structure)。

巧合的是，递归神经网络的缩写和循环神经网络一样，也是 RNN，但是在研究的时候千万不要混淆。递归神经网络可以处理诸如树、图这样的递归结构。在本节的最后部分，我们将实现一个递归神经网络，并介绍它的几个应用场景。

递归神经网络于 1990 年被提出，被视为循环神经网络的推广[9]。当递归神经网络的每个父节点都仅与一个子节点连接时，其结构等价于全连接的循环神经网络[10]。递归神经网络可以引入门控机制(gated mechanism)，以学习长距离依赖[10]。

因为神经网络的输入层单元个数是固定的，因此必须用循环或者递归的方式来处理长度可变的输入。循环神经网络实现了前者，通过将长度不定的输入分割为等长度的小块，然后再依次输入到网络中，从而实现了神经网络对变长输入的处理。一个典型的例子是，当我们处理一句话的时候，我们可以把这句话看作词组成的序列，然后，每次向循环神经网络输入一个词，如此循环直至整句话输入完毕，循环神经网络将产生对应的输出。如此，我们就能处理任意长度的句子了，如图 5-7 所示。

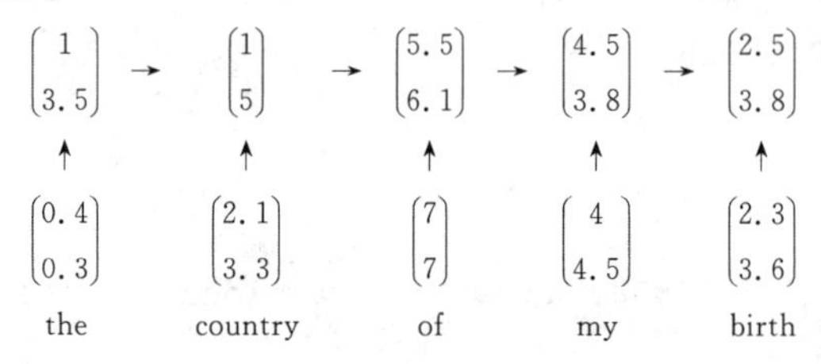

图 5-7　循环神经网络处理句子

然而，有时候把句子看作词的序列是不够的，比如图 5-8 所示的这句话“两个外语学院的学生”。

图 5-8 显示了这句话的两个不同的语法解析树，可以看出来这句话有歧义，不同的语法解析树则对应了不同的意思。一个是“两个外语学院的/学生”，也就是学生可能有许多，但他们来自两个外语学院；另一个是“两个/外语学院的学生”，也就是只有两个学生，他们都是外语学院的。为了能够让模型区分出两个不同的意思，我们的模型必须能够按照树结构去处理信息，而不是序列，这就是递归神经网络的作用。当面对按照树/图结构处理信息更有效的任务时，递归神经网络通常都会获得不错的结果。

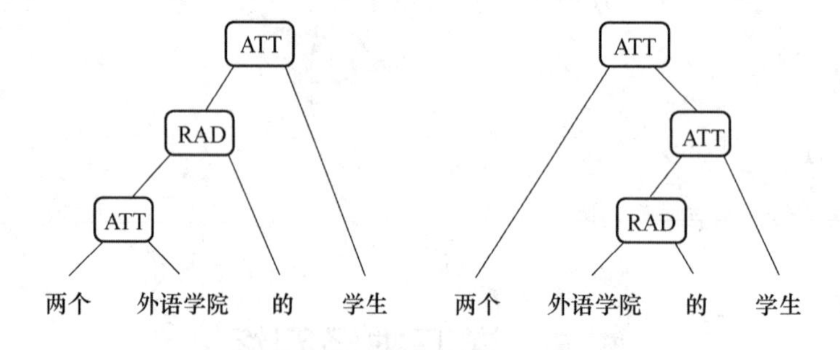

图 5-8　不同的语义解析树

递归神经网络可以把一个树/图结构信息编码为一个向量，也就是把信息映射到一个语义向量空间中。这个语义向量空间满足某类性质，比如语义相似的向量距离更近。也就是说，如果两句话(尽管内容不同)的意思是相似的，那么把它们分别编码后的两个向量的距离也相近；

反之，如果两句话的意思截然不同，那么编码后向量的距离则很远，如图 5-9 所示。

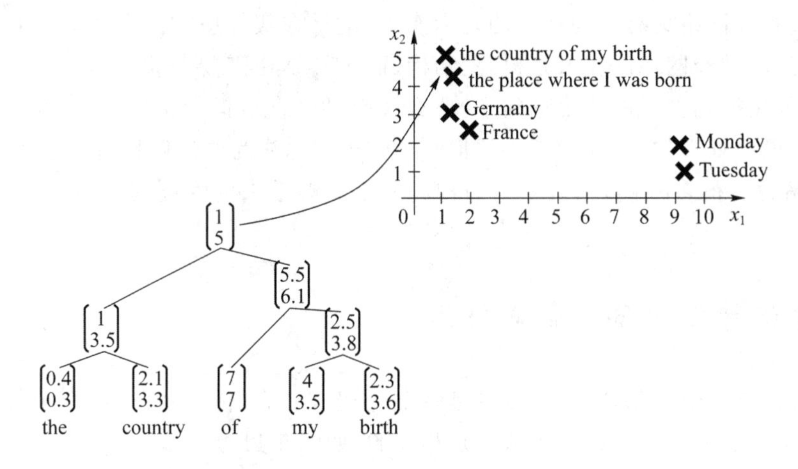

图 5-9　含义相近的句子的向量表示

从图 5-9 我们可以看出，递归神经网络将所有的词、句都映射到一个 2 维向量空间中。句子“the country of my birth”和“the place where I was born”的意思是非常接近的，所以表示它们的两个向量在向量空间中的距离很近。另外两个词“Germany”和“France”因为表示的都是地点，所以它们的向量与上面两句话的向量的距离，就比另外两个表示时间的词“Monday”和“Tuesday”的向量的距离近得多。这样通过向量的距离就得到了一种语义的表示。

图 5-9 还显示了自然语言可组合的性质：词可以组成句，句可以组成段落，段落可以组成篇章，而更高层的语义取决于底层的语义以及它们的组合方式。递归神经网络是一种表示学习，它可以将词、句、段、篇等按照它们的语义映射到同一个向量空间中，也就是把可组合（树/图结构）的信息表示为一个个有意义的向量。比如上面这个例子，递归神经网络把句子“the country of my birth”表示为二维向量[1,5]。有了这个“编码器”之后，我们就可以这些有意义的向量为基础去完成更高级的任务（比如情感分析等）。如图 5-10 所示，递归神经网络在做情感分析时，可以比较好地处理否定句，这是胜过其他一些模型的。

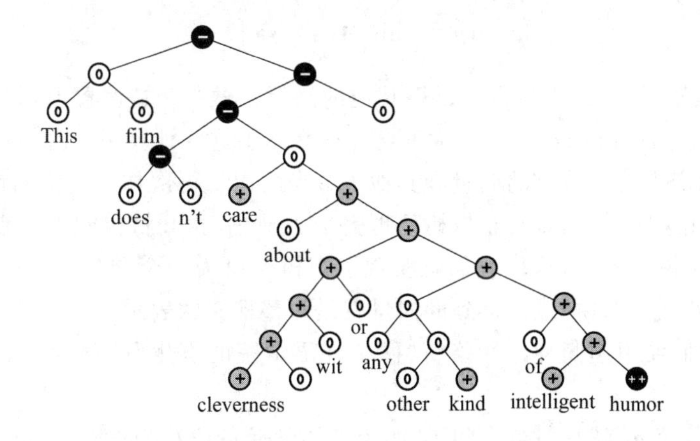

图 5-10　利用递归神经网络做情感分析

在图 5-10 中，灰色表示正面评价，黑色表示负面评价。每个节点都是一个向量，这个向量表达了以它为根的子树的情感评价。比如“intelligent humor”是正面评价，而“care about cleverness，wit or any other kind of intelligent humor”是中性评价。我们可以看出，模型能够正确地处理 doesn't 的含义，将正面评价转变为负面评价。

尽管递归神经网络具有更为强大的表示能力，但是在实际应用中并不太流行。其中一个主要原因是，递归神经网络的输入是树/图结构，而这种结构需要花费很多人工去标注。想象一下，如果我们用循环神经网络处理句子，那么我们可以直接把句子作为输入。然而，如果我们用递归神经网络处理句子，我们就必须把每个句子都标注为语法解析树的形式，这无疑要花费非常大的精力。很多时候，相对于递归神经网络能够带来的性能提升，这个投入是不太划算的。

5.5.1 递归神经网络的前向计算

递归神经网络的输入是两个(也可以是多个)子节点，输出就是将这两个子节点编码后产生的父节点，父节点的维度和每个子节点是相同的，如图 5-11 所示。

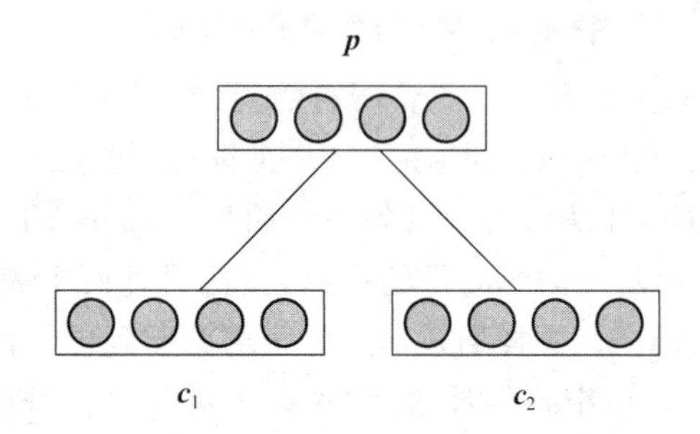

图 5-11　全连接神经网络

$\boldsymbol{c}_1$ 和 $\boldsymbol{c}_2$ 分别是表示两个子节点的向量，$\boldsymbol{p}$ 是表示父节点的向量。子节点和父节点组成一个全连接神经网络，也就是子节点的每个神经元都和父节点的每个神经元两两相连。我们用矩阵表示这些连接上的权重，它的维度是 $d\times 2d$，其中，d 表示每个节点的维度。父节点的计算公式可以写成

$$\boldsymbol{p}=\tanh\left(\boldsymbol{W}\begin{bmatrix}\boldsymbol{c}_1\\ \boldsymbol{c}_2\end{bmatrix}+\boldsymbol{b}\right) \tag{5-1}$$

在上式中，tanh 是激活函数(当然也可以用其他的激活函数)，$\boldsymbol{b}$ 是偏置项，它也是一个维度为 d 的向量。如果读过前面的章节，相信大家已经非常熟悉这些计算了，在此不做过多的解释。

然后，我们把产生的父节点的向量和其他子节点的向量再次作为网络的输入，再次产生它们的父节点。如此递归下去，直至整棵树处理完毕。最终，我们将得到根节点的向量，我们可以认为它是对整棵树的表示，这样我们就实现了把树映射为一个向量。在图 5-12 中，我们使用递归神经网络处理一棵树，最终得到的向量就是对整棵树的表示。

举个例子，我们使用递归神经网络将“两个外语学院的学生”映射为一个向量，如图 5-13 所示。

最后得到的向量 $\boldsymbol{p}_3$ 就是对整个句子“两个外语学院的学生”的表示。由于整个结构是递归的，不仅是根节点，事实上每个节点都是以其为根的子树的表示。比如，在图 5-13(a)所示的这棵树中，向量 $\boldsymbol{p}_2$ 是短语“外语学院的学生”的表示，而向量 $\boldsymbol{p}_1$ 是短语“外语学院的”的表示。

式(5-1)就是递归神经网络的前向计算方法。它和全连接神经网络的计算没有什么区

别，只是在输入的过程中需要根据输入的树结构依次输入每个子节点。

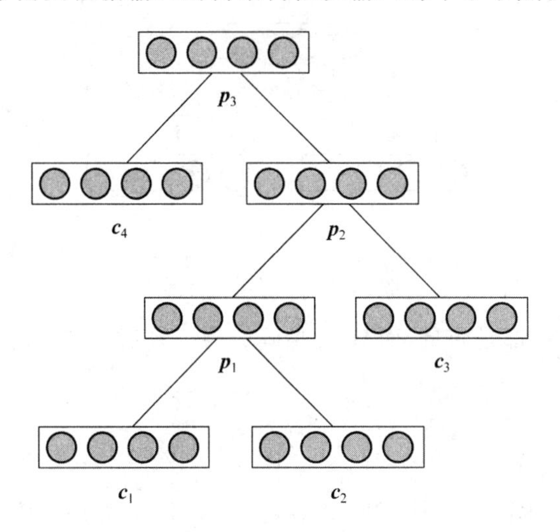

图 5-12　递归神经网络表示为树形结构

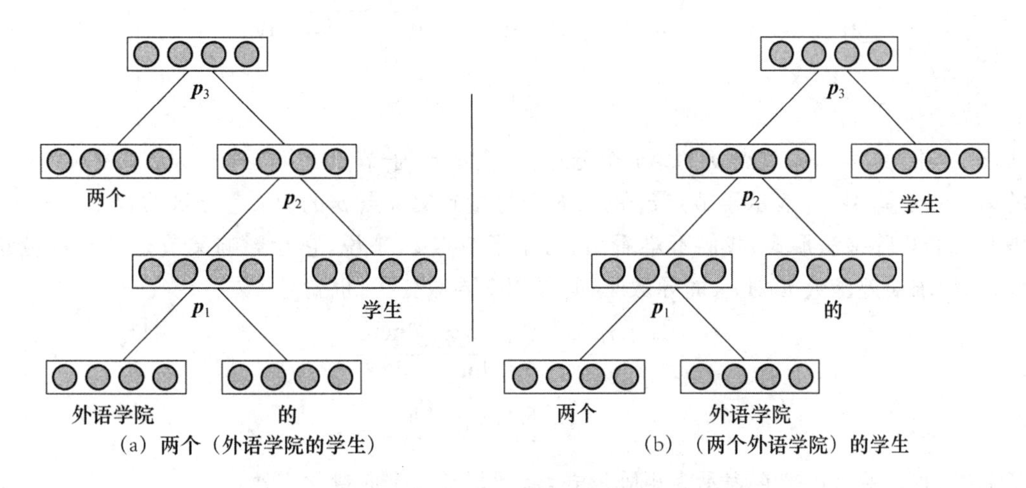

图 5-13　递归神经网络表示的不同含义句子的树形结构

需要特别注意的是，递归神经网络的权重 $\boldsymbol{W}$ 和偏置项 $\boldsymbol{b}$ 在所有的节点都是共享的。

5.5.2　递归神经网络的训练

递归神经网络的训练算法和循环神经网络类似，两者不同之处在于，前者需要将残差从根节点反向传播到各个子节点，而后者将残差从当前时刻反向传播到初始时刻。

下面我们介绍适用于递归神经网络的训练算法，也就是 BPTS 算法。

首先，我们推导将误差从父节点传递到子节点的公式，如图 5-14 所示。

定义 $\boldsymbol{\delta}_p$ 为误差函数 $\boldsymbol{E}$ 相对于父节点的加权输入 $\mathbf{net}_p$ 的导数，即 $\boldsymbol{\delta}_p \stackrel{\Delta}{=} \frac{\partial E}{\partial \mathbf{net}_p}$。

设 $\mathbf{net}_p$ 是父节点的加权输入，则

$$\mathbf{net}_p = \boldsymbol{W}\begin{pmatrix}\boldsymbol{c}_1 \\ \boldsymbol{c}_2\end{pmatrix} + \boldsymbol{b}$$

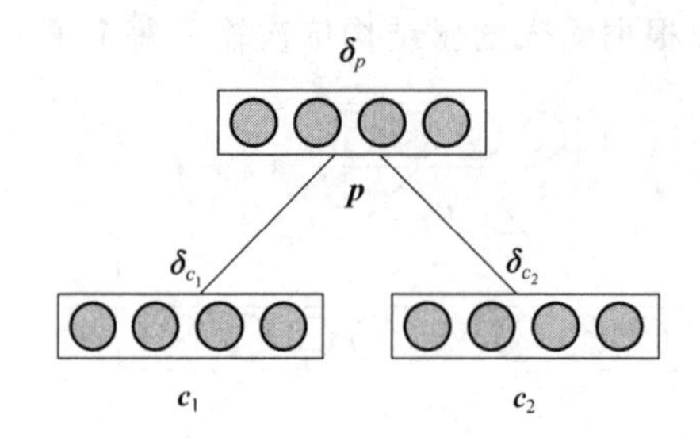

图 5-14　首层误差传递

在上述式子里，$\mathbf{net}_p$、$\boldsymbol{c}_1$、$\boldsymbol{c}_2$ 都是向量，而 $\boldsymbol{W}$ 是矩阵。为了看清楚它们的关系，我们将其展开：

$$\begin{pmatrix}\mathbf{net}_{p_1}\\ \mathbf{net}_{p_2}\\ \vdots \\ \mathbf{net}_{p_n}\end{pmatrix}=\begin{pmatrix}W_{p_1c_{11}} & W_{p_1c_{12}} & \cdots & W_{p_1c_{1n}} & W_{p_1c_{21}} & W_{p_1c_{22}} & \cdots & W_{p_1c_{2n}}\\ W_{p_2c_{11}} & W_{p_2c_{12}} & \cdots & W_{p_2c_{1n}} & W_{p_2c_{21}} & W_{p_2c_{22}} & \cdots & W_{p_2c_{2n}}\\ \vdots & \vdots & & \vdots & \vdots & \vdots & & \vdots\\ W_{p_nc_{11}} & W_{p_nc_{12}} & \cdots & W_{p_nc_{1n}} & W_{p_nc_{21}} & W_{p_nc_{22}} & \cdots & W_{p_nc_{2n}}\end{pmatrix}\begin{pmatrix}c_{11}\\ c_{12}\\ \vdots \\ c_{1n}\\ c_{21}\\ c_{22}\\ \vdots \\ c_{2n}\end{pmatrix}+\begin{pmatrix}b_1\\ b_2\\ \vdots \\ b_n\end{pmatrix} \tag{5-2}$$

在式(5-2)中，p_i 表示父节点 $\boldsymbol{p}$ 的第 i 个分量；c_{1i} 表示 $\boldsymbol{c}_1$ 子节点的第 i 个分量；c_{2i} 表示 c_2 子节点的第 i 个分量；$W_{p_ic_{jk}}$ 表示子节点 $\boldsymbol{c}_j$ 的第 k 个分量到父节点 p 的第 i 个分量的权重。根据上面展开后的矩阵乘法形式，我们不难看出，对于子节点 c_{jk} 来说，它会影响父节点所有的分量。因此，我们求误差函数 E 对 c_{jk} 的导数时，必须用全导数公式，也就是

$$\begin{aligned}\frac{\partial E}{\partial c_{jk}} &= \sum_i \frac{\partial E}{\partial \mathbf{net}_{p_i}} \frac{\partial \mathbf{net}_{p_i}}{\partial c_{jk}} \\ &= \sum_i \delta_{p_i} W_{p_ic_{jk}}\end{aligned} \tag{5-3}$$

有了上式，我们就可以把它表示为矩阵形式，从而得到一个向量化表达：

$$\frac{\partial E}{\partial \boldsymbol{c}_j}=\boldsymbol{U}_j\boldsymbol{\delta}_p$$

其中，矩阵 $\boldsymbol{U}_j$ 是从矩阵 $\boldsymbol{W}$ 中提取部分元素组成的矩阵。其单元为

$$U_{j_{ik}}=W_{p_kc_{ji}}$$

上式看上去可能较难理解，从图 5-15 中，我们可以直接看出 $\boldsymbol{U}_j$ 到底是什么。首先我们把 $\boldsymbol{W}$ 矩阵拆分为两个矩阵 $\boldsymbol{W}_1$ 和 $\boldsymbol{W}_2$，如图 5-15 所示。

$$\boldsymbol{W}=\left(\overbrace{\begin{array}{|cccc|}\hline W_{p_1c_{11}} & W_{p_1c_{12}} & \cdots & W_{p_1c_{1n}}\\ W_{p_2c_{11}} & W_{p_2c_{12}} & \cdots & W_{p_2c_{1n}}\\ \vdots & \vdots & & \vdots\\ W_{p_nc_{11}} & W_{p_nc_{12}} & \cdots & W_{p_nc_{1n}}\\ \hline\end{array}}^{\boldsymbol{W}_1}\;\overbrace{\begin{array}{|cccc|}\hline W_{p_1c_{21}} & W_{p_1c_{22}} & \cdots & W_{p_1c_{2n}}\\ W_{p_2c_{21}} & W_{p_2c_{22}} & \cdots & W_{p_2c_{2n}}\\ \vdots & \vdots & & \vdots\\ W_{p_nc_{21}} & W_{p_nc_{22}} & \cdots & W_{p_nc_{2n}}\\ \hline\end{array}}^{\boldsymbol{W}_2}\right)$$

图 5-15　$\boldsymbol{W}$ 矩阵的拆分

显然，子矩阵 $\boldsymbol{W}_1$ 和 $\boldsymbol{W}_2$ 分别对应子节点 $\boldsymbol{c}_1$ 和 $\boldsymbol{c}_2$ 到父节点 $\boldsymbol{p}$ 的权重，则矩阵 $\boldsymbol{U}_j$ 为

$$\boldsymbol{U}_j = \boldsymbol{W}_j^{\mathrm{T}}$$

也就是说，将误差项反向传递到相应子节点 $\boldsymbol{c}_j$ 的矩阵 $\boldsymbol{U}_j$，就是其对应权重矩阵 $\boldsymbol{W}_j$ 的转置。

现在我们设 $\mathbf{net}_{c_j}$ 是子节点 $\boldsymbol{c}_j$ 的加权输入，f 是子节点 $\boldsymbol{c}$ 的激活函数，则

$$\boldsymbol{c}_j = f(\mathbf{net}_{c_j})$$

这样我们得到

$$\begin{aligned}\boldsymbol{\delta}_{c_j} &= \frac{\partial E}{\partial \mathbf{net}_{c_j}} \\ &= \frac{\partial E}{\partial \boldsymbol{c}_j}\frac{\partial \boldsymbol{c}_j}{\partial \mathbf{net}_{c_j}} \\ &= \boldsymbol{W}_j^{\mathrm{T}}\boldsymbol{\delta}_p \circ f'(\mathbf{net}_{c_j})\end{aligned} \tag{5-4}$$

如果我们将不同子节点 $\boldsymbol{c}_j$ 对应的误差项 $\boldsymbol{\delta}_{c_j}$ 连接成一个向量 $\boldsymbol{\delta}_c = \begin{bmatrix}\boldsymbol{\delta}_{c_1} \\ \boldsymbol{\delta}_{c_2}\end{bmatrix}$。那么，式(5-4)可以写成

$$\boldsymbol{\delta}_c = \boldsymbol{W}^{\mathrm{T}}\boldsymbol{\delta}_p \circ f'(\mathbf{net}_c) \tag{5-5}$$

式(5-5)就是将误差项从父节点传递到其子节点的公式。注意，式(5-5)中的 $\mathbf{net}_c$ 也是将两个子节点的加权输入 $\mathbf{net}_{c_1}$ 和 $\mathbf{net}_{c_2}$ 连在一起的向量。

有了传递一层的公式，我们就不难写出逐层传递的公式。

图 5-16 是在树形结构中反向传递误差项的全景图，反复应用式(5-5)，在已知 $\boldsymbol{\delta}_p^{(3)}$ 的情况下，我们不难算出 $\boldsymbol{\delta}_p^{(1)}$ 为

$$\begin{aligned}\boldsymbol{\delta}^{(2)} &= \boldsymbol{W}^{\mathrm{T}}\boldsymbol{\delta}_p^{(3)} \circ f'(\mathbf{net}^{(2)}) \\ \boldsymbol{\delta}_p^{(2)} &= [\boldsymbol{\delta}^{(2)}]_p \\ \boldsymbol{\delta}^{(1)} &= \boldsymbol{W}^{\mathrm{T}}\boldsymbol{\delta}_p^{(2)} \circ f'(\mathbf{net}^{(1)}) \\ \boldsymbol{\delta}_p^{(1)} &= [\boldsymbol{\delta}^{(1)}]_p\end{aligned}$$

在上面的公式中，$\boldsymbol{\delta}^{(2)} = \begin{bmatrix}\boldsymbol{\delta}_c^{(2)} \\ \boldsymbol{\delta}_p^{(2)}\end{bmatrix}$，$[\boldsymbol{\delta}^{(2)}]_p$ 表示取向量 $\boldsymbol{\delta}^{(2)}$ 属于节点 $\boldsymbol{p}$ 的部分。

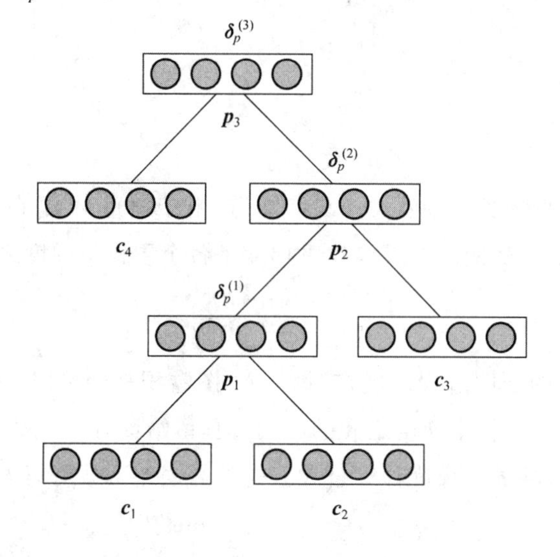

图 5-16　反向误差传递全景图

5.5.3 权重梯度的计算及权重更新

根据加权输入的计算公式：

$$\mathbf{net}_p^{(l)}=\boldsymbol{W}\boldsymbol{c}^{(l)}+\boldsymbol{b}$$

其中，$\mathbf{net}_p^{(l)}$ 表示第 l 层的父节点的加权输入，$\boldsymbol{c}^{(l)}$ 表示第 l 层的子节点，$\boldsymbol{W}$ 是权重矩阵，$\boldsymbol{b}$ 是偏置项。将其展开可得

$$\mathbf{net}_{p_j}^{(l)}=\sum_i W_{ji}c_i^{(l)}+\boldsymbol{b}_j$$

那么，我们可以求得误差函数在第 l 层对权重的梯度为

$$\begin{aligned}\frac{\partial E}{\partial W_{ji}^{(l)}}&=\frac{\partial E}{\partial \mathbf{net}_{p_j}^{(l)}}\frac{\partial \mathbf{net}_{p_j}^{(l)}}{\partial W_{ji}^{(l)}}\\&=\delta_{p_j}^{(l)}c_i^{(l)}\end{aligned}$$

上式是针对一个权重项 W_{ji} 的公式，现在需要把它扩展为对所有的权重项的公式。我们可以把上式写成矩阵的形式，如在下面的公式中，设 $m=2n$：

$$\begin{aligned}\frac{\partial E}{\partial \boldsymbol{W}^{(l)}}&=\begin{pmatrix}\frac{\partial E}{\partial W_{11}^{(l)}} & \frac{\partial E}{\partial W_{12}^{(l)}} & \cdots & \frac{\partial E}{\partial W_{1m}^{(l)}}\\ \frac{\partial E}{\partial W_{21}^{(l)}} & \frac{\partial E}{\partial W_{22}^{(l)}} & \cdots & \frac{\partial E}{\partial W_{2m}^{(l)}}\\ \vdots & \vdots & & \vdots\\ \frac{\partial E}{\partial W_{n1}^{(l)}} & \frac{\partial E}{\partial W_{n2}^{(l)}} & \cdots & \frac{\partial E}{\partial W_{nm}^{(l)}}\end{pmatrix}\\&=\begin{pmatrix}\delta_{p_1}^{(l)}c_1^{(l)} & \delta_{p_1}^{(l)}c_2^{(l)} & \cdots & \delta_{p_1}^{(l)}c_m^{(l)}\\ \delta_{p_2}^{(l)}c_1^{(l)} & \delta_{p_2}^{(l)}c_2^{(l)} & \cdots & \delta_{p_2}^{(l)}c_m^{(l)}\\ \vdots & \vdots & & \vdots\\ \delta_{p_n}^{(l)}c_1^{(l)} & \delta_{p_n}^{(l)}c_2^{(l)} & \cdots & \delta_{p_n}^{(l)}c_m^{(l)}\end{pmatrix}\\&=\boldsymbol{\delta}^{(l)}(\boldsymbol{c}^{(l)})^{\mathrm{T}}\end{aligned}$$

上式就是第 l 层权重项的梯度计算公式。我们知道，由于权重 $\boldsymbol{W}$ 是在所有层共享的，所以和循环神经网络一样，递归神经网络的最终权重梯度是各个层权重梯度之和，即

$$\frac{\partial E}{\partial \boldsymbol{W}}=\sum_l \frac{\partial E}{\partial \boldsymbol{W}^{(l)}} \tag{5-6}$$

因为循环神经网络的证明过程已经在“第 4 章 图卷积神经网络”中给出，因此，递归神经网络的最终权重梯度是各层权重梯度之和的证明过程留给读者。

接下来，我们求偏置项 $\boldsymbol{b}$ 的梯度计算公式。先计算误差函数对第 l 层偏置项 $\boldsymbol{b}^{(l)}$ 的梯度：

$$\begin{aligned}\frac{\partial E}{\partial b_j^{(l)}}&=\frac{\partial E}{\partial \mathbf{net}_{p_j}^{(l)}}\frac{\partial \mathbf{net}_{p_j}^{(l)}}{\partial b_j^{(l)}}\\&=\delta_{p_j}^{(l)}\end{aligned}$$

把上式扩展为矩阵的形式：

$$\frac{\partial E}{\partial \boldsymbol{b}^{(l)}}=\begin{pmatrix}\frac{\partial E}{\partial b_1^{(l)}}\\ \frac{\partial E}{\partial b_2^{(l)}}\\ \vdots\\ \frac{\partial E}{\partial b_n^{(l)}}\end{pmatrix}=\begin{pmatrix}\delta_{p_1}^{(l)}\\ \delta_{p_2}^{(l)}\\ \vdots\\ \delta_{p_n}^{(l)}\end{pmatrix}=\boldsymbol{\delta}_p^{(l)} \tag{5-7}$$

式(5-7)是第 l 层偏置项的梯度，那么最终的偏置项梯度是各个层偏置项梯度之和，即

$$\frac{\partial E}{\partial \boldsymbol{b}}=\sum_l \frac{\partial E}{\partial \boldsymbol{b}^{(l)}} \tag{5-8}$$

如果使用梯度下降优化算法，那么权重更新公式为

$$\boldsymbol{W}\leftarrow \boldsymbol{b}+\eta\frac{\partial E}{\partial \boldsymbol{W}}$$

其中，η 是学习速率常数。把式(5-6)带入上式，即可完成权重的更新。同理，偏置项的更新公式为

$$\boldsymbol{b}\leftarrow \boldsymbol{b}+\eta\frac{\partial E}{\partial \boldsymbol{b}}$$

把式(5-8)带入上式，即可完成偏置项的更新。这就是递归神经网络的训练算法 BPTS。

本章小结

本章首先引入递归神经网络与循环神经网络的概念，接着详细地介绍了循环神经网络的前向计算方法和其重要的改进算法 LSTM 与 Seq2Seq 模型，并在此基础上配套典型的实践案例，辅以可靠的数据源和完整的程序代码，在最后一节介绍了递归神经网络的计算方法。

课后习题

一、选择题

1. 给定一个长度为 n 的不完整单词序列，我们希望预测下一个字母是什么。比如，输入是“predictio”(由 9 个字母组成)，希望预测第十个字母是什么。下面哪个神经网络结构适用于解决这个问题？(　　)

A. 前馈神经网络　　　　B. 卷积神经网络

C. 全连接神经网络　　　D. RNN/LSTM

2. 下面关于深度学习网络结构的描述,正确的是哪个?(　　)

A. 网络结构的层次越深,其学习的特征越多,10 层的结构要优于 5 层的

B. 网络的层次越深,其训练时间越久,5 层的网络要比 4 层的训练时间更长

C. 在不同的网络结构中,层数与神经元数量正相关,层数越多,神经元数量一定越多

D. 在深层网络结构中,学习到的特征一般与神经元的数量有关,也与样本的特征多寡相关

3. 如果训练(RNN)神经网络使用的学习率太高,可能会出现什么结果?(　　)

A. 网络将收敛

B. 网络将无法收敛

C. 网络很快达到训练目标

D. 训练过程中代价函数的振荡

4. 下面的神经网络的相关概念,说法错误的是哪些?(　　)

A. 对激活函数的输出结果进行范围限定,有助于梯度平稳下降,而 ReLU 输出范围无限的函数会导致梯度消失问题

B. ReLU 函数中所有负值均被截断为结果 0,从而导致特征丢失,可适当调高学习率避免此类情况

C. 在神经网络训练中,动态调整学习率,综合考虑当前点的梯度、最近几次训练误差的降低情况等效果更好

D. 随机梯度下降(SGD)法每次更新只随机取一个样本,按照固定学习率计算梯度,所以速度较快

5. 下列可以用于构造情感词典的方法中,不恰当的是(　　)。

A. 以 HowNet 为基础,并利用情感种子词典扩充

B. 以 WordNet 为基础,并利用情感种子词典扩充

C. 构建种子词典,从网络语料扩充

D. 以停用词表为基础,并利用情感种子词典扩充

6. 关于文档的向量表示模型,对于深度学习中的词向量表示模型和传统的单纯基于词频向量表示方法的区别的描述,错误的是(　　)。

A. 传统文档的表示一般采用词袋 BOW 模型,表示为高维向量

B. 传统方法中词向量表示模型存在一个突出问题,就是“词汇鸿沟”现象

C. 深度学习中的词向量表示模型存在的一个突出问题,就是“词汇鸿沟”现象

D. 深度学习中的词向量表示模型通常是一种低维度向量

二、填空题

1. 循环神经网络的时刻越多(长跨度),越容易产生________,导致网络的一些神经网络权值难以修正。

2. Word2Vec 需要利用较大规模的语料进行训练。其基本原理是,词语的语义通过________信息来确定,即相同语境的词其语义也相近。

3. 递归神经网络父节点的向量通过利用组合函数 g 由其孩子节点的向量得到。此时,通

过乘以适当的参数矩阵，可以使得不同长度和句法类型的句子其组合词向量的维度都________。

4. 机器翻译作为一种序列数据，将输入文本作为一个序列读取，读完全文后输出目标语言。这是输入序列和输出序列________的一个例子。

5. 视频分类中的视频输入是一系列帧，对于每一帧，在输出中提供分类标签。这是输入序列和输出序列________的一个例子。

6. 传统的循环神经网络容易出现________与________的问题，因此目前比较常用的一般是 LSTM 及其变种。

三、简答题

1. 循环神经网络适合哪些应用领域？

2. 循环神经网络和递归神经网络如何区分和理解？

第6章　深度置信网络

深度置信网络(Deep Belief Network,DBN)是概率统计学与机器学习和神经网络的融合,由多个带有数值的层组成,其中层与层之间存在关系,而数值之间没有关系。深度置信网络的主要目标是帮助系统将数据分类到不同的类别。深度置信网络可以定义为一系列堆叠起来的受限玻尔兹曼机(Restricted Boltzmann Machine,RBM),每个RBM层都与其前后层之间进行通信。单个层中的节点之间不会横向通信。DBN可以直接用于处理无监督学习中的未标记数据聚类问题,也可以在RBM层的堆叠结构最后加上一个多分类(softmax)层来构成分类器。

6.1　受限玻尔兹曼机

6.1.1　引言

受限玻尔兹曼机最初是在1986年由Paul Smolensky提出的,在Geoffrey Hinton和合作者于2005年左右为其发明了快速学习的算法之后,RBM得以进一步发展。RBM可用于降维、分类、回归、协同过滤、特征学习和主题建模。根据任务,RBM可用于监督学习或无监督学习。要了解受限玻尔兹曼机,首先需要了解什么是玻尔兹曼机。

6.1.2　玻尔兹曼机

玻尔兹曼机(Boltzmann Machine,BM)是由Hinton和Sejnowski提出的一种随机递归神经网络,可以看作一种随机生成的Hopfield递归神经网络,是能够通过学习数据的固有内在表示解决困难学习问题的最早的人工神经网络之一,因样本分布遵循玻尔兹曼分布而命名为BM。BM的原理起源于统计物理学,是一种基于能量函数的建模方法,能够描述变量之间的高阶相互作用,BM的学习算法较复杂,但所建模型和学习算法有比较完备的物理解释和严格的数理统计理论作基础。BM是一种对称耦合的随机反馈型二值单元神经网络,由可视层和多个隐层组成,网络节点分为可视单元(visible unit)和隐单元(hidden unit),用可视单元和隐单元来表达随机网络与随机环境的学习模型,通过权值表达单元之间的相关性。

一个BM可以表示为带权重的无向图,如图6-1所示。

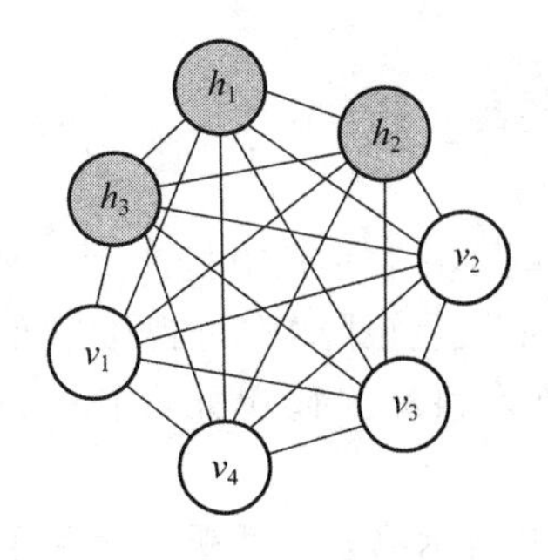

图 6-1　BM 结构图

由图 6-1 可以看出 BM 的结构为层间、层内全连接。由于每个节点都是二值的，所以一共有 2^n 个状态，对于一个节点 x_i，其值为 1 的时候表示这个节点是"on"，其值为 0 的时候表示这个节点是"off"。与 Hopfield 网络不同，玻尔兹曼机节点是随机的。而 BM 的能量形式与 Hopfield 网络的形式相同，如下式：

$$E = \left(-\sum_{i<j} w_{ij} s_i s_j + \sum_{i} \theta_i s_i\right) \tag{6-1}$$

其中，w_{ij} 为节点 i 和 j 之间的连接权重；s_i 为节点 i 的状态，其值为 0 或 1；θ_i 为节点 i 的偏置。

BM 的全局能量差值由每个节点的状态差值产生，由式(6-2)给出：

$$\Delta E_i = E_{i=0} - E_{i=1} \tag{6-2}$$

6.1.3　受限玻尔兹曼机的定义

受限玻尔兹曼机是玻尔兹曼机的一种变体，区别于玻尔兹曼机，受限玻尔兹曼机可视节点和隐含节点之间存在连接，而隐含节点两两之间以及可视节点两两之间不存在连接，也就是层间全连接，层内无连接。

受限玻尔兹曼机从本质上可以看作一个二分图模型，也可看作一个马尔可夫随机场(Markov Random Field，MRF)。一个 RBM 主要由随机的可视节点构成的可视层($\boldsymbol{v}$)（一般是伯努利分布或高斯分布）和随机的隐藏节点构成的隐藏层($\boldsymbol{h}$)（一般是伯努利分布）所组成，如图 6-2 所示。$\boldsymbol{h}$ 节点均为二值单元，$\boldsymbol{v}$ 可以是二值单元，也可以不是。同一层的单元之间没有连接，也就是说 $\boldsymbol{v}$ 层单元之间彼此独立，$\boldsymbol{h}$ 层单元之间同样独立。$\boldsymbol{v}$ 层单元和 $\boldsymbol{h}$ 层单元则是通过权值 $\boldsymbol{W}$ 全连接的。所有可视层节点和隐藏层节点都有两种状态：处于激活状态时值为 1，处于未被激活状态时值为 0。这里的 0 和 1 状态的意义是代表了模型会选取哪些节点来使用，处于激活状态的节点被使用，未处于激活状态的节点未被使用。节点的激活概率由可视层和隐藏层节点的分布函数计算。

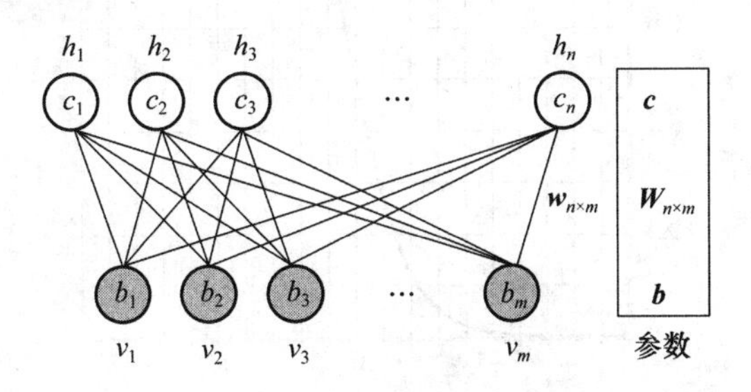

图 6-2　受限玻尔兹曼机的网络结构

6.1.4 RBM 参数学习

在 RBM 中，$\boldsymbol{v}$ 表示所有可视单元，$\boldsymbol{h}$ 表示所有隐单元。要想确定该模型，只要能够得到模型的参数 $\theta=\{\boldsymbol{W},\boldsymbol{A},\boldsymbol{B}\}$ 即可，分别是权重矩阵 $\boldsymbol{W}$、可视层单元偏置 $\boldsymbol{A}$、隐藏层单元偏置 $\boldsymbol{B}$。

假设一个 RBM 有 n 个可视单元和 m 个隐单元，用 v_i 表示第 i 个可视单元，用 h_i 表示第 i 个隐单元，它的参数形式为：

① $\boldsymbol{W}=\{w_{ij}\in\mathbb{R}_{n\times m}\}$，其中 w_{ij} 表示第 i 个可视单元和第 j 个隐单元之间的权值；

② $\boldsymbol{A}=\{a_i\in\mathbb{R}_m\}$，其中 a_i 表示第 i 个可视单元的偏置阈值；

③ $\boldsymbol{B}=\{b_j\in\mathbb{R}_n\}$，其中 b_j 表示第 j 个可视单元的偏置阈值。

对于一组给定状态下的$(\boldsymbol{v},\boldsymbol{h})$值，假设可视层单元和隐藏层单元均服从伯努利分布，RBM 的能量公式标识为

$$E(\boldsymbol{v},\boldsymbol{h};\theta)=-\frac{1}{2}\boldsymbol{v}^{\mathrm{T}}\boldsymbol{W}\boldsymbol{h}-\boldsymbol{v}^{\mathrm{T}}\boldsymbol{b}-\boldsymbol{h}^{\mathrm{T}}\boldsymbol{c} \tag{6-3}$$

其中，$\boldsymbol{v}$ 为可视层单元，$\boldsymbol{h}$ 为隐藏层单元，$\boldsymbol{W}$ 为可视层与隐藏层之间的连接权值，$\boldsymbol{b}$ 为隐藏层的偏差，$\boldsymbol{c}$ 为可视层的偏差，$\theta=\{\boldsymbol{W},\boldsymbol{b},\boldsymbol{c}\}$为系统参数。于是，再给定输入数据 $\boldsymbol{v}$ 下模型的概率，为

$$p(\boldsymbol{v};\theta)=\frac{p^{*}(\boldsymbol{v};\theta)}{Z(\theta)}=\frac{1}{Z(\theta)}\sum_{h}\exp(-E(\boldsymbol{v},\boldsymbol{h};\theta))$$

$$Z(\theta)=\sum_{\boldsymbol{v}}\sum_{\boldsymbol{h}}\exp(-E(\boldsymbol{v},\boldsymbol{h};\theta)) \tag{6-4}$$

其中，$p^{*}(\boldsymbol{v};\theta)$为未规范化概率，$Z(\theta)$是划分函数，即模型中所有 $\boldsymbol{v}$ 和 $\boldsymbol{h}$ 的分布和。此时 $\boldsymbol{v}$ 和 $\boldsymbol{h}$ 的条件概率分别如下。

① 在给定可视单元的状态时，各隐藏层单元的激活状态之间是条件独立的。此时，第 j 个隐单元的激活概率为

$$p(h_j=1\mid\boldsymbol{v})=\sigma\left(\sum_{i=1}^{p}w_{ji}v_i\right) \tag{6-5}$$

② 相应地，当给定隐单元的状态时，可视单元的激活概率同样是条件独立的：

$$p(v_i=1\mid\boldsymbol{h})=\sigma\left(\sum_{j=1}^{p}w_{ji}h_j\right) \tag{6-6}$$

这里 $\sigma(x)=\dfrac{1}{1+\exp(-x)}$是 Sigmoid 函数，其函数曲线如图 6-3 所示。

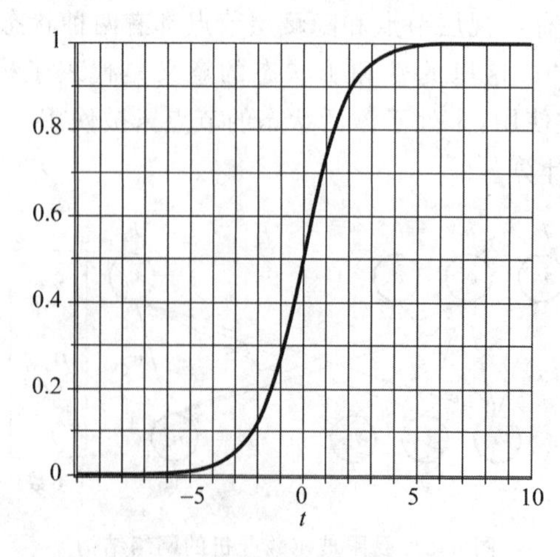

图 6-3　Sigmoid 函数曲线

Sigmoid 函数的函数值处于 0～1 之间，该值即节点的激活概率。

6.1.5　RBM 模型参数求解

RBM 模型需要求解模型的参数 $\theta=\{w_{ij},a_i,b_j\}$，下面围绕参数的求解进行分析。

使用对数似然函数对参数求导：

$$\frac{\partial \ln P(\boldsymbol{v}^s)}{\partial a_i}=v_i^s-\sum_{\boldsymbol{v}}P(\boldsymbol{v})v_i \tag{6-7}$$

从 $P(\boldsymbol{v}\mid\theta)=\frac{1}{Z(\theta)}\sum_h \mathrm{e}^{-E(\boldsymbol{v},\boldsymbol{h}|\theta)}$ 可知，能量 E 和概率 P 成反比，通过最大化 P 来最小化 E。最大化似然函数的常用方法是梯度上升法，梯度上升法是指按照以下公式对参数进行修改：

$$\theta=\theta+\mu\frac{\partial \ln P(\boldsymbol{v})}{\partial \theta} \tag{6-8}$$

求 $\ln P(\boldsymbol{v})$ 关于 θ 的导数，即 $\Delta\theta$，然后对原 θ 值进行修改。如此迭代使似然函数 P 最大，从而使能量 E 最小。对数似然函数的格式为 $\ln P(\boldsymbol{v}^s)$，$\boldsymbol{v}^s$ 表示模型的输入数据，此处先对单个样本进行分析，即 $\boldsymbol{v}^s$ 为数据集中第 s 个样本。

然后对 $\{w_{ij},a_i,b_j\}$ 里的参数分别进行求导：

$$\begin{cases}\dfrac{\partial \ln P(\boldsymbol{v}^s)}{\partial w_{ij}}=P(h_i=1\mid\boldsymbol{v}^s)v_j^s-\sum\limits_{\boldsymbol{v}}P(v)P(h_i=1\mid\boldsymbol{v})v_j\\ \dfrac{\partial \ln P(\boldsymbol{v}^s)}{\partial w_{ij}}=\boldsymbol{v}_i^s-\sum\limits_{\boldsymbol{v}}P(\boldsymbol{v})v_i\\ \dfrac{\partial \ln P(\boldsymbol{v}^s)}{\partial b_i}=P(h_i=1\mid\boldsymbol{v}^s)-\sum\limits_{\boldsymbol{v}}P(\boldsymbol{v})P(h_i=1\mid\boldsymbol{v})\end{cases} \tag{6-9}$$

由于上面 3 式的第二项中都含有 $P(\boldsymbol{v})$，$P(\boldsymbol{v})$ 中仍然含有参数，所以它是式中求不出来的。所以，有人就提出了通过采样逼近的方法来求解每一个式子中的第二项，如 Gibbs 采样法。

6.1.6　RBM 模型训练算法

通过常规的马尔可夫链蒙特卡罗(Markov Chain Monte Carlo，MCMC)采样法来估计上面公式的未知项十分缓慢，最大的原因在于需要经过很多步的状态转换才能保证采集到的样本符合目标分布。为了让 RBM 拟合训练样本的分布，可以使用马尔可夫链蒙特卡罗方法的状态作为训练样本的起点，这样做的好处是只需要很少次数的状态转换就可以达到 RBM 的分布。目前，对比散度(Contrastive Divergence，CD)算法(Hinton，2002)已成为训练 RBM 的标准算法，具体如下。

k 步 CD(CD-k)算法具体可描述为：对 $\forall\,\boldsymbol{v}\in S$，取初始值 $v^{(0)}:=v$，然后执行 k 次采样，$t=1,2,3,\cdots,k$，利用 $P(h|v^{t-1})$ 采样出 $h^{(t-1)}$，利用 $P(v|h^{(t-1)})$ 采样出 $v^{(t)}$；接着，利用 k 次采样后得到的 $v^{(k)}$ 来估计式(6-9)中的 3 个公式，即

$$\frac{\partial \ln P(\boldsymbol{v}^t)}{\partial w_{ij}},\quad \frac{\partial \ln P(\boldsymbol{v}^t)}{\partial a_i},\quad \frac{\partial \ln P(\boldsymbol{v}^t)}{\partial b_i}$$

具体为

$$\frac{\partial \ln P(\boldsymbol{v})}{\partial w_{ij}}\approx P(h_i=1|\boldsymbol{v}^{(0)})v_j^{(0)}-P(h_i=1|\boldsymbol{v}^{(k)})v_j^{(k)}$$

$$\frac{\partial \ln P(\boldsymbol{v})}{\partial a_i} \approx v_i^{(0)} - v_i^{(k)}$$

$$\frac{\partial \ln P(\boldsymbol{v})}{\partial b_i} \approx P(h_i = 1 \mid \boldsymbol{v}^{(0)}) - P(h_i = 1 \mid \boldsymbol{v}^{(k)}) \tag{6-10}$$

至此,梯度计算公式就变得具体可算了。

6.1.7 RBM模型评估

对于已经学习或者正在学习的RBM,评价其优劣的指标为重构误差(reconstruction error),重构误差即以训练样本作为初始状态,经过RBM的分布进行一次Gibbs转移后与原数据的差异量,具体如下。

```
Error = 0                              //初始化误差
for all v(t),t∈{1,2,…,T} do            //对每个训练样本v(t)进行以下计算
    h~P(·|v(t))                        //对隐藏层采样
    v~P(·|h)                           //对可视层采样
    Error = Error + ‖v - v(t)‖         //累计当前误差
end for
return Error                           //返回总误差
```

重构误差能在一定程度上反映RBM对训练样本的似然度,不过并不完全可靠。但其计算较简单,在实践中非常有用。

6.2 深度置信网络概述

6.2.1 引言

在深层神经网络中,如果仍采用BP的思想,就得到了BP深层网络结构,即BP-DNN结构。由于隐藏层数较多(通常在两层以上),ΔW、Δb自顶而下逐层衰减,等传播到最底层的隐藏层时,ΔW、Δb就几乎为零了。如此训练,效率太低,需要进行很长时间的训练才行,并且容易产生局部最优问题。

因此,便有了一些对BP-DNN进行改进的方法,例如,采用ReLU的激活函数来代替传统的Sigmoid函数,可以有效地提高训练的速度。此外,除了随机梯度下降的反向传播算法,还可以采用一些其他的高效优化算法,例如小批量梯度下降(mini-batch gradient descent)算法、冲量梯度下降算法等,也有利于改善训练的效率问题。

2006年,Hinton提出了逐层贪婪预训练受限玻尔兹曼机的方法,大大地提高了训练的效率,并且很好地改善了局部最优的问题,开启了深度神经网络发展的新时代。Hinton将这种基于玻尔兹曼机预训练的结构称为深度置信网络(Deep Belief Network,DBN)结构。用深度置信网络构建而成的DNN结构即DBN-DNN结构。

深度置信网络是一种有向图模型,其目标是在观察到数据的情况下,通过调整变量之间的

权值，推导出隐含变量的状态。通常情况下，DBN 的顶部两层可以看作一个 RBM，而最高层以下的网络则可以看作有向 Sigmoid 置信网络(Sigmoid belief network)。

6.2.2 DBN-DNN 结构

一个典型的两隐藏层 DBN 的联合概率分布可以表示为

$$p(\boldsymbol{v},\boldsymbol{h}^1,\boldsymbol{h}^2,\theta)=p(\boldsymbol{v}|\boldsymbol{h}^1;\boldsymbol{W}^1)p(\boldsymbol{h}^1,\boldsymbol{h}^2;\boldsymbol{W}^2) \tag{6-11}$$

其中，$\theta=\{\boldsymbol{W}^1,\boldsymbol{W}^2\}$是模型参数，$\boldsymbol{W}^1$ 表示可视层 $\boldsymbol{v}$ 和第一隐藏层 $\boldsymbol{h}^1$ 之间的连接权值，$\boldsymbol{W}^2$ 表示第一隐藏层 $\boldsymbol{h}^1$ 和第二隐藏层 $\boldsymbol{h}^2$ 之间的连接权值，$p(\boldsymbol{v}|\boldsymbol{h}^1;\boldsymbol{W}^1)$是有向 Sigmoid 置信网络的概率分布，$p(\boldsymbol{h}^1,\boldsymbol{h}^2;\boldsymbol{W}^2)$是顶层 RBM 的联合概率分布。因此模型的目标是建立对输入数据的最大似然估计。

下面以三层隐藏层结构的 DBN-DNN 为例，如图 6-4 所示。该网络一共由 3 个受限玻尔兹曼机单元堆叠而成，其中 RBM 一共有两层，上层为隐层，下层为显层。堆叠 DNN 时，前一个 RBM 的输出层(隐层)作为下一个 RBM 的输入层(显层)，依次堆叠，便构成了基本的 DBN 结构，最后再添加一层输出层，就是最终的 DBN-DNN 结构。

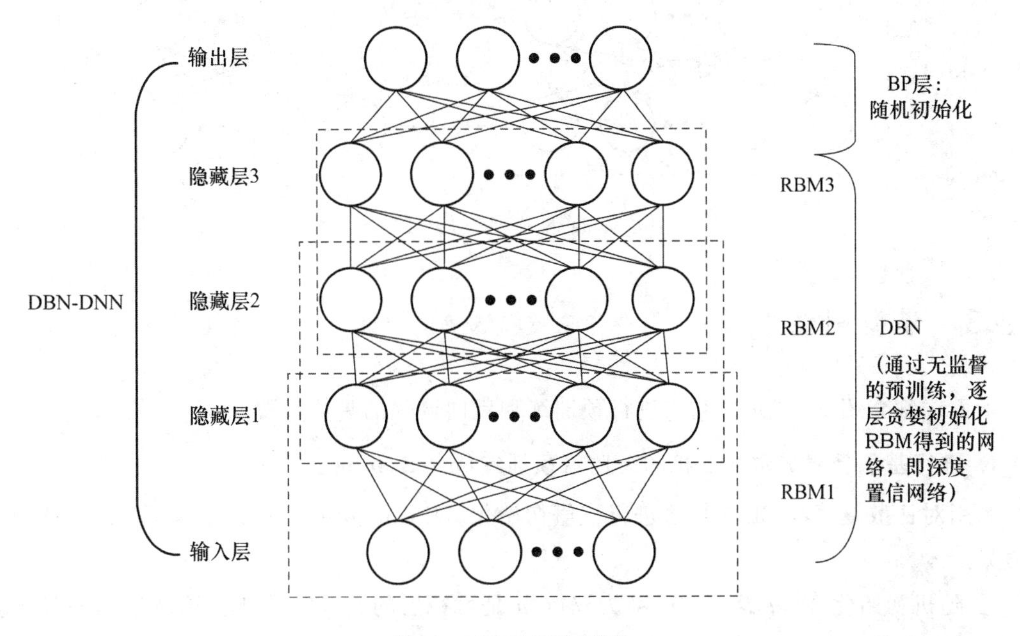

图 6-4　DBN-DNN 结构

受限玻尔兹曼机是一种具有随机性的生成神经网络结构，它本质上是一种由具有随机性的一层可视神经元和一层隐藏神经元所构成的无向图模型。它只有在隐藏层和可视层神经元之间有连接，可视层神经元之间以及隐藏层神经元之间都没有连接。并且隐藏层神经元通常取二进制并服从伯努利分布，可视层神经元可以根据输入的类型取二进制或者实数值。

进一步地，根据可视层($\boldsymbol{v}$)和隐藏层($\boldsymbol{h}$)的取值不同，可将 RBM 分成两大类，如果 $\boldsymbol{v}$ 和 $\boldsymbol{h}$ 都是二值分布，那么就是 Bernoulli-Bernoulli RBM(伯努力-伯努力 RBM)；如果 $\boldsymbol{v}$ 是实数，比如语音特征，$\boldsymbol{h}$ 为二进制，那么则为 Gaussian-Bernoulli RBM(高斯-伯努力 RBM)。因此，图 6-4 中的 RBM1 为高斯-伯努力 RBM，RBM2 和 RBM3 都是伯努力-伯努力 RBM。

基于受限玻尔兹曼机构建的两种模型DBN(深度玻尔兹曼机)和DBM(深度置信网络)如图6-5所示,DBN模型通过叠加RBM进行逐层预训练时,某层的分布只由上一层决定。例如,DBN的$\boldsymbol{v}$层依赖于h_1的分布,h_1只依赖于h_2的分布,也就是说,h_1的分布不受$\boldsymbol{v}$的影响,确定了$\boldsymbol{v}$的分布,h_1的分布只由h_2来确定。而DBM模型为无向图结构,也就是说,DBM的h_1层是由h_2层和$\boldsymbol{v}$层共同决定的,它是双向的。如果从效果来看,DBM结构会比DBN结构具有更好的鲁棒性,但是其求解的复杂度太大,需要将所有的层一起训练,不太利于应用。而DBN结构,如果借用RBM逐层预训练的方法,就方便快捷了很多,便于应用,因此应用得比较广泛。

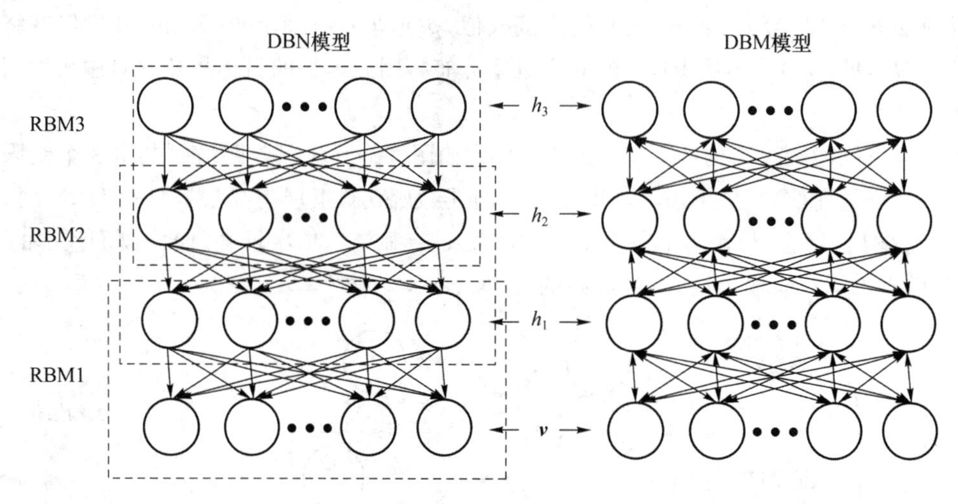

图6-5 DBN模型和DBM模型

6.2.3 模型训练

下面详细介绍一下DBN结构进行预训练和反向调优的具体步骤。

1. 进行基于受限玻尔兹曼机的无监督预训练(pre-training)

利用对比散度算法CD-k算法进行权值初始化,Hinton发现k为1时,就可以有不错的学习效果。

① 随机初始化$\{\boldsymbol{W},\boldsymbol{a},\boldsymbol{b}\}$,其中$\boldsymbol{W}$为权重,$\boldsymbol{a}$是可视层的偏置向量,$\boldsymbol{b}$为隐藏层的偏置向量,随机初始化为较小的数值(可为0)。

$$\boldsymbol{X}=\boldsymbol{v}=\begin{pmatrix}v_1\\v_2\\\vdots\\v_M\end{pmatrix},\quad \boldsymbol{h}=\begin{pmatrix}h_1\\h_2\\\vdots\\h_N\end{pmatrix}$$

$$\boldsymbol{W}=\begin{pmatrix}W_{11} & W_{21} & \cdots & W_{M1}\\W_{12} & W_{22} & \cdots & W_{M2}\\\vdots & \vdots & & \vdots\\W_{1N} & W_{2N} & \cdots & W_{MN}\end{pmatrix}$$

$$\boldsymbol{a}=\begin{pmatrix}a_1\\a_2\\\vdots\\a_M\end{pmatrix},\quad \boldsymbol{b}=\begin{pmatrix}b_1\\b_2\\\vdots\\b_N\end{pmatrix}$$

其中，M 为显元的个数，N 为隐元的个数。$\boldsymbol{W}$ 可初始化为来自正态分布 $N(0,\ 0.01)$ 的随机数，初始化 $a_i=\lg\dfrac{p_i}{1-p_i}$，其中 p_i 表示训练样本中第 i 个样本处于激活状态(即取值为1)所占的比例，而 $\boldsymbol{b}$ 可以直接初始化为0。隐元值和显元值的计算如下：

$$\boldsymbol{h}=\boldsymbol{W}\cdot\boldsymbol{X}+\boldsymbol{b}=\begin{pmatrix}W_{11}\cdot v_1+W_{21}\cdot v_2+\cdots+W_{M1}\cdot v_M\\W_{12}\cdot v_1+W_{22}\cdot v_2+\cdots+W_{M2}\cdot v_M\\\vdots\\W_{1N}\cdot v_1+W_{2N}\cdot v_2+\cdots+W_{MN}\cdot v_M\end{pmatrix}+\begin{pmatrix}b_1\\b_2\\\vdots\\b_N\end{pmatrix}=\begin{pmatrix}h_1\\h_2\\\vdots\\h_N\end{pmatrix}$$

$$\boldsymbol{v}=\boldsymbol{W}^{\mathrm{T}}\cdot\boldsymbol{h}+\boldsymbol{a}=\begin{pmatrix}W_{11}\cdot h_1+W_{12}\cdot h_2+\cdots+W_{1N}\cdot h_N\\W_{21}\cdot h_1+W_{22}\cdot h_2+\cdots+W_{2N}\cdot h_N\\\vdots\\W_{M1}\cdot h_1+W_{M2}\cdot h_2+\cdots+W_{MN}\cdot h_N\end{pmatrix}+\begin{pmatrix}a_1\\a_2\\\vdots\\a_N\end{pmatrix}=\begin{pmatrix}v_1\\v_2\\\vdots\\v_m\end{pmatrix}$$

② 将 $\boldsymbol{X}$ 赋给显层 $v^{(0)}$，计算它使隐层神经元被开启的概率：

$$p(h_j^{(0)}=1\mid\boldsymbol{v}^{(0)})=\sigma(W_j\cdot\boldsymbol{v}^{(0)}+b_j)\tag{6-12}$$

式(6-12)中的上标用于区别不同的向量，下标用于区别同一向量中的不同维。

③ 根据计算的概率分布进行一步Gibbs抽样，对隐藏层中的每个单元从{0，1}中抽取得到相应的值，即 $\boldsymbol{h}^{(0)}\sim p(\boldsymbol{h}^{(0)}\mid\boldsymbol{v}^{(0)})$。详细过程如下：

$$\boldsymbol{h}^{(0)}\sim p(\boldsymbol{h}^{(0)}\mid\boldsymbol{v}^{(0)})$$

首先，产生一个[0,1]上的随机数 r_j，然后确定 h_j 的值如下：

$$h_j=\begin{cases}1, & p(h_j^{(0)}=1\mid\boldsymbol{v}^{(0)})>r_j\\0, & \text{其他}\end{cases}$$

④ 用 $\boldsymbol{h}^{(0)}$ 重构显层，需先计算概率密度，再进行Gibbs抽样：

$$p(v_i^{(1)}=1\mid\boldsymbol{h}^{(0)})=\sigma(\boldsymbol{W}_i^{\mathrm{T}}\boldsymbol{h}^{(0)}+a_i)\ (\text{对于贝叶斯可视层神经元})$$

$$p(v_j^{(1)}=1\mid\boldsymbol{h}^{(0)})=N(\boldsymbol{v}^{(0)};\boldsymbol{W}_i^{\mathrm{T}}\boldsymbol{h}^{(0)}+a_i,\boldsymbol{I})\ (\text{对于高斯可视层神经元})$$

其中，$N(\cdot)$ 表示正态分布函数。

⑤ 根据计算的概率分布，再一次进行一步Gibbs采样，来对显层中的神经元从{0,1}中抽取相应的值来进行采样重构，即 $\boldsymbol{v}^{(1)}\sim p(\boldsymbol{v}^{(1)}\mid\boldsymbol{h}^{(0)})$。首先，产生[0，1]上的随机数 r_i。然后确定 v_i 的值：

$$v_i=\begin{cases}1, & p(v_i^{(1)}=1\mid\boldsymbol{h}^{(0)})>r_i\\0, & \text{其他}\end{cases}$$

⑥ 再次用重构后的显元，计算隐层神经元被开启的概率：

$$p(h_j^{(1)}=1\mid\boldsymbol{v}^{(1)})=\sigma(\boldsymbol{W}_j\boldsymbol{v}^{(1)}+b_j)\ (\text{对于高斯或者贝叶斯可视层神经元})$$

⑦ 更新得到新的权重和偏置：

$$\boldsymbol{W}\leftarrow\boldsymbol{W}+\lambda[p(\boldsymbol{h}^{(0)}=1\mid\boldsymbol{v}^{(0)})\boldsymbol{v}^{(0)\mathrm{T}}-p(\boldsymbol{h}^{(1)}=1\mid\boldsymbol{v}^{(1)}\boldsymbol{v}^{(1)\mathrm{T}})]$$

$$\boldsymbol{b}\leftarrow\boldsymbol{b}+\lambda[p(\boldsymbol{h}^{(0)}=1\mid\boldsymbol{v}^{(0)})-p(\boldsymbol{h}^{(1)}=1\mid\boldsymbol{v}^{(1)})]$$

$$\boldsymbol{a}\leftarrow\boldsymbol{a}+\lambda[\boldsymbol{v}^{(0)}-\boldsymbol{v}^{(1)}]$$

其中，λ 为学习率。

需要说明的是，RBM 的训练实际上是求出一个最能产生训练样本的概率分布。也就是说，要求一个分布，在这个分布里，训练样本的概率最大。由于这个分布的决定性因素在于权值 $\boldsymbol{W}$，所以我们训练的目标就是寻找最佳的权值。

在图 6-5 中，利用 CD 算法进行预训练时，只需要迭代计算 RBM1、RBM2 和 RBM3 3 个单元的 $\boldsymbol{W}$、$\boldsymbol{a}$、$\boldsymbol{b}$ 值，以及最后一个 BP 单元的 $\boldsymbol{W}$ 和 $\boldsymbol{b}$ 值，直接采用随机初始化的值即可。通常，我们把由 RBM1、RBM2 和 RBM3 构成的结构称为 DBN 结构（深度置信网络结构），最后再加上一层输出层（BP 层），便构成了标准型的 DNN 结构：DBN-DNN 结构。

2. 进行有监督的调优训练（fine-tuning）

进行有监督的调优训练时，需要先利用前向传播算法，从输入得到一定的输出值，然后再利用后向传播算法来更新网络的权重值和偏置值。

（1）前向传播算法

① 利用 CD 算法预训练好的 $\boldsymbol{W}$、$\boldsymbol{b}$ 来确定相应隐元的开启和关闭。计算每个隐元的激励值：

$$\boldsymbol{h}^{(l)}=\boldsymbol{W}^{(l)}\cdot\boldsymbol{v}+\boldsymbol{b}^{(l)}$$

其中，l 为神经网络的层数索引。而 $\boldsymbol{W}$ 和 $\boldsymbol{b}$ 的值如下：

$$\boldsymbol{W}=\begin{pmatrix} W_{11} & W_{21} & \cdots & W_{M1} \\ W_{12} & W_{22} & \cdots & W_{M2} \\ \vdots & \vdots & & \vdots \\ W_{1N} & W_{2N} & \cdots & W_{MN} \end{pmatrix},\quad \boldsymbol{b}=\begin{pmatrix} b_1 \\ b_2 \\ \vdots \\ b_N \end{pmatrix}$$

其中，W_{ij} 代表从第 i 个显元到第 j 个隐元的权重，M 代表显元的个数，N 代表隐元的个数。

② 逐层向上传播，一层一层地将隐藏层中每个隐元的激励值计算出来并用 Sigmoid 函数完成标准化，如下：

$$\sigma(h_j)^{(l)}=\frac{1}{1+\mathrm{e}^{-h_j}}$$

当然，上述是以 Sigmoid 函数作为激活函数的标准化过程。

③ 最后计算出输出层的激励值和输出。

$$\boldsymbol{h}^{(l)}=\boldsymbol{W}^{(l)}\cdot\boldsymbol{h}^{(l-1)}+\boldsymbol{b}^{(l)}$$

$$\hat{\boldsymbol{X}}=f(\boldsymbol{h}^{(l)})$$

其中，输出层的激活函数为 $f(\cdot)$，$\hat{\boldsymbol{X}}$为输出层的输出值。

（2）后向传播算法

① 采用最小均方误差准则的反向误差传播算法来更新整个网络的参数，则代价函数如下：

$$E=\frac{1}{N}\sum_{i=1}^{N}(\hat{\boldsymbol{X}}_i(\boldsymbol{W}^l,\boldsymbol{b}^l)-\boldsymbol{X}_i)^2$$

其中，E 为 DNN 学习的平均平方误差，$\hat{\boldsymbol{X}}_i$ 和 $\boldsymbol{X}_i$ 分别表示了输出层的输出和理想的输出，i 为样本索引，$(\boldsymbol{W}^l,\boldsymbol{b}^l)$表示在 l 层的有待学习的权重和偏置的参数。

② 采用梯度下降法来更新网络的权重和偏置参数，如下：

$$(\boldsymbol{W}^{(l)},\boldsymbol{b}^{(l)})\leftarrow(\boldsymbol{W}^{(l)},\boldsymbol{b}^{(l)})-\lambda\cdot\frac{\partial E}{\partial(\boldsymbol{W}^{(l)},\boldsymbol{b}^{(l)})}$$

其中，λ 为学习效率。

以上便是构建整个 DBN-DNN 结构的两大关键步骤：无监督预训练和有监督调优训练。选择合适的隐层数、层神经单元数以及学习率，分别迭代一定的次数，进行训练，就会得到我们最终想要的 DNN 映射模型。

6.3　深度置信网络实验

深度置信网络可以通过额外的预训练规程解决局部最小值的问题。预训练在反向传播之前做完，这样可以使错误率在最优解的附近，再通过反向传播慢慢地降低错误率。

深度置信网络主要分成两部分：第一部分是多层玻尔兹曼感知机，用于预训练我们的网络；第二部分是前馈反向传播网络，这可以使 RBM 堆叠的网络更加精细化。

1. 加载深度置信网络库

首先，通过 urllib 从 deeplearning. net 下载并安装深度置信网络库，具体代码如下。

```
#通过 deeplearning.net 网站下载 urllib 库
import urllib.request
response = urllib.request.urlopen('http://deeplearning.net/tutorial/code/utils.py')
content = response.read().decode('utf-8')
target = open('utils.py', 'w')
target.write(content)
target.close()
#导入用于计算的数学库
import math
#通过 TensorFlow 库来完成深度学习模型
import tensorflow as tf
#导入 numpy,numpy 包含有助于高效数学计算的函数
import numpy as np
#从 PIL 中导入用于图像处理的图像库
from PIL import Image
#从 utils 中导入 tile_raster_images 函数
from utils import tile_raster_images
```

2. 构建 RBM 层

为了在 TensorFlow 中应用 DBN，首先需要创建一个 RBM 类，具体代码如下。

```
#定义一个 RBM 类
class RBM(object):
    def __init__(self, input_size, output_size):
        #定义超参数
        self._input_size = input_size #Size of input
        self._output_size = output_size #Size of output
        self.epochs = 5 #Amount of training iterations
        self.learning_rate = 1.0 #The step used in gradient descent
        self.batchsize = 100 #The size of how much data will be used for train-
                    ing per sub iteration

        #将权重和偏差初始化为全零矩阵
        self.w = np.zeros([input_size, output_size], np.float32) #Creates and
                initializes the weights with 0
        self.hb = np.zeros([output_size], np.float32) #Creates and initiali-
                zes the hidden biases with 0
        self.vb = np.zeros([input_size], np.float32) #Creates and initializes
                the visible biases with 0


    #将加权可见光加上偏移的结果,拟合成一条 Sigmoid 曲线
    def prob_h_given_v(self, visible, w, hb):
        #Sigmoid
        return tf.nn.sigmoid(tf.matmul(visible, w) + hb)

    #将加权隐藏层加上偏移的结果,拟合成一条 Sigmoid 曲线
    def prob_v_given_h(self, hidden, w, vb):
        return tf.nn.sigmoid(tf.matmul(hidden, tf.transpose(w)) + vb)

    #生成样本概率
    def sample_prob(self, probs):
        return tf.nn.relu(tf.sign(probs - tf.random_uniform(tf.shape(probs))))

    #模型的训练方法
    def train(self, X):
        #创建参数占位符
        _w = tf.placeholder("float", [self._input_size, self._output_size])
        _hb = tf.placeholder("float", [self._output_size])
        _vb = tf.placeholder("float", [self._input_size])
```

```
prv_w = np.zeros([self._input_size, self._output_size], np.float32)
        #Creates and initializes the weights with 0
prv_hb = np.zeros([self._output_size], np.float32) #Creates and ini-
         tializes the hidden biases with 0
prv_vb = np.zeros([self._input_size], np.float32) #Creates and ini-
         tializes the visible biases with 0

cur_w = np.zeros([self._input_size, self._output_size], np.float32)
cur_hb = np.zeros([self._output_size], np.float32)
cur_vb = np.zeros([self._input_size], np.float32)
v0 = tf.placeholder("float", [None, self._input_size])

#样本概率初始化
h0 = self.sample_prob(self.prob_h_given_v(v0, _w, _hb))
v1 = self.sample_prob(self.prob_v_given_h(h0, _w, _vb))
h1 = self.prob_h_given_v(v1, _w, _hb)

#创建梯度
positive_grad = tf.matmul(tf.transpose(v0), h0)
negative_grad = tf.matmul(tf.transpose(v1), h1)

#更新各层的学习率
update_w = _w + self.learning_rate *(positive_grad - negative_grad) /
           tf.to_float(tf.shape(v0)[0])
update_vb = _vb +  self.learning_rate * tf.reduce_mean(v0 - v1, 0)
update_hb = _hb +  self.learning_rate * tf.reduce_mean(h0 - h1, 0)

#找出错误率
err = tf.reduce_mean(tf.square(v0 - v1))

#循环训练
with tf.Session() as sess:
    sess.run(tf.initialize_all_variables())
    #迭代
    for epoch in range(self.epochs):
        #每一次迭代的批次
        for start, end in zip(range(0,len(X), self.batchsize),range
        (self.batchsize,len(X), self.batchsize)):
            batch = X[start:end]
            #更新速率
```

```
                cur_w = sess.run(update_w, feed_dict = {v0: batch, _w: prv_
                        w, _hb: prv_hb, _vb: prv_vb})
                cur_hb = sess.run(update_hb, feed_dict = {v0: batch, _w:
                        prv_w, _hb: prv_hb, _vb: prv_vb})
                cur_vb = sess.run(update_vb, feed_dict = {v0: batch, _w:
                        prv_w, _hb: prv_hb, _vb: prv_vb})
                prv_w = cur_w
                prv_hb = cur_hb
                prv_vb = cur_vb
            error = sess.run(err, feed_dict = {v0: X, _w: cur_w, _vb: cur_vb,
                _hb: cur_hb})
            print('Epoch: %d' % epoch,'reconstruction error: %f' % error)
        self.w = prv_w
        self.hb = prv_hb
        self.vb = prv_vb

#创建 DBN 的预期输出
def rbm_outpt(self, X):
    input_X = tf.constant(X)
    _w = tf.constant(self.w)
    _hb = tf.constant(self.hb)
    out = tf.nn.sigmoid(tf.matmul(input_X, _w) + _hb)
    with tf.Session() as sess:
        sess.run(tf.global_variables_initializer())
        returnsess.run(out)
```

3. 导入 MNIST 数据集

使用 one-hot encoding 标注的形式载入 MNIST 图像数据。

```
import input_data
#加载 mnist data 数据集
mnist = input_data.read_data_sets("./mnistdata/", one_hot = True)
trX, trY, teX, teY = mnist.train.images, mnist.train.labels, mnist.test.images,\
    mnist.test.labels
```

运行结果如下：

```
Extracting MNIST_data/train-images-idx3-ubyte.gz
ExtractingMNIST_data/train-labels-idx1-ubyte.gz
ExtractingMNIST_data/t10k-images-idx3-ubyte.gz
ExtractingMNIST_data/t10k-labels-idx1-ubyte.gz
```

4. 建立 DBN

```
#创建两层尺寸大小为 400×100 的 RBM
RBM_hidden_sizes = [500, 200, 50 ]
#设置输入数据为训练数据
inpX = trX
#创建列表保持 RBMs
rbm_list = []
#输入数据的大小就是训练集输入数据的大小
input_size = inpX.shape[1]
#以下针对想要生成的每个 RBM 模型
for i, size in enumerate(RBM_hidden_sizes):
    print('RBM: ',i,' ',input_size,'->', size)
    rbm_list.append(RBM(input_size, size))
```

运行结果如下：

```
RBM:  0   784 -> 500
RBM:  1   784 -> 200
RBM:  2   784 -> 50
```

至此,RBM 的类创建好了,且数据都已经被载入,下一步就可以创建 DBN 了。

在这个例子中,一共使用了 3 个 RBM,第一个 RBM 的隐藏层个数为 500,第二个 RBM 的隐藏层个数为 200,最后一个为 50,由此生成训练数据的深层次表示形式。

5. 训练 RBM

下面使用 rbm.train()开始预训练步骤，单独训练网络中的每一个 RBM,并将当前 RBM 的输出作为下一个 RBM 的输入,具体代码如下。

```
#对于列表中的每一个 RBM
for rbm in rbm_list:
    print('New RBM:')
    #开始训练
    rbm.train(inpX)
    #返回输出层
    inpX = rbm.rbm_outpt(inpX)
```

运行结果如下。

```
    Epoch: 0 reconstruction error: 0.059731
    Epoch: 1 reconstruction error: 0.052504
    Epoch: 2 reconstruction error: 0.048387
    Epoch: 3 reconstruction error: 0.046735
    Epoch: 4 reconstruction error: 0.045707
```

现在就可以将输入数据中学习好的表示转换为有监督的预测，使用这个浅层神经网络的最后一层的输出对数字进行分类。

6. 神经网络

接下来，使用上面预训练好的 RBM 来实现深度置信神经网络。

```
import numpy as np
import math
import tensorflow as tf

class NN(object):
    def __init__(self, sizes, X, Y):
        #初始化超参数
        self._sizes = sizes
        self._X = X
        self._Y = Y
        self.w_list = []
        self.b_list = []
        self._learning_rate =  1.0
        self._momentum = 0.0
        self._epoches = 10
        self._batchsize = 100
        input_size = X.shape[1]

        #初始化循环
        for size inself._sizes + [Y.shape[1]]:
            #定义均匀分布范围的上限
            max_range = 4 * math.sqrt(6. / (input_size + size))
            #通过随机均匀分布初始化权重
            self.w_list.append(
                np.random.uniform( - max_range, max_range, [input_size, size]).
                                    astype(np.float32))

            #将偏差初始化为零
            self.b_list.append(np.zeros([size], np.float32))
            input_size = size

    #从 RBM 中加载数据
    def load_from_rbms(self, dbn_sizes,rbm_list):
        #检查预期大小是否正确
```

```
        assert len(dbn_sizes) == len(self._sizes)

        for i in range(len(self._sizes)):
            # 检查每个 RBN 的预期大小是否正确
            assertdbn_sizes[i] == self._sizes[i]

        # 如果全部正确,直接输入权值和偏差
        for i in range(len(self._sizes)):
            self.w_list[i] = rbm_list[i].w
            self.b_list[i] = rbm_list[i].hb

    # 定义训练方法
    def train(self):
        # 为输入、权重、偏差、输出创建占位符
        _a = [None] * (len(self._sizes) + 2)
        _w = [None] * (len(self._sizes) + 1)
        _b = [None] * (len(self._sizes) + 1)
        _a[0] =tf.placeholder("float", [None, self._X.shape[1]])
        y =tf.placeholder("float", [None, self._Y.shape[1]])

        # 定义变量和激活函数
        for i in range(len(self._sizes) + 1):
            _w[i] =tf.Variable(self.w_list[i])
            _b[i] =tf.Variable(self.b_list[i])
        for i in range(1,len(self._sizes) + 2):
            _a[i] =tf.nn.sigmoid(tf.matmul(_a[i - 1], _w[i - 1]) + _b[i - 1])

        # 定义代价函数
        cost =tf.reduce_mean(tf.square(_a[-1] - y))

        # 定义训练操作
        train_op = tf.train.MomentumOptimizer(
            self._learning_rate, self._momentum).minimize(cost)

        # 预测操作
            predict_op = tf.argmax(_a[-1], 1)
```

```
        #训练
        with tf.Session() as sess:
            #Initialize Variables
            sess.run(tf.global_variables_initializer())

            #迭代
            for i in range(self._epoches):

                #步进
                for start, end in zip(
                        range(0, len(self._X), self._batchsize), range(self._
                        batchsize, len(self._X), self._batchsize)):

                    #基于输入数据运行训练操作
                    sess.run(train_op, feed_dict = {
                        _a[0]:self._X[start:end], y: self._Y[start:end]})

                for j in range(len(self._sizes) + 1):
                    #检索权重和偏差
                    self.w_list[j] = sess.run(_w[j])
                    self.b_list[j] = sess.run(_b[j])

print ("Accuracy rating for epoch " + str(i) ) + ": " + str(np.mean(np.argmax
    (self._Y, axis = 1) == sess.run(predict_op, feed_dict = {_a[0]: self._X,
    y: self._Y})))
```

7. 实验结果

利用构建的 DBN 网络进行 MNIST 手写体数字识别实验。

```
nNet = NN(RBM_hidden_sizes, trX, trY)
nNet.load_from_rbms(RBM_hidden_sizes,rbm_list)
nNet.train()
```

每一次迭代的运行结果如表 6-1 所示。

表 6-1　每一次迭代的运行结果

迭代次数	拟合精度
0	0.481 435 54
1	0.803 070 25
2	0.906 256 00
3	0.919 762 500
4	0.927 946 30
5	0.931 368 470
6	0.934 587 840

从表 6-1 可以看出，随着训练次数的增多，识别精度很快提升，并能稳定在某个精度范围。注：以上代码在不同性能的机器上运行，输出结果会有所不同。

本章小结

本章首先对组成深度置信网络基本单元的受限玻尔兹曼机进行了详细介绍和剖析，然后对深度置信网络 DBN-DNN 结构进行了深入学习，并对模型训练的方法与步骤进行了详细说明。

课后习题

一、填空题

1. 玻尔兹曼机是由 Hinton 和 Sejnowski 提出的一种________神经网络。

2. 深度置信网络主要分成两部分：第一部分是________，用于预训练我们的网络；第二部分是________，这可以使 RBM 堆叠的网络更加精细化。

二、简答题

1. 什么是玻尔兹曼机和受限玻尔兹曼机？

2. 对于已经学习或者正在学习的 RBM，常用的评价其优劣的指标是什么？

3. 简述 DBN-DNN 结构。

第7章 生成对抗网络

前面几章介绍的都是基于样本或者少量样本的深度学习方法，但是在某些应用场景下，我们并不知道研究对象长什么样，甚至连我们要研究的对象是什么也不知道。比如：怎么教一台从未见过人脸的机器学会绘出人脸；计算机可以存储拍字节级的照片，但它却不知道怎样一堆像素组合才具有与人类外表相关的含义。由此，深度学习领域出现了一种基于无样本非监督式学习的方法——生成对抗网络(Generative Adversarial Network，GAN)。生成对抗网络无疑是当前人工智能领域的当红技术之一。本章对生成对抗网络的产生背景、基本原理、主要方法、改进模型等进行深度研究与探讨，并通过实验使读者了解生成对抗网络的训练过程。

生成对抗网络由一个生成网络(generator)与一个判别网络(discriminator)组成。生成网络从潜在空间(latent space)中随机采样作为输入，其输出结果需要尽量模仿训练集中的真实样本。判别网络的输入则为真实样本或生成网络的输出，其目的是将生成网络的输出从真实样本中尽可能地分辨出来。而生成网络则要尽可能地欺骗判别网络。两个网络相互对抗、不断调整参数，最终的目的是使判别网络无法判断生成网络的输出结果是否真实。生成对抗网络常用于生成以假乱真的图片。此外，该方法还被用于生成视频、三维物体模型等。

7.1 引 言

顾名思义，生成对抗网络就是自己生成样本，自己建立两个对抗模型相互学习，从而达到获取未知信息的能力。Ian J. Goodfellow 等人于 2014 年 10 月在“Generative Adversarial Networks”中提出了一个通过对抗过程估计生成模型的新框架，由此揭开了生成对抗网络的序幕。

在生成对抗网络框架中，需要同时训练两个模型：捕获数据分布的生成模型 G(generative model)和估计样本来自训练数据的概率的判别模型 D(discriminative model)。G 的训练程序将 D 错误的概率最大化。这个框架对应一个最大值集下限的双方对抗游戏。可以证明在任意函数 G 和 D 的空间中，存在唯一的解决方案，使得 G 重现训练数据分布，而 $D=0.5$。在 G 和 D 由多层感知器定义的情况下，整个系统可以用反向传播进行训练。在训练或生成样本期间，不需要任何马尔可夫链或展开的近似推理网络。

在最初的 GAN 理论中，并不要求 G 和 D 都是神经网络，只需要它们是能拟合相应生成和判别的函数即可。但在实际应用中，一般使用深度神经网络作为 G 和 D。一个优秀的 GAN 应用需要有良好的训练方法，否则可能由于神经网络模型的自由性而导致输出不理想。

GAN 的强大之处在于它可以自动地学习原始真实样本集的数据分布，不管这个分布多么复杂，只要训练得足够好就可以学出来。随着 GAN 在理论与模型上的高速发展，它在计算机视觉、自然语言处理、人机交互等领域有着越来越深入的应用，并不断向着其他领域延伸。

7.2　GAN 原理与模型训练方法

7.2.1　GAN 的工作原理

GAN 的工作原理非常容易理解，以生成图片的生成为例进行说明。假设有两个网络 G 和 D，如图 7-1 所示。G 是一个生成图片的网络，它接收一个随机的噪声 z，通过这个噪声生成图片，记做 $G(z)$。D 是一个判别网络，判别一张图片是不是"真实的"。它的输入参数是 x，x 代表一张图片，输出 $D(x)$ 代表 x 为真实图片的概率，如果为 1，就代表 100% 是真实的图片，而输出为 0，就代表不可能是真实的图片。

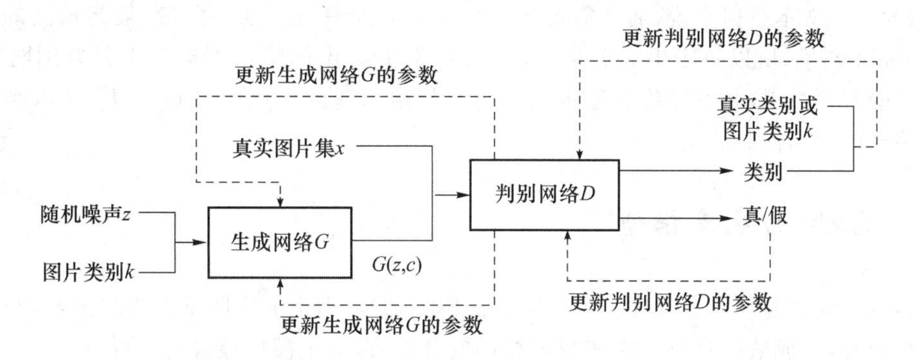

图 7-1　GAN 的工作原理

在训练过程中，生成网络 G 的目标就是尽量生成真实的图片去欺骗判别网络 D。而 D 的目标就是尽量把 G 生成的图片和真实的图片区分开。这样 G 和 D 就构成了一个动态的"博弈过程"。

最后博弈的结果是什么？在最理想的状态下，G 可以生成足以"以假乱真"的图片 $G(z)$。对于 D 来说，它难以判定 G 生成的图片究竟是不是真实的，因此可以设置 $D(G(z)) = 0.5$。这样我们的目的就达成了：得到了一个生成式的模型 G，它可以用来生成图片。

7.2.2　GAN 的特点及其优缺点

GAN 的特点如下。

① 相比传统机器学习和深度学习模型，GAN 存在两个不同的网络，而不是单一的网络，并且训练方式采用的是对抗训练方式。

② GAN 中生成网络 G 的梯度更新信息来自判别网络 D，而不是来自数据样本。

GAN 的优点如下。

① GAN 是一种生成式模型，相比其他生成模型（玻尔兹曼机和 GSN），只用了反向传播，

而不需要复杂的马尔可夫链。

② 相比其他所有模型,GAN 可以产生更加清晰、真实的样本。

③ GAN 采用的是一种无监督的学习方式,可以被广泛地用在无监督学习和半监督学习领域。

④ 相比于变分自编码器,GAN 没有引入任何决定性偏置(deterministic bias),变分方法引入决定性偏置,因为它们优化对数似然的下界,而不是似然度本身,这看起来导致了 VAE 生成的实例比 GAN 更模糊。

⑤ 相比 VAE,GAN 没有变分下界,如果鉴别器训练良好,那么生成器可以完美地学习到训练样本的分布。换句话说,GAN 是渐进一致的,但是 VAE 是有偏差的。

⑥ GAN 在图片风格迁移、图像超分辨率、图像补全、图像去噪等应用场景中,避免了损失函数(Loss)设计的困难,只需要有判别器 D,剩下的工作交给对抗网络进行即可。

GAN 的缺点如下。

① 训练 GAN 可能遇到不稳定。由于训练 GAN 需要达到纳什均衡,但没有找到很好的达到纳什均衡的方法,故训练 GAN 相比 VAE 或者 PixelRNN 是不稳定的。

② GAN 不适合处理离散形式的数据,比如文本数据。文本数据相比图片数据来说是离散的,因为对于文本数据来说,通常需要将一个词映射为一个高维的向量,最终预测的输出是一个 one-hot 向量,所以对于生成器来说,生成网络 G 输出了不同的结果,但是判别网络 D 给出了同样的判别结果,并不能将梯度更新信息很好地传递到生成网络 G 中去,所以判别网络 D 最终输出的判别没有意义。

7.2.3 GAN 的基本模型

Goodfellow 在论文中提出了 GAN 的算法模型,并从理论上证明了该算法的收敛性,以及在模型收敛时,生成数据具有和真实数据相同的分布(保证了模型效果)。具体如下。

设 z 为随机噪声,x 为真实数据,生成式网络和判别式网络可以分别用 G 和 D 表示,其中 D 可以看作一个二分类器,那么采用交叉熵表示,GAN 可以写作:

$$\min_{G}\max_{D} V(D,G)=\mathrm{E}_{x\sim p_{\mathrm{data}}(x)}[\lg D(x)]+\mathrm{E}_{z\sim p_z(z)}[\lg(1-D(G(z)))]$$

其中,x 表示真实图片,z 表示输入 G 网络的噪声,$G(z)$ 表示 G 网络生成的图片,$D(G(z))$ 表示 D 网络判断图片是否真实的概率。

其中 $\lg D(x)$ 表示判别器对真实数据的判断,$\lg(1-D(G(z)))$ 表示对数据的合成与判断。通过这样一个极大极小(max-min)博弈,循环交替地分别优化 G 和 D,以此来训练所需要的生成式网络与判别式网络,直到到达纳什均衡。

7.2.4 GAN 模型的挑战

训练 GAN 本质上是生成网络 G 和判别网络 D 相互竞争并达到最优,更确切地说是两者达到纳什均衡。根据维基百科的定义,纳什均衡是一个经济学和博弈论的术语,代表一个系统的稳定状态,达到纳什均衡时系统的各个参与者没有一个人可以通过独立政变行动来增加收益。

1. GAN 启动及初始化问题

从纳什均衡中可以发现,这就是 GAN 所试图做的事——生成网络 G 和判别网络 D 最终达到了一个如果对方不改变就无法进一步提升的状态。梯度下降的启动会选择一个减小所定义问题损失的方向,但没有一个办法来确保利用 GAN 网络可以进入纳什均衡的状态。这是一个高纬度的非凸优化目标。网络试图在接下来的步骤中最小化非凸优化目标,最终有可能导致进入振荡,而不是收敛到底层的真实目标。

在大多数情况下,当判别网络 D 的损失十分接近于 0 的时候,那么意味着模型出现了问题,然而更为棘手的问题在于如何找到问题的位置所在。

一个常见的优化 GAN 训练过程的手段是故意停止某个网络的学习过程,或者降低学习速率,使得另一个网络可以追上来。在大多数场景下,生成网络 G 是落后一方,需要让判别网络 D 进行等待。所以若让生成网络 G 的质量更好,就需要判别网络 D 的质量更好,反之亦然。因此,在理想情况下,判别网络 D 的损失接近于 0.5,在这个情况下对于判别网络 D 来说其无法从真实图像中区分生成的图像。

2. 模型坍塌

GAN 中最主要的始终失败模型被称为模型坍塌(mode collapse)。其基本原理是生成网络 G 可能会在某种情况下重复生成完全一致的图像,这其中的原因与博弈论中的启动相关。生成器和判别器都是用的无悔算法(no-regret algorithm)。然而,这种方式会导致非凸(non-convex)情况(常用于深度神经网络)下收敛的不稳定(convergence results do not hold)。在非凸博弈中,通常来看,全局有悔极小化(global regret minimization)和平衡计算(equilibrium computation)是非常困难的,并且梯度下降法最终还会陷入循环或者在一些情况下收敛于局部平衡。

3. 计数方面的问题

GAN 在某些情况下有太多的视角,并错误地判断了物体在特定位置应该出现的数量,便会出现例如在动图头上生成过多数量的眼睛这样的错误结果。

4. 角度方面的问题

GAN 通常不能很好地区分图像是从前方观测的结果还是从后方观测的结果,因此在通过 3D 物体生成 2D 表现形式的时候表现效果不佳。

7.2.5 GAN 与 Jensen-Shannon 散度

对于原目标函数,在生成器 G 固定参数时,可以得到最优的判别器 D。对于一个具体的样本,它可能来自真实分布,也可能来自生成分布,因此它对判别器损失函数的贡献如下:

$$-P_r(x)\lg D(x)-P_g(x)\lg[1-D(x)]$$

其中,P_r 为真实分布,P_g 为生成分布。令上式关于 $D(x)$ 的导数为 0,可以得到 $D(x)$ 的全局最优解,为

$$D^*(x)=\frac{P_r(x)}{P_r(x)+P_g(x)}$$

对于 GAN 生成器的优化函数,可以写成

$$E_{x\sim P_r}\lg D(x)+E_{x\sim P_g}\lg[1-D(x)]$$

将最优判别器 D^* 代入,可以得到生成器的优化函数,为

$$E_{x\sim P_r}\lg\frac{P_r(x)}{P_r(x)+P_g(x)}+E_{x\sim P_g}\lg\frac{P_g(x)}{P_r(x)+P_g(x)}$$

所谓 K-L 散度与 J-S 散度，分别如下：

$$\mathrm{KL}(P_1 \parallel P_2)=E_{x\sim P_1}\lg\frac{P_1(x)}{P_2(x)}$$

$$\mathrm{JS}(P_1 \parallel P_2)=\frac{1}{2}\mathrm{KL}\left(P_1 \parallel \frac{P_1+P_2}{2}\right)+\frac{1}{2}\mathrm{KL}\left(P_2 \parallel \frac{P_1+P_2}{2}\right)$$

J-S 散度的值域范围是[0,1]，当两个分布相同时，J-S 散度为 0；当两个分布完全不重合时，J-S 散度为 log 2(取自然对数底时为 1)。在训练对抗网络时，若判别器网络已为最优，则生成器网络的优化目标是最小化真实数据的分布 $p_{\mathrm{data}}(x)$和模型分布$p_G(x)$之间的 J-S 散度。当两者分布相同时，J-S 散度为 0，网络损失 $L(G|D^*)=-2\lg 2$；当两者分布完全不重合时，J-S 散度恒为 log 2，网络损失 $L(G|D^*)=0$ 保持不变，梯度消失。

将最优判别器 D^* 代入生成器网络的目标函数，可以转换为

$$E_{x\sim P_r}\lg\frac{P_r(x)}{\frac{1}{2}(P_r(x)+P_g(x))}+E_{x\sim P_g}\lg\frac{P_g(x)}{\frac{1}{2}(P_r(x)+P_g(x))}-2\lg 2=\mathrm{JS}(P_r \parallel P_g)-2\lg 2$$

综上所述，可以认为，当判别器过优时，生成器的损失可以近似等价于优化真实分布与生成器产生数据分布的 J-S 散度。

7.2.6 生成器与判别器的网络

Ian 在 2014 年提出的朴素 GAN 在生成器和判别器结构上是通过以多层全连接网络为主体的多层感知机(MLP)实现的，然而其调参难度较大，训练失败相当常见，生成图片质量也相当不佳，尤其是对较复杂的数据集而言。

由于卷积神经网络比 MLP 有更强的拟合与表达能力，并在判别式模型中取得了很大的成果。因此，Alec 等人将 CNN 引入生成器和判别器，称作深度卷积对抗神经网络(Deep Convolutional GAN，DCGAN)。图 7-2 为 DCGAN 生成器的结构示意图。

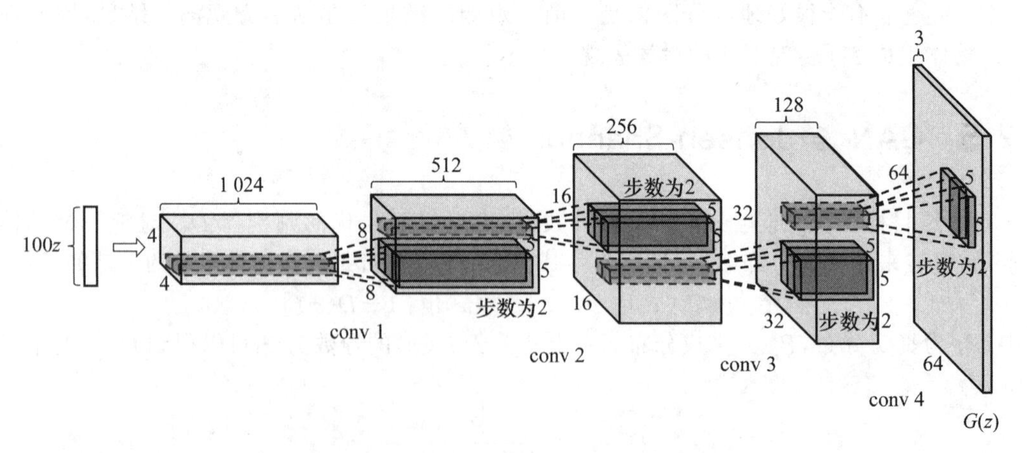

图 7-2　DCGAN 生成器的结构示意图

本质上，DCGAN 在 GAN 的基础上提出了一种训练架构，并对其做了训练指导，比如几乎完全用卷积层取代了全连接层，去掉池化层，采用批标准化(Batch Normalization，BN)等技术，将判别模型的发展成果引入到了生成模型中。此外，DCGAN 还强调了隐藏层分析和可视化计数对 GAN 训练的重要性和指导作用。

DCGAN虽然没有带来理论上以及GAN上的解释性，但是其强大的图片生成效果吸引了更多的研究者关注GAN，证明了其可行性并提供了经验，给后来的研究者提供了神经网络结构的参考。此外，DCGAN的网络结构也可以作为基础架构，用以评价不同目标函数的GAN，让不同的GAN得以进行优劣比较。DCGAN的出现极大地增强了GAN的数据生成质量。而如何提高生成数据的质量（如生成图片的质量）也是如今GAN研究的热门话题。

7.3 GAN的模型改进

GAN自从2014年被提出以来，就存在着训练困难，不易收敛，生成器和判别器的损失无法指示训练进程，生成样本缺乏多样性等问题。从那时起，很多研究人员就在尝试解决，并提出了改进方案，确实解决了部分问题，如生成器梯度消失导致的训练困难。当然也还有很多问题亟待解决，如生成样本的评价指标问题。下面将简单地介绍几个较为突出的改进措施。

7.3.1 WGAN

与前文的DCGAN不同，WGAN（Wasserstein GAN）并不是从判别器与生成器的网络构架上去进行改进，而是从目标函数的角度出发来提高模型的表现。Martin Arjovsky等人首先阐述了朴素GAN由于生成器梯度消失而训练失败的原因：他们认为，朴素GAN的目标函数在本质上可以等价于优化真实分布与生成分布的Jensen-Shannon散度。而根据Jensen-Shannon散度的特性，当两个分布间互不重叠时，其值会趋向于一个常数，这也就是梯度消失的原因。此外，Martin Arjovsky等人认为，当真实分布与生成分布是高维空间上的低维流形时，两者重叠部分的测度为0的概率为1，这也就是朴素GAN调参困难且训练容易失败的原因之一。

针对这种现象，Martin Arjovsky等人利用Wasserstein-1距离（又称为Earth Mover距离）来替代朴素GAN所代表的Jensen-Shannon散度。Wasserstein-1距离是从最优运输理论中的Kantorovich问题衍生而来的，可以定义真实分布与生成分布的Wasserstein-1距离：

$$W(P_{\mathrm{r}},P_{\mathrm{g}}) = \inf_{\gamma\sim\prod(P_{\mathrm{r}},P_{\mathrm{g}})} E_{(x,y)\sim\gamma}[\|x-y\|]$$

其中，P_{r}、P_{g}分别为真实分布与生成分布，γ为P_{r}、P_{g}的联合分布。相较于Jensen-Shannon散度，Wasserstein-1距离的优点在于，即使P_{r}、P_{g}互不重叠，Wasserstein-1距离依旧可以清楚地反映出两个分布的距离。为了与GAN相结合，将其转换成对偶形式，如下：

$$W(P_{\mathrm{r}},P_{\mathrm{g}})=\sup_{\|f\|_L\leqslant 1}(E_{x\sim P_{\mathrm{r}}}f_{\mathrm{w}}(x)-E_{x\sim P_{\mathrm{g}}}f_{\mathrm{w}}(x))$$

从GAN的角度理解，f_{w}表示判别器，与之前的D不同的是，WGAN不再需要将判别器当作0～1分类，将其值限定在[0,1]之间，f_{w}越大，表示其越接近真实分布；反之，就越接近生成分布。此外，$\|f\|_L\leqslant 1$表示其Lipschitz常数为1。显然，Lipschitz连续在判别器上是难以约束的，为了更好地表达Lipschitz转化成权重剪枝（clip），即要求参数$w\in[-c,c]$，其中c为常数。因而判别器的目标函数为

$$\max_{f_{\mathrm{w}}} E_{x\sim P_{\mathrm{r}}}[f_{\mathrm{w}}(x)]-E_{z\sim P_z}[f_{\mathrm{w}}(G(z))]$$

其中$w\in[-c,c]$，生成器的损失函数为

$$\min_G -E_{z\sim P_z}[f_w(G(z))]$$

WGAN 的贡献在于，从理论上阐述了因生成器梯度消失而导致训练不稳定的原因，并用 Wasserstein-1 距离替代了 Jensen-Shannon 散度，在理论上解决了梯度消失问题。此外，WGAN 还从理论上给出了朴素 GAN 发生模式坍塌的原因，并从实验角度说明了 WGAN 在这一点上的优越性。最后，生成分布与真实分布的距离和相关理论以及从 Wasserstein-1 距离推导而出的 Lipschitz 约束给了后来者更深层次的启发，如基于 Lipschitz 密度的损失敏感 GAN(Loss Sensitive GAN，LS-GAN)。

7.3.2 WGAN-GP

虽然 WGAN 在理论上解决了训练困难的问题，但是它也存在一些缺点。在理论上，由于对函数(即判别器)存在 Lipschitz-1 约束，这个条件难以在神经网络模型中直接体现，所以 WGAN 使用了权重剪枝来近似替代 Lipschitz-1 约束。显然在理论上，这两个条件并不等价，而且满足 Lipschitz-1 约束的情况多数不满足权重剪枝约束。而在实验上，很多人认为训练失败是由权重剪枝引起的，如图 7-3 所示。

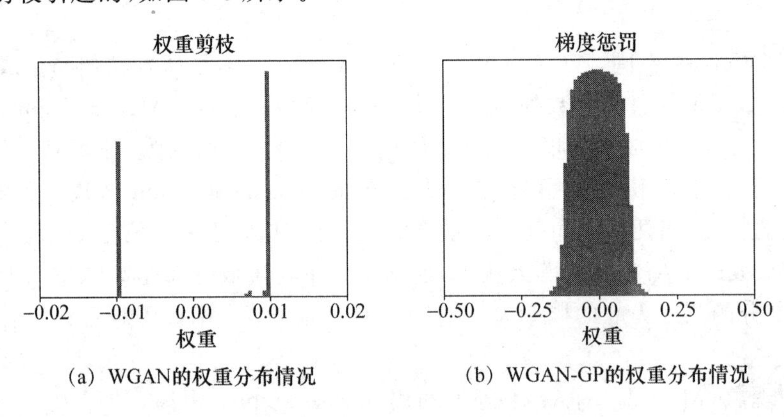

(a) WGAN的权重分布情况　　(b) WGAN-GP的权重分布情况

图 7-3　WGAN 与 WGAN-GP 的权重分布情况

为此，Ishaan Gulrajani 提出了带梯度惩罚的 WGAN(WGAN with Gradient Penalty，WGAN-GP)，将 Lipschitz-1 约束正则化，通过把约束写成目标函数的惩罚项，以近似 Lipschitz-1 约束条件。

因此，WGAN-GP 的最终目标函数为

$$L=\underbrace{\mathop{\mathbb{E}}_{\tilde{x}\sim\mathbb{P}_g}[D(\tilde{x})]-\mathop{\mathbb{E}}_{x\sim\mathbb{P}_r}[D(\tilde{x})]}_{\text{原批评损失}}+\underbrace{\lambda\mathop{\mathbb{E}}_{\hat{x}\sim\mathbb{P}_{\hat{x}}}[(\|\nabla_{\hat{x}}D(\hat{x})\|_2-1)^2]}_{\text{现有梯度惩罚}}$$

WGAN-GP 的创新点就在目标函数的第二项上，由于模型是对每个样本独立的施加梯度惩罚，所以判别器的模型架构中不能使用批标准化(Batch Normalization，BN)，因为它会引入同个批次(batch)中不同样本的相互依赖关系。

WGAN-GP 的贡献在于，它用正则化的形式表达了对判别器的约束，也为后来 GAN 的正则化模型做了启示。此外，WGAN-GP 基本从理论和实验上解决了梯度消失的问题，并且具有强大的稳定性，几乎不需要调参，即在大多数网络框架下训练成功率极高。

7.3.3 LSGAN

虽然 WGAN 和 WGAN-GP 已经基本解决了训练失败的问题，但是它们无论是训练过程还是收敛速度都要比常规 GAN 慢。受 WGAN 理论的启发，Mao 等人提出了最小二乘 GAN（Least Square GAN, LSGAN）。LSGAN 的一个出发点是提高图片质量。它主要是为判别器 D 提供平滑且非饱和梯度的损失函数。这里的非饱和梯度针对的是朴素 GAN 的对数损失函数。显然，x 越大，对数损失函数越平滑，即梯度越小，这就导致对判别为真实数据的生成数据几乎不会有任何提高。针对此，LSGAN 的判别器目标函数如下：

$$\min_D E_{x\sim P_{\text{data}}(x)}[(D(x)-b)^2]+E_{z\sim P_z(z)}[(D(G(z))-a)^2]$$

生成器的目标函数如下：

$$E_{z\sim P_z(z)}[(D(G(z))-c)^2]$$

这里 a、b、c 满足 $b-c=1$ 和 $b-a=2$，等价于 f 散度中的散度 χ^2，即 GAN 用 χ^2 散度取代了朴素 GAN 的 Jensen-Shannon 散度。

最后，LSGAN 的优越性在于，它缓解了 GAN 训练时的不稳定，提高了生成数据的质量和多样性，也为后面的泛化模型 f-GAN 提供了思路。

7.3.4 f-GAN

由于朴素 GAN 所代表的 Jensen-Shannon 散度和上面所提到的 LSGAN 所代表的 χ^2 散度都属于散度的特例，那么自然而然地想到，其他 f 散度所代表的 GAN 是否能取得更好的效果？实际上，这些工作早已完成，时间更是早过 WGAN 与 LSGAN。甚至可以认为，是 f-GAN 开始了借由不同散度来代替 Jensen-Shannon 散度，从而启示了研究者借由不同的距离或散度来衡量真实分布与生成分布。首先衡量 $p(x)$、$q(x)$ 的 f 散度，可以表示成如下形式：

$$D_f(P\parallel Q)=\int_x q(x)f\left(\frac{p(x)}{q(x)}\right)\mathrm{d}x$$

其中下半连续映射 $f:R^+\to R$。通过各种特定的函数 f，可以得到不同的散度，结果如表 7-1 所示。

表 7-1　f-GAN 中基于不同散度的结果

名　称	$D_f(P\|\|Q)$	生成器 $f(u)$	$T^*(x)$
K-L 散度	$\int p(x)\lg\frac{p(x)}{q(x)}\mathrm{d}(x)$	$u\lg u$	$1+\lg\frac{p(x)}{q(x)}$
反向 K-L 散度	$\int q(x)\lg\frac{q(x)}{p(x)}\mathrm{d}(x)$	$-u\lg u$	$-\frac{p(x)}{q(x)}$
皮尔逊相关系数散度	$\int\frac{(q(x)-p(x))^2}{p(x)}\mathrm{d}(x)$	$(u-1)^2$	$2(\frac{p(x)}{q(x)}-1)$
海灵格平方散度	$\int(\sqrt{p(x)}-\sqrt{q(x)})^2\mathrm{d}(x)$	$(\sqrt{u}-1)^2$	$\left(\sqrt{\frac{p(x)}{q(x)}}-1\right)\cdot\sqrt{\frac{q(x)}{p(x)}}$

续 表

名　称	$D_f(P\|\|Q)$	生成器 $f(u)$	$T^*(x)$
J-S 散度	$\frac{1}{2}\int p(x)\lg\frac{2p(x)}{p(x)+q(x)}+q(x)\lg\frac{2q(x)}{p(x)+q(x)}\mathrm{d}(x)$	$-(u+1)\lg\frac{1+u}{2}+u\lg u$	$\lg\frac{2p(x)}{p(x)+q(x)}$
生成对抗网络	$\int p(x)\lg\frac{2p(x)}{p(x)+q(x)}+q(x)\lg\frac{2q(x)}{p(x)+q(x)}\mathrm{d}(x)-\lg(4)$	$u\lg u-(u+1)\lg(u+1)$	$\lg\frac{p(x)}{p(x)+q(x)}$

此外，f-GAN 还可以得到如下的泛化模型：

$$\min_{\theta}\max_{\omega}V=E_{x\sim P_r}[g_f(V_\omega(x))]+E_{x\sim G_\theta}[-f^*(g_f(V_\omega(x)))]$$

其中，V_ω 是判别器的输出函数，g_f 是最后一层的激活函数，f^* 是 f 的共轭凸函数，以朴素 GAN 为例，当下式成立时，上式即朴素 GAN 的目标函数：

$$D_\omega(x)=\frac{1}{1+\exp(-V(x))},\quad g_f(v)=-\lg(1+\mathrm{e}^{-v})$$

7.3.5 LS-GAN 与 GLS-GAN

与前面提到的 LSGAN（Least Square GAN）不同，这里的 LS-GAN 是指损失敏感 GAN(Loss-Sensitive GAN)。一般认为，GAN 可以分为生成器 G 和判别器 D。与之不同的是，针对判别器 D，LS-GAN 想要学习的是损失函数 $L_\theta(x)$，要求 $L_\theta(x)$ 在真实样本上尽可能小，在生成样本上尽可能大。由此，LS-GAN 基于损失函数的目标函数为

$$\min_{\theta}E_{x\sim P_r}[L_\theta(x)]+\lambda E_{x\sim P_r,z_G\sim P_G(z_G)}[(\Delta(x,z_G)+L_\theta(x)-L_\theta(z_G))_+]$$

生成器的目标函数为

$$\min_{\varphi}E_{x\sim P_r,z\sim P_z(z)}[L_\theta(G_\varphi(z))]$$

在目标函数中，$\Delta(x,z_G)$来自约束假设 $L_\theta(x)\leqslant L_\theta(z_G)-\Delta(x,z_G)$，表示真实的样本与要生成样本间隔$\Delta(x,z_G)$的长度，如此，LS-GAN 就可以集中力量提高那些距离真实样本还很远、真实度不够高的样本，可以更合理地发挥 LS-GAN 的建模能力。

此外，为了证明 LS-GAN 的收敛性，人们还做了一个基本的假设：要求真实分布限定在 Lipschitz 密度上，即真实分布的概率密度函数建立在紧集上，并且它是 Lipschitz 连续的。通俗地说，就是要求真实分布的概率密度函数不能变化得太快，概率密度的变化不能随着样本的变化而无限地增大。

还有研究人员对 LS-GAN 做了推广，将其扩展为 GLS-GAN(Generalized LS-GAN)。所谓的 GLS-GAN 就是将损失函数 L_θ 的目标函数扩展为

$$\min_{\theta}E_{x\sim P_r}[L_\theta(x)]+\lambda E_{x\sim P_r,z_G\sim P_G(z_G)}[C_v(\Delta(x,z_G)+L_\theta(x)-L_\theta(z_G))]$$

此处 $C_v(a)=\max\{a,va\}$，其中 $v\in[-\infty,1]$。可以证明，当 $v=0$ 时，GLS-GAN 就是前文的 LS-GAN。另外，当 $v=1$ 时，可以证明，GLS-GAN 就是 WGAN。所以，LS-GAN 与 WGAN 都是 GLS-GAN 的一种特例。

7.3.6 EBGAN

朴素 GAN 提出将二分类器作为判别器以判别真实数据和生成数据，并将生成数据“拉向”生成数据。然而自从 WGAN 抛弃了二分类器这个观点，以函数 f_w 代替，并不将之局限在 $[0,1]$之后，很多改进模型也采取了类似的方法，并将之扩展开来。例如，LS-GAN 以损失函数 $L_\theta(x)$作为目标，要求 $L_\theta(x)$在真实样本上尽可能小，在生成样本上尽可能大。

基于能量的 GAN(Energy-Based GAN，EBGAN)则将之具体化了。它将能量模型以及其相关理论引入 GAN，以“能量”函数在概念上取代了二分类器，表示对真实数据赋予低能量，对生成数据赋予高能量。

首先，EBGAN 给出了它的目标函数：

$$L_D(x,z)=D(x)+[m-D(G(z))]^+$$

$$L_G(z)=D(G(z))$$

其中，$[\cdot]^+=\max\{0,\cdot\}$，极大化 L_D 的同时极小化 L_G。EBGAN 的设计思想是：一方面减少真实数据的重构误差；另一方面使得生成数据的重构误差趋近于 m，即当 $D(G(z))<m$ 时，改下为正，对 L_D 的极小化产生贡献；反之 $D(G(z))\geqslant m$，L_D 为 0，会通过极小化 L_G，将 $D(G(z))$ 拉向 m。可以证明，当 $D=D^*$，$G=G^*$ 到达纳什均衡时，生成数据分布等于真实数据分布，并且此时 L_D 的期望如下：

$$V(D^*,G^*)=\int_{x,z}L_D p_{\text{data}}(x)p_z(z)\mathrm{d}x\mathrm{d}z=m$$

此外，在 EBGAN 中，对 D 的结构也做了改进。不再采用 DCGAN 对 D 的网络框架或者其相似结构，EBGAN 对 D 的架构采用自动编码器的模式。EBGAN 模型架构如图 7-4 所示。

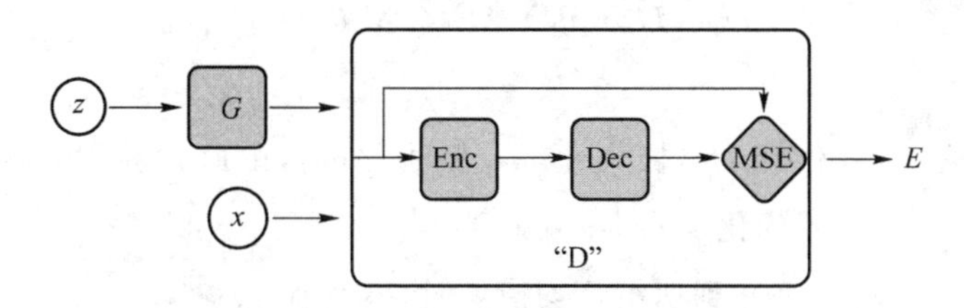

图 7-4　EBGAN 模型架构

可以发现，EBGAN 的判别器(或称“能量”函数)D 可以写作：

$$D(x)=\|\mathrm{Dec}(\mathrm{Enc}(x))-x\|$$

其中 Enc、Dec 是自编码器中的编码与解码操作。

最后，由于自编码器的特殊构造，EBGAN 还针对 L_G 做了特殊设计，即增加一个正则项 f_{PT}来避免模式崩溃问题。设 $\boldsymbol{S}\in\mathbb{R}^{s\times N}$是一个批次的编码器输出结果，$f_{\mathrm{PT}}$可以定义为

$$f_{PT}(\boldsymbol{S})=\frac{1}{N(N-1)}\sum_{i}\sum_{j\neq i}\left(\frac{\boldsymbol{S}_i^{\mathrm{T}}\boldsymbol{S}_j}{\|\boldsymbol{S}_i\|\ \|\boldsymbol{S}_j\|}\right)^2$$

其思想就是利用一个批次的编码器输出结果,计算余弦距离并求和取均值,这一项越小,则两两向量越接近正交,从而解决模式崩溃问题,不会出现一样或者极其相似的图片数据。

7.3.7 BEGAN

以上的 GAN 在本质上的目标是让真实分布 p_r 与生成分布 p_g 尽量接近,可以说大多数 GAN 之间的区别在于衡量方式不同,比如朴素 GAN 的 Jensen-Shannon 散度、WGAN 的 Wasserstein-1 距离、f-GAN 的 f 散度等。

值得一提的是,边界平衡 GAN(Boundary Equilibrium Generative Adversarial Network, BEGAN)颠覆了这种思路,尽管它是基于 WGAN 与 EBGAN 发展而来的。

首先,设 D 为判别函数,其结构采用上一小节中 EBGAN 上的自编码器的模式,即

$$D(x)=\|\mathrm{Dec}(\mathrm{Enc}(x))-x\|$$

另外,设 μ_1、μ_2 为 $D(x)$ 与 $D(G(z))$ 的分布,其中 x 为输入的样本图片,$G(z)$ 为生成图片,那么真实分布 P_r 与生成分布 P_g 之间的 Wasserstein-1 距离如下:

$$W_1(\mu_1,\mu_2)=\inf_{\gamma\in\Gamma(\mu_1,\mu_2)} E_{(x_1,x_2)\sim\gamma}[|x_1-x_2|]$$

设 m_1、m_2 分别为 μ_1、μ_2 的期望,根据 Jensen 不等式,有

$$\inf E[|x_1-x_2|]\geqslant\inf|E[x_1-x_2]|=|m_1-m_2|$$

由此,BEGAN 的特殊性在于,它优化的不是真实分布 P_r 与生成分布 P_g 之间的距离,而是样本图片和生成图片下的判别函数的分布之间的 Wasserstein 下界。

要计算 Wasserstein 下界,就要最大化 $|m_1-m_2|$,显然它至少有两个解,极大化 m_1、极小化 m_2 或者极大化 m_2、极小化 m_1,此处取后一种,即可从优化 Wasserstein 下界的角度看待 GAN 下的优化:

$$L_D=D(x;\theta_D)-D(G(z;\theta_G);\theta_D)$$

$$L_G=-L_D$$

上式均取极小值,前者 L_D 优化 D_θ,极大化 m_2,极小化 m_1,由此计算 Wasserstein 下界;后者 L_G 优化 D_θ,极小化 m_2,由此优化 Wasserstein 下界。

当上述的 GAN 成功训练并到达纳什均衡点时,显然有

$$E[D(x)]=E[D(G(z))]$$

当真实分布 P_r 与生成分布 P_g 相等时,显然满足上式。但是在训练时,并不是两者完全重叠最佳,LS-GAN 在设计时人们就有这种思想。同样,BEGAN 在设计时选择通过超参 $\gamma\in[0,1]$来放宽纳什均衡点,公式如下:

$$\gamma=\frac{E[D(G(z))]}{E[D(x)]}$$

即生成样本判别损失的期望值与真实样本判别损失的期望值之比。而此处之所以让判别器设

计成自编码的模式，是因为判别器有两个作用：①对真实图片自编码；②区分生成图片与真实图片。

超参 γ 的特殊之处在于，它能平衡这两个目标：γ 值过低会导致图片多样性较差，因为判别器太过关注对真实图片自编码；反之，图片视觉质量则会不佳。

由此，可得 BEGAN 的目标函数如下：

$$L_D = D(x) - k_t \cdot D(G(z))$$

$$L_G = D(G(z))$$

$$k_{t+1} = k_t + \lambda_k(\gamma D(x) - D(G(z)))$$

其中，k_t 初始化为 0，λ_k 为学习率(learning rate)。

此外，BEGAN 的另一个卓越效果是，其网络结构极为简单，不需要 ReLU、minbatch、批标准化等非线性操作，但其图片质量远远超过与其结构相近的 EBGAN。

7.4　GAN 的应用模型改进

上面介绍的一些 GAN 方法除了 DCGAN 外，其余的改进都基于目标函数。如果不考虑 InfoGAN、CGAN 和 Auto-GAN 等当下流行的 GAN 模型，可以将针对目标函数的改进分为两种：正则化与非正则化。

一般认为，到目前为止，GLS-GAN 有更好的建模能力。GLS-GAN 的两种特例 LS-GAN 和 WGAN 都是建立在 Lipschitz 连续函数空间中进行训练的。对判别器或损失函数而言，至今也尚未发现比 Lipschitz 约束更好的限制判别能力的条件，这可能也是今后研究的难点。

以上对 GAN 的改进可以说是对 GAN 基础的改进。然而基础的 GAN 在实际中有时不足以满足我们对生成数据的要求，例如，有时候我们会要求生成指定的某类图像，而不是随意模拟样本数据，比如生成某个文字；有时我们要求对图像某些部分做生成替换，而不是生成全部的图像，比如消除马赛克。基于这些实际生活上的要求，GAN 也需要对模型的结构做出调整，以生成我们需要的数据。

7.4.1　CGAN

如今在应用领域，绝大多数的数据是多标签的数据，而如何生成指定标签的数据就是条件 GAN(Conditional GAN，CGAN)在 GAN 模型上做的贡献。在基本的 GAN 模型中，生成器是通过输入一串满足某个分布的随机数来实现的，一般以均匀分布和高斯分布为主，当然，改进后的 GAN 也有不以随机数作为生成器的输入值的，如 CycleGAN 等。而在 CGAN 中，不仅要输入随机数，还需要将之与标签类别做拼接，一般要将标签转换成 one-hot 或其他的 tensor，再将其输入生成器，生成所需要的数据。此外，对判别器也需要将真实数据或生成数据与对应的标签类别做拼接，再输入判别器的神经网络进行识别和判断，其目标函数如下：

$$\min_G \max_D V(D,G) = \mathrm{E}_{x\sim p_{\text{data}}(x)}[\lg D(x|y)] + \mathrm{E}_{z\sim p_z(z)}[\lg(1-D(G(z|y)))]$$

其模型结构如图 7-5 所示。

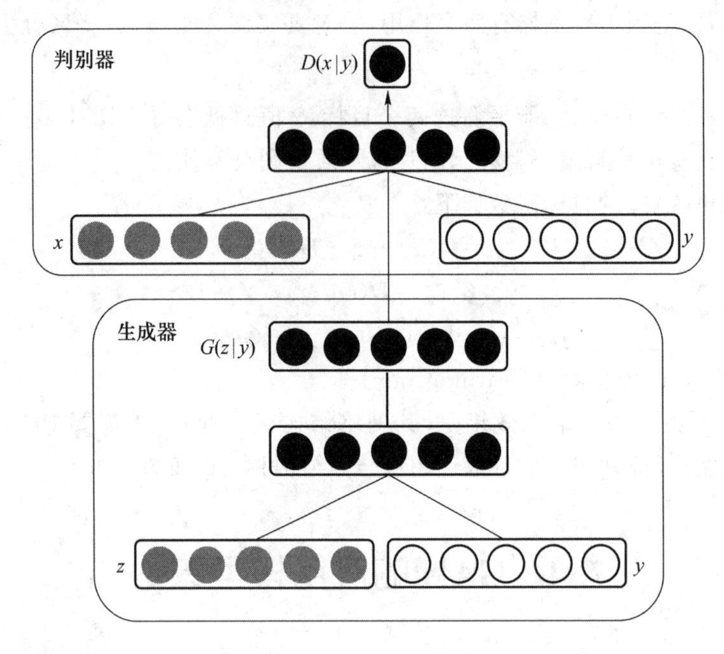

图 7-5　CGAN 的结构图

7.4.2 InfoGAN

自 CGAN 被提出后，针对 CGAN 的后续工作，很多学者利用 CGAN 做了应用或者改进，如拉普拉斯 GAN（Laplacian Generative Adversarial Network，LAPGAN）结合了 GAN 与 CGAN 的原理，利用一个串联的网络，以上一级生成的图片作为条件变量，构成拉普拉斯金字塔（Laplacian pyramid），从而生成从粗糙到精密的图片。

InfoGAN（Mutual Information）本质上也可以看作一种 CGAN。InfoGAN 是 CGAN 的一种改进，它能够学习样本中的关键维度信息。它将原先生成器上输入的 z 进行分解，除了原先的噪声 z 以外，还分解出一个隐含编码 c。其中，c 除了可以表示类别以外，还可以包含多种变量，以 MNIST 数据集为例，还可以表示诸如光照方向、字体的倾斜角度、笔画粗细等。

InfoGAN 的基本思想是：如果这个 c 能解释生成出来的 $G(z,c)$，那么 c 应该与 $G(z,c)$ 有高度的相关性，在 InfoGAN 中，可以表示为两者的互信息。目标函数可以写作：

$$\min_G \max_D V_1(D,G)=V(D,G)-\lambda I(c;G(z,c))$$

然而在互信息 $I(c;G(z,c))$ 的优化中，真实的 $P(c|x)$ 很难计算，因此人们采用了变分推断的思想，引入了变分分布 $Q(c|x)$ 来逼近 $P(c|x)$，步骤如下：

$$\begin{aligned}I(c;G(z,c)) &= H(c)-H(c|G(z,c))\\ &= \mathrm{E}_{x\sim G(z,c)}[\mathrm{E}_{c'\sim P(c|x)}[\lg P(c'|x)]]+H(c)\\ &= \mathrm{E}_{x\sim G(z,c)}[\underbrace{D_{\mathrm{KL}}(P(\cdot|x)\parallel Q(\cdot|x))}_{\geqslant 0}+\mathrm{E}_{c'\sim P(c|x)}[\lg Q(c'|x)]]+H(c)\\ &\geqslant \mathrm{E}_{x\sim G(z,c)}[\mathrm{E}_{c'\sim P(c|x)}[\lg Q(c'|x)]]+H(c)\end{aligned}$$

如此可以定义变分下界为

$$\begin{aligned} L_I(G,Q) &= \mathrm{E}_{c\sim P(c),x\sim G(z,c)}[\lg Q(c|x)]+H(c) \\ &= \mathrm{E}_{x\sim G(z,c)}[\mathrm{E}_{c'\sim P(c|x)}[\lg Q(c'|x)]]+H(c) \\ &\leqslant I(c;G(z,c)) \end{aligned}$$

这样 InfoGAN 的目标函数可以写作

$$\min_{G,Q}\max_{D} V_{\mathrm{InfoGAN}}(D,G,Q)=V(D,G)-\lambda L_1(G,Q)$$

InfoGAN 模型结构如图 7-6 所示。

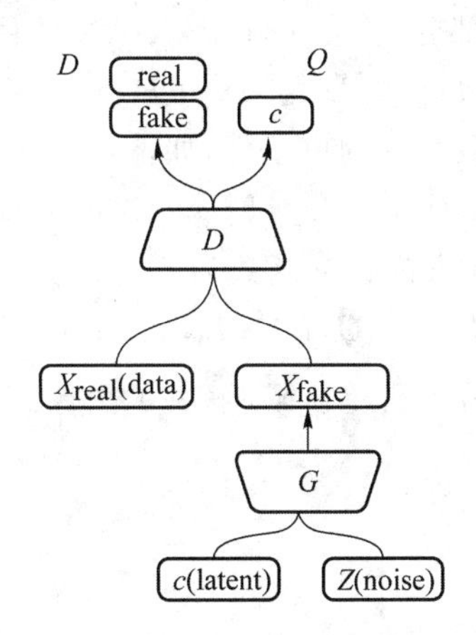

图 7-6　InfoGAN 模型结构示意图

Q 与 D 共享卷积层，计算花销大大减少。此外，Q 是一个变分分布，在神经网络中直接最大化，Q 也可以视作一个判别器，输出类别 c。

InfoGAN 的重要意义在于：它通过从噪声 z 中拆分出结构化的隐含编码 c 的方法，使得生成过程具有一定程度的可控性，生成结果也具备了一定的可解释性。

7.4.3　Pix2Pix

图像作为一种信息媒介，可以有很多种表达方式，比如灰度图、彩色图、素描图、梯度图等。图像翻译就是指这些图像的转换，比如已知灰度图，进而生成一张彩色照片。多年以来，这些任务需要用不同的模型去生成。在 GAN 以及 CGAN 出现后，这些任务可以用同一种框架来解决，即基于 CGAN 的变体——Pix2Pix。

Pix2Pix 将生成器看作一种映射，即将图片映射成另一张需要的图片，所以才将该算法取名为 Pix2Pix(map pixels to pixels，像素到像素的映射)。这种观点也给了后来研究者改进的想法和启发。

因此，生成器输入的数据除随机数 z 以外，还需要将图片 x(如灰度图、素描图等)作为条件进行拼接，输出的是转换后的图片(如照片)。而判别器输入的是转换后的图片或真实照片，特别之处在于，人们发现，判别器也将生成器输入的图片 x 作为条件进行拼接，会极大地提高实验的结果，其结构如图 7-7 所示。

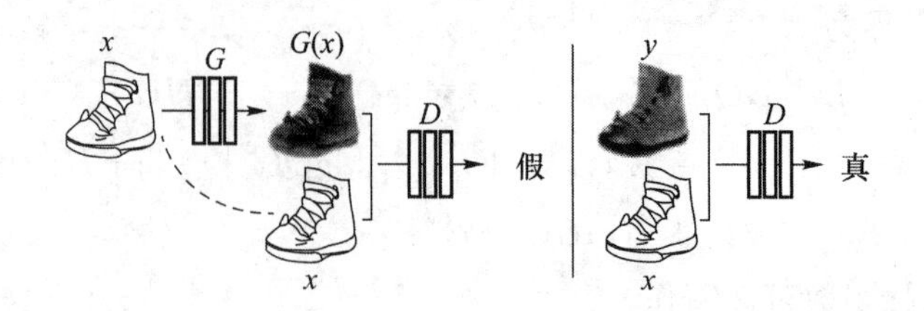

图 7-7 Pix2Pix 模型结构示意图

注：此结构图隐去了生成器的随机数 z。

Pix2Pix 的目标函数分为两部分，首先是基于 CGAN 的目标函数，如下式：

$$L_{\mathrm{CGAN}}(G,D)=E_{x,y}[\lg D(x,y)]+E_{x,z}[1-D(x,G(x,z))]$$

此外，还有生成的图像与原图一致性的约束条件，如下：

$$L_{L1}(G)=E_{x,y,z}[\|y-G(x,z)\|_1]$$

将之作为正则化约束，所以 Pix2Pix 的目标函数为

$$\min_G \max_D L_{\mathrm{Pix2Pix}}(G,D)=L_{\mathrm{CGAN}}(G,D)+\lambda L_{L1}(G)$$

Pix2Pix 成功地将 GAN 应用于图像翻译领域，解决了图像翻译领域内存在的众多问题，也给了后来的研究者重要的启发。

7.4.4 CycleGAN

Pix2Pix 致命的缺点在于其训练需要相互配对的图片 x 与 y。然而，这类数据是极度缺乏的，也极大地限制了 Pix2Pix 的应用。对此，CycleGAN 提出了不需要配对的数据的图像翻译方法。

设 X、Y 为两类图像，p_X、p_Y 为两类图像间的相互映射。CycleGAN 由两对生成器和判别器组成，分别为 $G_{X\to Y}$、D_Y 与 $G_{Y\to X}$、D_X，若以 WGAN 为基础，那么对 Y 类图像，有

$$L_Y(D_Y,G_{X\to Y})=E_{y\sim P_Y}[\lg D_Y(y)]+E_{x\sim P_X}[1-\lg D_Y(G_{X\to Y}(x))]$$

同样，对 X 类图像，有

$$L_X(D_X,G_{Y\to X})=E_{x\sim P_X}[\lg D_X(x)]+E_{y\sim P_Y}[1-\lg D_X(G_{Y\to X}(y))]$$

此外，Cycle 以及 CycleGAN 中较为重要的想法是循环一致性（cycle-consistent），这也是 CycleGAN 中 Cycle 这一名称的由来。循环一致性也可以看作 Pix2Pix 一致性约束的演变进化，其基本思想是两类图像经过两次相应的映射后，又会变为原来的图像。因此，循环一致性可以写成：

$$L_{\mathrm{cyc}}(G_{X\to Y},G_{Y\to X})=E_{x\sim P_X}(\|x-G_{Y\to X}(G_{X\to Y}(x))\|_2)+E_{y\sim P_Y}(\|y-G_{X\to Y}(G_{Y\to X}(x))\|_2)$$

因此，优化问题可以写成

$$\min_{G_{X\to Y},G_{Y\to X}} \max_{D_X,D_Y} L_{\mathrm{CycleGAN}}=L_Y+L_X+\lambda_c L_{\mathrm{cycle}}$$

其中 λ_c 为常数。

CycleGAN 的成功之处在于，可以用简单的模型成功地解决图像翻译领域面临的数据缺乏问题，不需要配对的两个场景的相互映射，实现了图像间的相互转换，CycleGAN 是图像翻译领域的又一重大突破。

7.4.5 StarGAN

虽然 Pix2Pix 解决了有配对的图像翻译问题，CycleGAN 解决了无配对的图像翻译问题，但是无论是 Pix2Pix 还是 CycleGAN，它们对图像翻译而言，都是一对一的，即一类图像对一类图像。然而涉及多类图像之间的转换，就需要 CycleGAN 进行一对一逐个训练，如图 7-8(a)所示，显然这样的行为是极为低效的。

针对这种困境，StarGAN 解决了这类问题。如图 7-8(b)所示，StarGAN 希望能够通过一个生成器解决所有跨域类别问题。

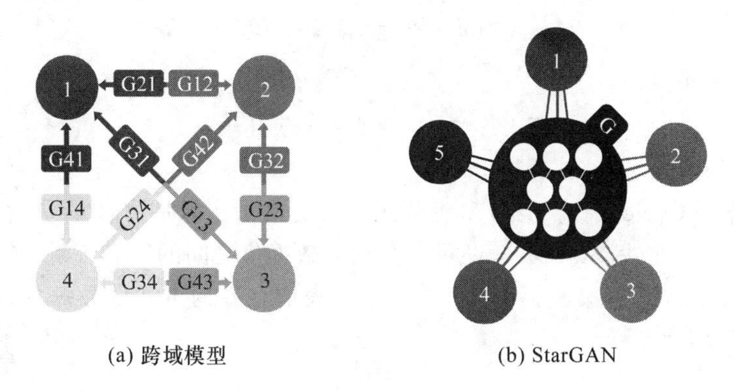

图 7-8　跨域模型(如 CycleGAN 等)与 StarGAN

StarGAN 中生成器与判别器的设计以及模型结构如图 7-9 所示。

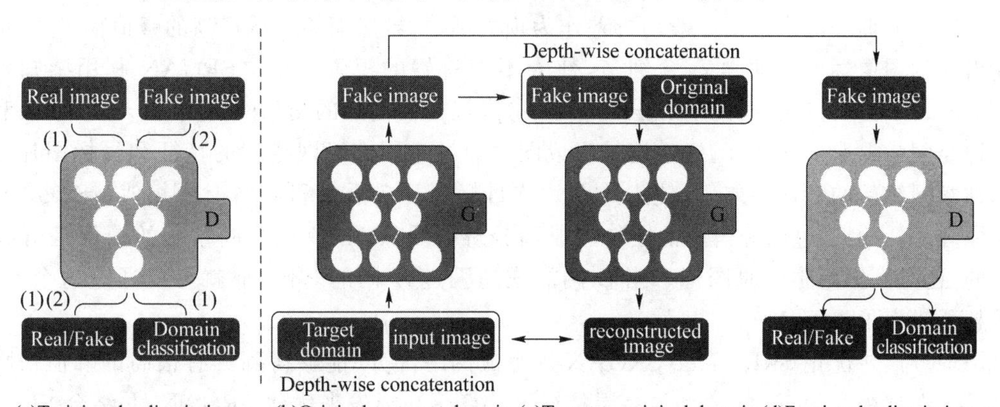

图 7-9　StarGAN 模型结构示意图

模型中(a)～(d)的要求如下：

(a) D 学会区分真实图像和生成图像，并将真实图像分类到其对应的域。因此，对 D 而言，实际上是由两部分组成的，即 $D:x\to\{D_{src}(x);D_{cls}(x)\}$；

(b) 拼接目标标签与输入图片，将之输入 G，并生成相应的图像；

(c) 在给定原始域标签的情况下，G 要尽量能重建原始图像，这与 CycleGAN 的循环一致性一脉相承；

(d) 这一点与一般的 GAN 相同，G 要尽量生成与真实图像相似的图像，但同时又要尽量能被 D 区分出来。

从目标函数来看，首先判别器的目标函数要求满足 GAN 的结构，即

$$L_{adv}=E_x[\lg D_{src}(x)]+E_{x,c}[\lg(1-D_{src}(G(x,c)))]$$

此外，还需要判别器能将真实图像分类到相应的域：

$$L_{cls}^r=E_{x,c'}[-\lg D_{cls}(c'|x)]$$

针对生成器，除了 L_{adv} 对应的 GAN 结构外，还要求判别器能将生成图像分类到相应的域：

$$L_{cls}^f=E_{x,c}[-\lg D_{cls}(c|G(x,c))]$$

此外，还要求尽量能重建原始图像：

$$L_{rec}=E_{x,c,c'}[x-G(G(x,c),c')]$$

其中，c' 为原始图像对应的类别。如此，可以得到判别器的目标函数为

$$\min_D L_D=-L_{adv}+\lambda_{cls}L_{cls}^r$$

以及生成器的目标函数为

$$\min_G L_G=L_{adv}+\lambda_{cls}L_{cls}^r+\lambda_{rec}L_{rec}$$

其中 λ_{cls} 和 λ_{rec} 均为常数。

StarGAN 作为 CycleGAN 的推广，将两两映射变成了多领域之间的映射，是图像翻译领域的又一重大突破。此外，StarGAN 还可以实现多数据集之间的联合训练，比如将拥有肤色、年龄等标签的 CelebA 数据集和拥有生气、害怕等表情标签的 RaFD 数据集训练到同一个模型，完成模型的压缩。

7.4.6 SRGAN

在以往的训练网络中用一般均方差作为损失函数，虽然能够获得很高的峰值信噪比，但是恢复出来的图像通常会丢失高频细节，使人不能有好的视觉感受。SRGAN 利用感知损失(perceptual loss)和对抗损失(adversarial loss)来提升恢复出的图片的真实感。感知损失利用卷积神经网络提取出的特征，通过比较生成图片经过卷积神经网络后的特征和目标图片经过卷积神经网络后的特征的差别，使生成图片和目标图片在语义和风格上更相似。SRGAN 的工作原理是：G 网通过低分辨率的图像生成高分辨率图像，由 D 网判断拿到的图像是由 G 网生成的，还是数据库中的原图像。当 G 网能成功骗过 D 网的时候，那就可以通过这个 GAN 完成超分辨率了。

用均方误差优化 SRResNet(SRGAN 的生成网络部分)能够得到具有很高的峰值信噪比的结果。在训练好的 VGG 模型的高层特征上计算感知损失来优化 SRGAN，并结合 SRGAN 的判别网络，能够得到峰值信噪比虽然不是最高，但是具有逼真视觉效果的结果。SRGAN 网络结构如图 7-10 所示。

在生成网络部分(SRResNet)包含多个残差块，每个残差块中都包含两个 3×3 的卷积层，卷积层后接批规范化层和 PReLU 作为激活函数，两个 2× 亚像素卷积层(sub-pixel convolution layer)被用来增大特征尺寸。判别网络部分包含 8 个卷积层，随着网络层数的加深，特征个数不断增加，特征尺寸不断减小，选取激活函数为 LeakyReLU，通过两个全连接层和最终的 Sigmoid 激活函数得到预测为自然图像的概率。SRGAN 的损失函数为

$$l^{SR}=\underbrace{\underbrace{l_X^{SR}}_{\text{内容损失}}+\underbrace{10^{-3}l_{Gen}^{SR}}_{\text{对抗损失}}}_{\text{感知损失(基于VGG网络的损失函数)}}$$

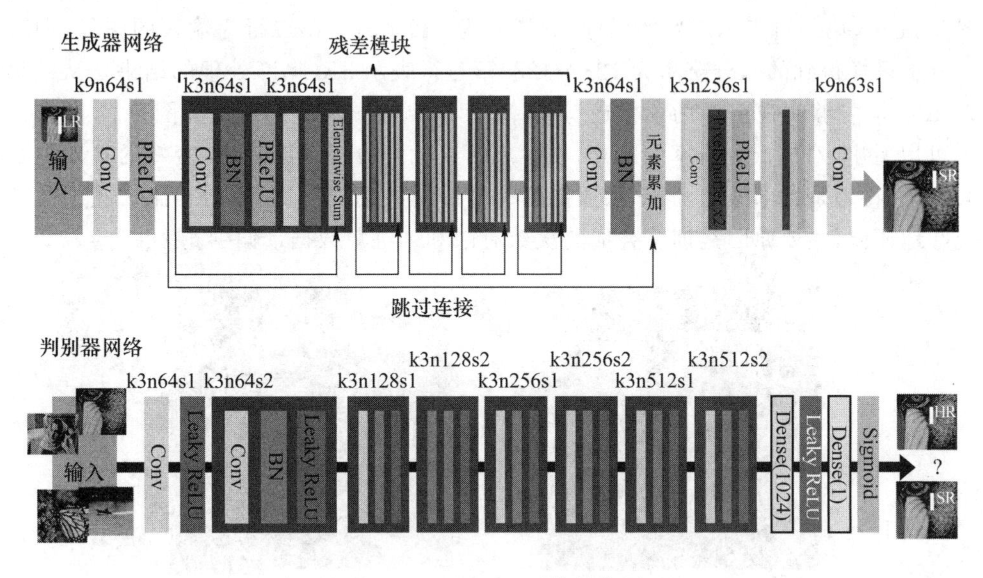

图 7-10　SRGAN 网络结构图

其中,内容损失可以是基于均方误差的损失函数:

$$l_{\mathrm{MSE}}^{\mathrm{SR}}=\frac{1}{r^{2}WH}\sum_{x=1}^{rW}\sum_{y=1}^{rH}\left(I_{x,y}^{\mathrm{HR}}-G_{\theta_{G}}\left(I^{\mathrm{LR}}\right)_{x,y}\right)^{2}$$

也可以是基于训练好的以 ReLU 为激活函数的 VGG 模型的损失函数:

$$l_{\mathrm{VGG}/i,j}^{\mathrm{SR}}=\frac{1}{W_{i,j}H_{i,j}}\sum_{x=1}^{W_{i,j}}\sum_{y=1}^{H_{i,j}}\left(\varphi_{i,j}\left(I^{\mathrm{HR}}\right)_{x,y}-\varphi_{i,j}\left(G_{\theta_{G}}\left(I^{\mathrm{LR}}\right)\right)_{x,y}\right)^{2}$$

其中 i 和 j 表示 VGG19 网络中从第 i 个最大池化层中的第 j 个卷积层得到的特征。对抗损失为

$$l_{\mathrm{Gen}}^{\mathrm{SR}}=\sum_{n=1}^{N}-\lg D_{\theta_{D}}\left(G_{\theta_{G}}\left(I^{\mathrm{LR}}\right)\right)$$

最终的实验结果表明,用基于均方误差的损失函数训练 SRResNet,得到的结果具有很高的峰值信噪比,但是会丢失一些高频部分细节,图像比较平滑。而用 SRGAN 得到的结果则有更好的视觉效果。其最终的效果如图 7-11 所示。

图 7-11　SRGAN 的最终效果图

图 7-11 中，第一行表示原始的图像，分辨率为 512×512，第二行为输入的图像（即对原始影像进行下采样得到的），分辨率为 128×128，第三行表示 SRGAN 处理的结果。从结果可以看出，SRGAN 能够实现图像的 4 倍超分辨率，具体单张图片详细对比如图 7-12 所示。从图 7-12 中可以看出，对比低分辨率的图片，在生成出来的超分辨率图片中，蜜蜂的整体图片均有较好的提升，特别是背部绒毛、腹部和腿部均有较好的纹理提升，和原图相比一些细微纹理还无法较好地还原，主要原因是训练叠加的次数有限和训练集数据量偏少。

(a) 低分辨率的图片

(b) 生成出来的超分辨率图片

图 7-12　单张图片效果对比图

7.4.7 DeblurGAN

图像去模糊化处理是一个典型的不适应问题，因此处理难度比较大。在深度学习流行以前，传统的图像去模糊化主要使用模糊模型对其进行建模处理。模糊模型的常见表述为：$I_B=K*I_S+N$。其中 I_B 是模糊图像，K 是模糊核，$*$ 表示卷积运算，N 是加性噪声，I_S 是潜在、未知的清晰图像，也就是最终重构出来的清晰图像。

在 DeblurGAN 中，输入一张模糊的图像 I_B，通过构建一个生成对抗网络，训练出一个卷积神经网络，作为 GAN 中的生成器 G_{θ_G} 和一个判别网络 D_{θ_D}，最终通过对抗形式重构出清晰的图像 I_S，从而达到去运动模糊的结果。整个网络架构如图 7-13 所示。

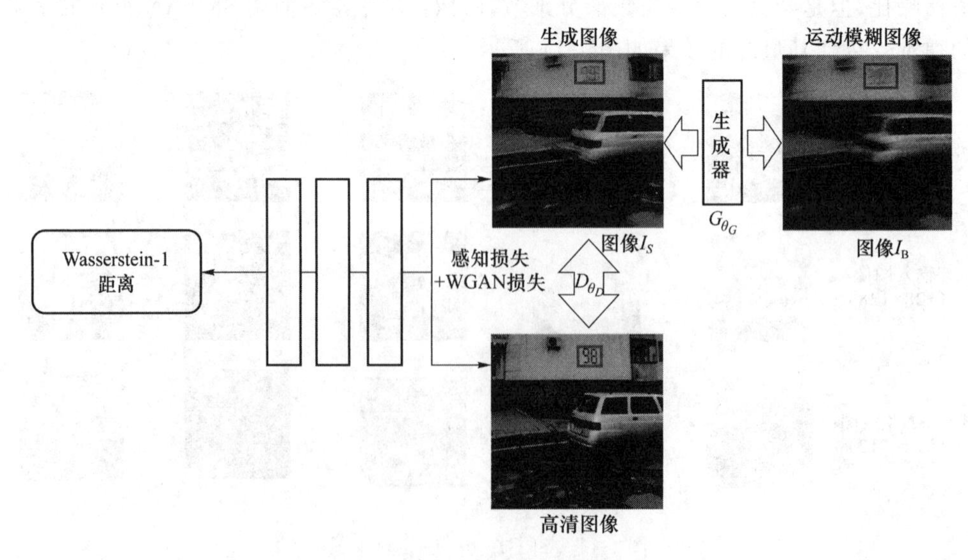

图 7-13　DeblurGAN 架构

在生成器 G 的网络结构设计上，DeblurGAN 使用深度残差网络（ResNet）结构，由于 ResNet 不仅大幅增加了神经网络层数，而且在一定程度上解决了在很深的网络训练中梯度消失或梯度爆炸问题，这可以大幅提升模型的容纳能力，从而最终获得更佳的图像生成效果。生成器 G 的结构如图 7-14 所示。在图 7-14 所示的架构中可以看出，DeblurGAN 包含两个 1/2 间隔的卷积单元、9 个剩余（Residual）单元和两个反卷积单元。每个 ResBlock 都由卷积层、实例归一化层和 ReLU 激活组成。而 DeblurGAN 的判别器 D 的网络架构依然使用 Pix2Pix 中的 PatchGAN。

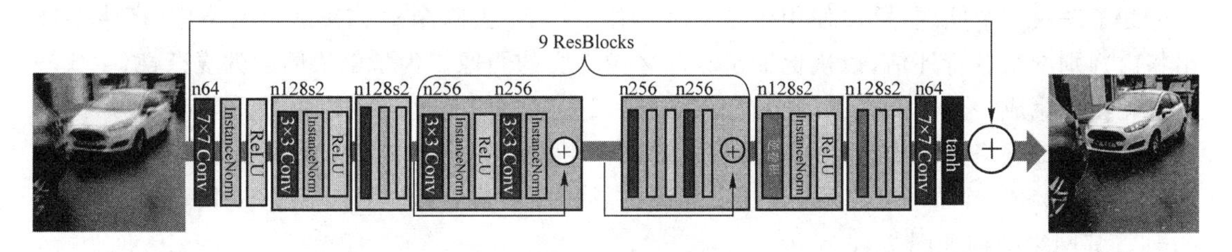

图 7-14　DeblurGAN 中生成器 G 的网络结构图

在 DeblurGAN 中，损失函数由对抗损失和内容损失这两部分构成，其整体计算公式是 $\mathscr{L}=\mathscr{L}_{\mathrm{GAN}}+\lambda\cdot\mathscr{L}_X$，其中 $\mathscr{L}_{\mathrm{GAN}}$ 是对抗损失，$\mathscr{L}_X$ 是内容损失，$\lambda=100$。

训练原始的 GAN 很容易遇到梯度消失、模型崩溃等问题，训练起来十分棘手。使用 WGAN-GP 可实现在多种 GAN 结构上稳定进行训练，且几乎不需要调整超参数。在 DeblurGAN 中使用的是 WGAN-GP，对抗损失的计算式如下：

$$\zeta_{\mathrm{GAN}}=\sum_{n=1}^{N}-D_{\theta_D}(G_{\theta_G}(I_{\mathrm{B}}))$$

内容损失评估生成的清晰图像和实际清晰图像之间的差距。两个常用的选择是 L_1（MAE）损失和 L_2（MAE）损失。在 DeblurGAN 中使用感知损失，本质上是一种 L_2（MAE）损失。内容损失的计算式如下：

$$\zeta_X=\frac{1}{W_{i,j}H_{i,j}}\sum_{x=1}^{W_{i,j}}\sum_{y=1}^{H_{i,j}}(\phi_{i,j}(I_{\mathrm{S}})_{x,y}-\phi_{i,j}(G_{\theta_G}(I_{\mathrm{B}}))_{x,y})^2$$

最终结果如图 7-15 所示，可以看出，相比输入的 blur 影像，通过 DeblurGAN 后确实可以明显地看出图像清晰了很多，能显示出图像中的一些细节纹理，特别是图上部分的数字能基本准确地辨别出来。由于训练的次数还不够或者是原图像过度模糊难以复原，部分放大了看仍有一些地方比较模糊。为了得到更加清晰的图片，可以在增加迭代训练次数的基础上，采用算力更强的显卡进行更多次的训练，从而既能节约训练时间，又能得到较好的预期结果。

(a) 输入的模糊图像

(b) DeblurGAN运行结果

(c) 真实图像

图 7-15　DeblurGAN 的实验对比图

7.4.8 AttentiveGAN

附着在窗户玻璃、挡风玻璃或镜头上的雨滴会阻碍背景场景的能见度，并降低图像的质量。图像质量降低的主要原因是有雨滴的区域与没有雨滴的区域相比，包含不同的映像。与没有雨滴的区域不同，雨滴区域是由来自更广泛环境的反射光形成的，这是由于雨滴的形状类似于鱼眼镜头。此外，在大多数情况下，相机的焦点都在背景场景上，使得雨滴的外观变得模糊。

为了解决这个问题，可以使用生成对抗网络(GAN)去除余地。在这个网络中，产生的输出将由判别网络进行评估，以确保输出看起来像真实的图像。为了解决问题的复杂性，生成网络首先尝试生成一个注意力图(attention map)。注意力图是这个网络中最重要的部分，因为它将引导生成网络关注雨滴区域。注意力图由一个循环网络生成，该循环网络由深层残差网络(ResNets)和一个卷积 LSTM 与几个标准的卷积层组成，故称为 Attentive-Recurrent Network。其网络结构如图 7-16 所示。

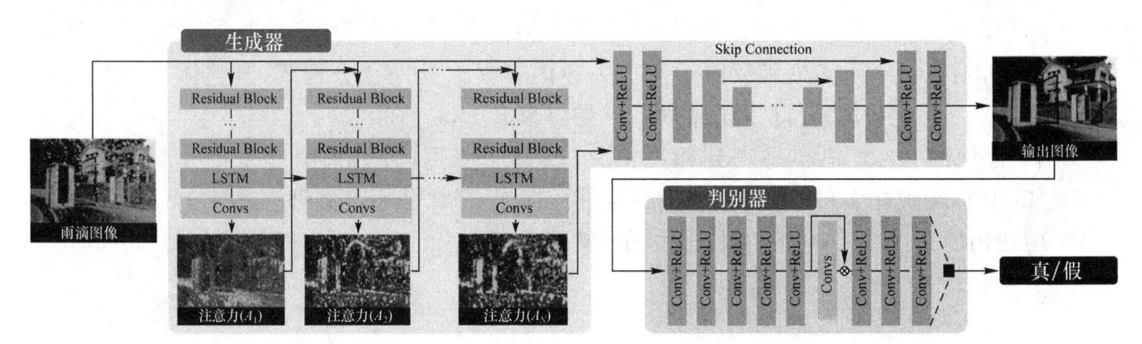

图 7-16　AttentiveGAN 网络结构图

从图 7-16 中可以看出，AttentiveGAN 由 3 个部分构成：

① Attention-Recurrent Network；

② Contextual Autoencoder；

③ Discriminator Network。

- Attention-Recurrent Network。网络架构为循环神经网络，每个 cell 都使用 5 层 ResNet，在特征提取中用到了 Attention 的结构，Attention 结构可以有效地从 Rain Drop Image 中不断地利用 Residual block 去抽取 Feature，通过 Feature 渐进式地使用 ConvLSTM 去不断地检测 Attentive 的区域。在训练数据集中图片都是成对的，所以可以计算出对应的 Mask(M)，然后利用计算出的注意力热图，和 Mask 构建出 Loss 函数；由于是不断渐进的 ConvLSTM 的方式，所以会设置一个参数 θ，给它步长的一个衰减，通过不断的迭代可以得到一个比较好的 Attentive 的效果，来描述中间的 Rain Drop Image 中的 Rain 的性质。
- Contextual Autoencoder。背景自动编码器的目的是产生一个没有雨滴的图像。自动编码器的输入是输入图像和 Attentive-Recurrent 网络的最终注意力图的连接。Deep Autoencoder 有 16 个 Conv-ReLU 块，并且跳过连接以防止模糊输出。
- Discriminator Network。判别网络包含 7 个卷积层，核为(3,3)，全连接层为 1024，以及包括一个具有 Sigmoid 激活函数的单个神经元。

整个 AttentiveGAN 实验结果如图 7-17 所示，可以看到，当雨点比较小的时候，结果几乎能够非常清晰地复原；当雨点比较大的时候，虽然无法完全复原原图，不过也能够比较好地去除雨点。

图 7-17　AttentiveGAN 实验结果对比图

7.5　GAN 的应用

GAN 最直接的应用在于数据的生成，也就是通过 GAN 的建模能力生成图像、语音、文字、视频等。但如今，GAN 最成功的应用领域主要是计算机视觉，包括图像、视频的生成，如图像翻译、图像上色、图像修复、视频生成等。此外 GAN 在自然语言处理、人机交互领域也略有拓展和应用。本节将从图像领域、视频领域以及人机交互领域分别介绍 GAN 的相关应用。

7.5.1　图像领域

例如，CycleGAN 就是 GAN 在图像领域上的一种重要应用模型。CycleGAN 以无须配对的两类图像为基础，可以将输入的一张哭脸转变为笑脸。StarGAN 是 CycleGAN 的进一步扩展，一个类别与一个类别对应就要训练一次太过麻烦，我们不但需要把笑脸转化为哭脸，还需要把它转化为惊讶、沮丧等多种表情，而 StarGAN 实现了这种功能。

此外，也有很多的 GAN 技术将文字描述转换成图片，根据轮廓图像生成接近真实的照片等。

7.5.2　视频领域

将 GAN 训练应用于视频预测，即生成器根据前面一系列帧生成视频最后一帧，判别器对该帧进行判断。除最后一帧外的所有帧都是真实的图片，这样的好处是判别器能有效地利用时间维度的信息，同时也有助于使生成的帧与前面的所有帧保持一致。实验结果表明，通过对抗训练生成的帧比其他算法更加清晰。

此外，Vondrick 等人在视频领域也取得了巨大进展，他们能生成 32 帧分辨率为 64×64 的逼真视频，描绘的内容包括高尔夫球场、沙滩、火车站以及新生儿。经过测试，20%的标记员无法识别这些视频的真伪。

7.5.3 人机交互领域

Santana 等人实现了利用 GAN 的辅助自动驾驶。首先，生成与真实交通场景图像分布一致的图像，然后，训练一个基于循环神经网络的转移模型来预测下一个交通场景。

另外，GAN 还可以用于对抗神经机器翻译，将神经机器翻译(Neural Machine Translation, NMT)作为 GAN 的生成器，采用策略梯度方法训练判别器，通过最小化人类翻译和神经机器翻译的差别生成高质量的翻译。

7.6 GAN 模拟实验

7.6.1 实验目标

对抗网络可以简单地归纳为一个生成器 G 和一个判别器 D 之间博弈的过程。下面我们基于 TensorFlow 深度学习引擎，模拟两个模块的训练过程。

(1) 两个模块的分工

判别网络直观来看就是一个简单的神经网络结构，输入就是一副图像，输出就是一个概率值，用于判断真假(概率值大于 0.5 那就是真，小于 0.5 那就是假)。

生成网络同样也可以看成一个神经网络模型，输入是一组随机数 Z，输出是一个图像。

(2) 两个模块的训练目的

判别网络的目的。就是能判别出来一张图它是来自真实样本集还是假样本集。假如输入的是真样本，网络输出就接近 1，如果输入的是假样本，网络输出就接近 0，那么很完美，达到了很好的判别目的。

生成网络的目的。生成网络是造样本的，它的目的就是使得自己造样本的能力尽可能强，强到判别网络没法判断是真样本还是假样本。

7.6.2 实验内容

首先，随机产生一个生成网络模型，尽管这个网络在初始状态不一定是最好的生成网络。当给它一堆随机数组时，就会得到一堆假的样本集，因为不是最终的生成模型，所以现在生成网络可能处于劣势，导致生成的样本很糟糕，可能很容易就被判别网络判别出这是假的。但是这个没有关系，假设我们有了这样的假样本集，真样本集一直都有，现在我们人为地定义真假样本集的标签,因为我们希望真样本集的输出尽可能为1,假样本集为0,很明显这里我们就已经默认真样本集所有的类标签都为1,而假样本集所有的类标签都为0。

对于生成网络,应该生成尽可能逼真的样本。那么原始的生成网络生成的样本怎么知道它真不真呢?方法就是送到判别网络中,所以在训练生成网络的时候,我们需要联合判别网络一起才能达到训练的目的,就是如果我们单单只用生成网络,那么想想我们怎么去训练?误差来源在哪里?若将刚才的判别网络串接在生成网络的后面,这样我们就知道真假了,也就有了误差了。所以对于生成网络的训练其实是对生成-判别网络串接的训练。

现在来分析一下样本,原始的噪声数组 z 已经具备,也就是生成了假样本,此时关键的一点就是要把这些假样本的标签都设置为1,也就是认为这些假样本在生成网络训练的时候是真样本。这样才能起到迷惑判别器的目的,也才能使得生成的假样本逐渐逼近真实样本。

7.6.3 实验步骤

1. 数据准备

本次实验的数据集采用MNIST数据集,获得该数据集的方法一般有两种。一种是到http://yann.lecun.com/exdb/mnist直接下载数据集,另一种是利用Python代码下载。具体代码如下:

```
#MNIST数据集下载,下载之后的文件在MNIST_data文件夹下
from tensorflow.examples.tutorials.mnist import input_data
data = input_data.read_data_sets('MNIST_data/')
```

下载完毕之后,所有数据为压缩包形式,需要对训练数据进行解压缩操作。同时为了方便后续处理,我们需要将数据转换成numpy可以读取的格式,转换方法如下:

```
#定义load_data()函数以读取数据
def load_data(data_path):
    '''
    函数功能:导出MNIST数据
    输入:data_path   传入数据所在路径(解压后的数据)
    输出:train_data   输出data,形状为(60000, 28, 28, 1)
         train_label   输出label,形状为(60000, 1)
    '''
    f_data = open(os.path.join(data_path,'train-images.idx3-ubyte'))
    loaded_data = np.fromfile(file=f_data, dtype=np.uint8)
    #前16个字符为说明符,需要跳过
    train_data = loaded_data[16:].reshape((-1, 784)).astype(np.float)
    f_label = open(os.path.join(data_path,'train-labels.idx1-ubyte'))
    loaded_label = np.fromfile(file=f_label, dtype=np.uint8)
    #前8个字符为说明符,需要跳过
    train_label = loaded_label[8:].reshape((-1)).astype(np.float)

return train_data, train_label
```

2. 定义 GAN 网络需要的超参数

超参数是指在开始学习之前设置的参数,这一步的主要作用是设置后面所需要的超参数。

```
#导入需要的包
import os                                              #读取路径下文件
import shutil                                          #递归删除文件
import tensorflow as tf                                #编写神经网络
import numpy as np                                     #矩阵运算操作
from skimage.io import imsave                          #保存影像
from tensorflow.examples.tutorials.mnist import input_data
                                                       #第一次下载数据时用

#图像的 size 为(28, 28, 1)
image_height = 28
image_width = 28
image_size = image_height * image_width

#是否训练和存储设置
train = True
restore = False                                        #是否存储训练结果
output_path = "./output/"                              #存储文件的路径

#实验所需的超参数
max_epoch = 500
batch_size = 256
h1_size = 256                                          #第一隐藏层的 size,即特征数
h2_size = 512                                          #第二隐藏层的 size,即特征数
z_size = 128                                           #生成器的传入参数
```

3. 编写 GAN 的网络结构

GAN 的网络结构包括两部分:生成器和判别器。其中生成器部分:

```
import tensorflow as tf      #引用 TensorFlow 包

#定义 GAN 的生成器
def generator(z_prior):
    '''
    函数功能:生成影像,参与训练过程
    输入:z_prior,              #输入 tf 格式,size 为(batch_size, z_size)的数据
    输出:x_generate,           #生成图像
         g_params,             #生成图像的所有参数
    '''
    #第一个链接层
```

```
    # 在以 2 倍标准差 stddev 的截断的正态分布中生成大小为[z_size, h1_size]的随机值,权值 weight 初始化
    w1 = tf.Variable(tf.truncated_normal([z_size, h1_size], stddev = 0.1), name = "g_w1", dtype = tf.float32)
    # 生成大小为[h1_size]的 0 值矩阵,偏置 bias 初始化
    b1 = tf.Variable(tf.zeros([h1_size]), name = "g_b1", dtype = tf.float32)
    # 通过矩阵运算,将输入 z_prior 传入隐藏层 h1。激活函数为 ReLU
    h1 = tf.nn.relu(tf.matmul(z_prior, w1) + b1)

    # 第二个链接层
    # 在以 2 倍标准差 stddev 的截断的正态分布中生成大小为[h1_size, h2_size]的随机值,权值 weight 初始化
    w2 = tf.Variable(tf.truncated_normal([h1_size, h2_size], stddev = 0.1), name = "g_w2", dtype = tf.float32)
    # 生成大小为[h2_size]的 0 值矩阵,偏置 bias 初始化
    b2 = tf.Variable(tf.zeros([h2_size]), name = "g_b2", dtype = tf.float32)
    # 通过矩阵运算,将 h1 传入隐藏层 h2。激活函数为 ReLU
    h2 = tf.nn.relu(tf.matmul(h1, w2) + b2)

    # 第三个链接层
    # 在以 2 倍标准差 stddev 的截断的正态分布中生成大小为[h2_size, image_size]的随机值,权值 weight 初始化
    w3 = tf.Variable(tf.truncated_normal([h2_size, image_size], stddev = 0.1), name = "g_w3", dtype = tf.float32)
    # 生成大小为[image_size]的 0 值矩阵,偏置 bias 初始化
    b3 = tf.Variable(tf.zeros([image_size]), name = "g_b3", dtype = tf.float32)
    # 通过矩阵运算,将 h2 传入隐藏层 h3
    h3 = tf.matmul(h2, w3) + b3
    # 利用 tanh 激活函数,将 h3 传入输出层
    x_generate = tf.nn.tanh(h3)

    # 将所有参数合并到一起
    g_params = [w1, b1, w2, b2, w3, b3]

    return x_generate, g_params
```

判别器部分:

```
# 定义 GAN 的判别器
def discriminator(x_data, x_generated, keep_prob):
    '''
    函数功能:对输入数据进行判断,并保存其参数
```

```
输入:x_data,                    #输入的真实数据
     x_generated,               #生成器生成的虚假数据
     keep_prob,                 #dropout 率,防止过拟合
输出:y_data,                    #判别器对 batch 个数据的处理结果
     y_generated,               #判别器对余下数据的处理结果
     d_params,                  #判别器的参数
'''

#合并输入数据,包括真实数据 x_data 和生成器生成的假数据 x_generated
x_in = tf.concat([x_data, x_generated], 0)

#第一个链接层
#在以 2 倍标准差 stddev 的截断的正态分布中生成大小为[image_size, h2_size]
  的随机值,权值 weight 初始化
w1 = tf.Variable(tf.truncated_normal([image_size, h2_size], stddev = 0.1),
    name = "d_w1", dtype = tf.float32)
#生成大小为[h2_size]的 0 值矩阵,偏置 bias 初始化
b1 = tf.Variable(tf.zeros([h2_size]), name = "d_b1", dtype = tf.float32)
#通过矩阵运算,将输入 x_in 传入隐藏层 h1。同时以一定的 dropout 率舍弃节点,
  防止过拟合
h1 = tf.nn.dropout(tf.nn.relu(tf.matmul(x_in, w1) + b1), keep_prob)

#第二个链接层
#在以 2 倍标准差 stddev 的截断的正态分布中生成大小为[h2_size, h1_size]的
  随机值,权值 weight 初始化
w2 = tf.Variable(tf.truncated_normal([h2_size, h1_size], stddev = 0.1),
    name = "d_w2", dtype = tf.float32)
#生成大小为[h1_size]的 0 值矩阵,偏置 bias 初始化
b2 = tf.Variable(tf.zeros([h1_size]), name = "d_b2", dtype = tf.float32)
#通过矩阵运算,将 h1 传入隐藏层 h2。同时以一定的 dropout 率舍弃节点,防止过拟合
h2 = tf.nn.dropout(tf.nn.relu(tf.matmul(h1, w2) + b2), keep_prob)

#第三个链接层
#在以 2 倍标准差 stddev 的截断的正态分布中生成大小为[h1_size, 1]的随机值,
  权值 weight 初始化
w3 = tf.Variable(tf.truncated_normal([h1_size, 1], stddev = 0.1), name = "d_
    w3", dtype = tf.float32)
#将偏置 bias 初始化
b3 = tf.Variable(tf.zeros([1]), name = "d_b3", dtype = tf.float32)
#通过矩阵运算,将 h2 传入隐藏层 h3
h3 = tf.matmul(h2, w3) + b3
```

```
    #从 h3 中切出 batch_size 张图像
    y_data = tf.nn.sigmoid(tf.slice(h3, [0, 0], [batch_size, -1], name =
            None))
    #从 h3 中切除余下的图像
    y_generated = tf.nn.sigmoid(tf.slice(h3, [batch_size, 0], [-1, -1], name = None))

    #判别器的所有参数
    d_params = [w1, b1, w2, b2, w3, b3]

    return y_data, y_generated, d_params
```

定义完生成器和判别器之后，再添加一个显示结果的函数，这样可以在实验的过程中知道我们的训练情况：

```
#显示结果的函数
def show_result(batch_res, fname, grid_size = (8, 8), grid_pad = 5):
    '''
    函数功能:输入相关参数,将运行结果以图片的形式保存到当前路径下
    输入:batch_res,                     #输入数据
        fname,                          #输入路径
        grid_size = (8, 8),             #默认输出图像为 8×8 张
        grid_pad = 5,                   #默认图像的边缘留白为 5 像素
    输出:无
    '''

    #将 batch_res 进行值[0, 1]归一化,同时将其 reshape 成(batch_size, image_
      height, image_width)
    batch_res = 0.5 * batch_res.reshape((batch_res.shape[0], image_height,
            image_width)) + 0.5
    #重构显示图像格网的参数
    img_h, img_w = batch_res.shape[1], batch_res.shape[2]
    grid_h = img_h * grid_size[0] + grid_pad * (grid_size[0] - 1)
    grid_w = img_w * grid_size[1] + grid_pad * (grid_size[1] - 1)
    img_grid = np.zeros((grid_h, grid_w), dtype = np.uint8)
    for i, res in enumerate(batch_res):
        if i >= grid_size[0] * grid_size[1]:
            break
        img = (res) * 255.
        img = img.astype(np.uint8)
        row = (i // grid_size[0]) * (img_h + grid_pad)
```

```
        col = (i % grid_size[1]) * (img_w + grid_pad)
        img_grid[row:row + img_h, col:col + img_w] = img
    #保存图像
    imsave(fname, img_grid)
```

4. 训练过程

```
#定义训练过程
def train():
    '''
    函数功能:训练整个GAN网络,并随机生成手写数字
    输入:无
    输出:sess.saver()
    '''

    #加载数据
    train_data, train_label = load_data("MNIST_data")
    size = train_data.shape[0]

    #构建模型---------------------------------------------------------------
    #定义GAN网络的输入,其中x_data为[batch_size, image_size], z_prior为
      [batch_size, z_size]
    x_data = tf.placeholder(tf.float32, [batch_size, image_size], name = "x_da-
             ta") # (batch_size, image_size)
    z_prior = tf.placeholder(tf.float32, [batch_size, z_size], name = "z_pri-
              or") # (batch_size, z_size)
    #定义dropout率
    keep_prob = tf.placeholder(tf.float32, name = "keep_prob")
    global_step = tf.Variable(0, name = "global_step", trainable = False)

    #利用生成器生成数据x_generated和参数g_params
    x_generated, g_params = generator(z_prior)
    #利用判别器判别生成器的结果
    y_data, y_generated, d_params = discriminator(x_data, x_generated, keep_prob)

    #定义判别器和生成器的loss函数
    d_loss = - (tf.log(y_data) + tf.log(1 - y_generated))
    g_loss = - tf.log(y_generated)

    #设置学习率为0.0001,用AdamOptimizer进行优化
```

```
optimizer = tf.train.AdamOptimizer(0.0001)

# 判别器和生成器对损失函数进行最小化处理
d_trainer = optimizer.minimize(d_loss, var_list = d_params)
g_trainer = optimizer.minimize(g_loss, var_list = g_params)
# 模型构建完毕------------------------------------------------------------

# 全局变量初始化
init = tf.global_variables_initializer()

# 启动会话 sess
saver = tf.train.Saver()
sess = tf.Session()
sess.run(init)

# 判断是否需要存储
if restore:
    # 若是,将最近一次的 checkpoint 点存到 outpath 下
    chkpt_fname = tf.train.latest_checkpoint(output_path)
    saver.restore(sess, chkpt_fname)
else:
    # 若不是,判断目录是否存在,如果目录存在,则递归地删除目录下的所有内容,
      并重新建立目录
    if os.path.exists(output_path):
        shutil.rmtree(output_path)
    os.mkdir(output_path)

# 利用随机正态分布产生噪声影像,尺寸为(batch_size, z_size)
z_sample_val = np.random.normal(0, 1, size = (batch_size, z_size)).astype
               (np.float32)

# 逐个 epoch 内训练
for i in range(sess.run(global_step), max_epoch):
    # 图像每个 epoch 内可以放(size // batch_size)个 size
    for j inrange(size // batch_size):
        if j % 20 == 0:
            print("epoch: % s, iter: % s" % (i, j))

        # 训练一个 batch 的数据
        batch_end = j * batch_size + batch_size
```

```
            if batch_end >= size:
                batch_end = size - 1
            x_value = train_data[ j * batch_size: batch_end ]
            #将数据归一化到[-1, 1]
            x_value = x_value / 255.
            x_value = 2 * x_value - 1

            #以正态分布的形式产生随机噪声
            z_value = np.random.normal(0, 1, size = (batch_size, z_size)).as-
                type(np.float32)
            #每个batch下,输入数据运行GAN,训练判别器
            sess.run(d_trainer,
                feed_dict = {x_data: x_value,
                             z_prior: z_value,
                             keep_prob: np.sum(0.7).astype(np.float32)})
            #每个batch下,输入数据运行GAN,训练生成器
            if j % 1 == 0:
                sess.run(g_trainer, feed_dict = {x_data: x_value,
                                                 z_prior: z_value,
                                                 keep_prob: np.sum(0.7)
                                                 .astype(np.float32)})
        #每一个epoch中的所有batch训练完后,利用z_sample测试训练后的生成器
        x_gen_val = sess.run(x_generated, feed_dict = {z_prior: z_sample_val})
        #每一个epoch中所有batch训练完后,显示生成器的结果,并打印生成结果的值
        show_result(x_gen_val, os.path.join(output_path, "sample%s.jpg" % i))
        print(x_gen_val)
        #每一个epoch中,生成随机分布以重置z_random_sample_val
        z_random_sample_val = np.random.normal(0, 1, size = (batch_size, z_
                size)).astype(np.float32)
        #每一个epoch中,利用z_random_sample_val生成手写数字图像,并显示结果
        x_gen_val = sess.run(x_generated, feed_dict = {z_prior: z_random_sam-
                ple_val})
        show_result(x_gen_val, os.path.join(output_path, "random_sample%s.jpg" % i))
        #保存会话
        sess.run(tf.assign(global_step, i + 1))
        saver.save(sess, os.path.join(output_path, "model"), global_step = global_step)

if __name__ == '__main__':
    if train:
        train()
```

7.6.4 实验结果

进行1个、10个、50个、100个和300个epoch的结果如图7-18所示。从实验结果可以看出，当进行100个epoch的时候，GAN已经能够生成较为清晰的影像了。

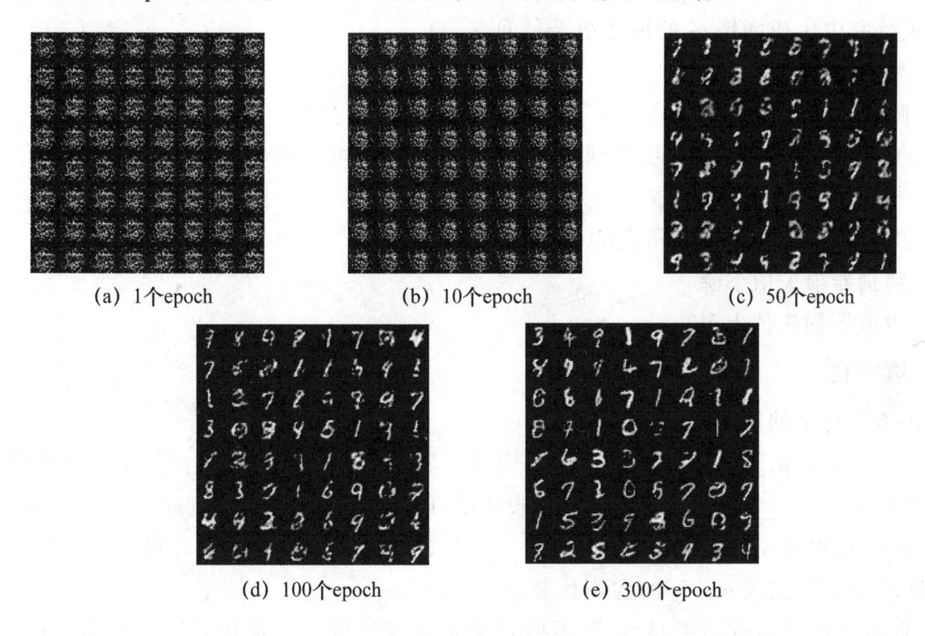

(a) 1个epoch　(b) 10个epoch　(c) 50个epoch　(d) 100个epoch　(e) 300个epoch

图7-18　实验结果图

本章小结

本章主要介绍并阐述了生成对抗网络的原理、特点、应用领域以及模型的训练方法，着重介绍了组成GAN的生成网络和判别网络。同时针对GAN模型所面临的挑战，本章提出了该模型的改进和相应的衍生模型。在最后的实验环节，本章利用TensorFlow框架，通过生成网络和判别网络之间的相互博弈实现了MNIST数据集里的图像生成。

课后习题

一、选择题

1. GAN主要应用于如下哪类学习？(　　)

A. 监督学习　　B. 半监督学习
C. 无监督学习　　D. 浅层学习

2. 生成对抗网络最擅长的应用领域是(　　)。

A. 图形图像　　B. 语音识别
C. 自然语言处理　　D. 数据特征提取

3. 以下关于 GAN 的工作原理，描述错误的是(　　)。

A. 优化模型只用到了反向传播，而不需要马尔可夫链

B. 训练时不需要对隐变量做推断

C. 不能与深度神经网络结合

D. 比较难训练，D 与 G 之间需要很好的同步

4. GAN 中生成网络 G 的梯度更新信息来自(　　)。

A. 数据样本　　　　B. 判别器网络 D

C. 随机梯度下降　　　　D. 批量梯度下降

5. 在 GAN 的训练过程中，若判别器网络欠拟合，则可能发生(　　)。

A. 梯度消失

B. 生成器网络的梯度为错误的梯度

C. 判别器损失值下降

D. 生成器损失值上升

二、填空题

1. GAN 基于的理论是____________________。

2. GAN 主要由________和________构成。其中，________的目标是尽可能地模拟出以假乱真的样本，________的目标是区分真假样本，两者目标相反，存在对抗。

3. 深度卷积神经网络取消所有________，在 G 网中使用转置卷积并且步长大于 2 进行采样，在 D 网中采用加入 stride 的卷积代替。

4. 在训练生成对抗网络时，一般不能将判别器网络训练到最优，而是动态调整判别器网络和生成器网络的能力，使________略强于________。

5. DCGAN(Deep Convolutional GAN)中最主要的始终失败模型被称为________，其基本原理是________可能会在某种情况下重复生成完全一致的图像。

三、简答题

1. 生成对抗网络的原理是什么？

2. 简述生成对抗网络和判别网络的作用。

3. 生成对抗网络有哪些衍生模型？它们各能实现哪些功能？

第8章 深度迁移学习

对数据的过度依赖是深度学习中比较严峻的问题之一，与传统的机器学习方法相比，深度学习极其依赖大规模的训练数据，因为它需要大量数据去理解潜在的数据模式。在一些特殊领域，训练数据不足不可避免，数据收集复杂且昂贵，因此构建大规模、高质量的带标注数据集非常困难。而本章所介绍的“迁移学习”，则放宽了训练数据必须与测试数据独立同分布的要求，从而使得深度学习可以使用“迁移学习”的方法来解决训练数据不足的问题。

8.1 引 言

目前，大多数机器学习或者深度学习算法均假设训练数据以及测试数据的特征分布相同。然而，这在现实世界中却时常行不通。例如，我们要对一个任务进行分类，但是此任务中数据不充足，同时却有着大量的相关的训练数据（training data），虽然此训练数据与所需进行的分类任务中的测试数据特征分布不同，但是在这种情况下，如果可以采用合适的学习方法，则可以大大地提高样本不充足任务的分类识别结果，也就是通常所说的将知识迁移到新环境中的能力，即迁移学习（Transfer Learning，TL）。

迁移学习的应用非常广泛，例如，在评价某一品牌的情感分类任务中，设用户对任一品牌的评价有正面（positive）和负面（negative）两类。在进行分类任务之前，首先要收集大量的用户评价，对其进行标注，然后进行模型的训练。但是问题是现实生活中品牌众多，不同的人会用不同的语言表达自己的情绪，我们无法收集到非常全面的用户评价的数据，因此当我们直接通过之前训练好的模型进行情感识别时，效果必然会受到影响。如果想要在测试数据上有好的分类效果，最直接的方式是收集大量与测试数据分布相似的数据，但是这样做就会导致开销非常大。因此这个时候，我们可以考虑通过迁移学习来节省大量的时间和精力，并且通过合适的方法也可以得到较好的分类效果。

再如，新开一个网店，卖一种新的糕点，没有数据就无法建立模型对用户进行推荐。但是我们可以推理，当用户买一个东西的时候，会反映出用户可能还会买另外一个东西，所以如果知道用户在另外一个领域，比如买饮料，已经有了很多的数据，利用这些数据建一个模型，结合用户买饮料的习惯和买糕点的习惯的关联，就可以把饮料的推荐模型成功地迁移到糕点的领域，这样就可以在数据不多的情况下成功地推荐一些用户可能喜欢的糕点。这个例子说明，如果有两个领域，一个领域已经有很多的数据，能成功地建一个模型，而另外一个领域数据不多，但是和前面那个领域是存在关联的，这样就可以把那个模型给迁移过来，进而完成当前领域的类似工作。

8.2 迁移学习的概念与原理

8.2.1 迁移学习的概念

所谓迁移学习就是把已经训练好的模型参数迁移到新的模型，来帮助新模型进行训练。考虑大部分数据或任务是存在相关性的，所以通过迁移学习可以将已经学到的模型参数通过某种方式来分享给新模型，从而加快并优化模型的学习效率。这种学习能力就如同一个熟练应用C++语言编程的程序员能很快地学习和掌握Java语言一样，人们在学会骑自行车后再学骑摩托车就很容易了，在学会打羽毛球后再学习打网球也会容易很多。人类能把过去的知识和经验应用到不同的新场景中，这样就有了一种适应的能力。这种学习能力跟心理学上的"学习能力迁移"很类似。在人类进化过程中，这种迁移学习能力是非常重要的。

在大多数情况下，面对某一领域的某一特定问题，人们都不可能找到足够充分的训练数据，这是业内一个普遍存在的事实。但是，得益于迁移学习的帮助，从其他数据源训练得到的模型，经过一定的修改和完善，就可以在类似的领域得到复用，这一点大大地缓解了数据源不足引起的问题，而这一关键技术就需要用到迁移学习。迁移学习放宽了深度学习的前提条件，不需要训练数据与测试数据服从数据同分布的假设，但是，这需要一个前提条件，即在新的运用情景与旧情景中具有共同点的不同学习任务，这样的知识迁移才有其应用的意义，才能避免深度学习网络下互联网中已经标注的数据大量浪费的弊端。

在卷积神经网络中，对于一个特定的神经网络，在网络底层提取到的特征具有普遍性，许多神经网络结构在第一层提取到的特征可能是相似的。然而，分类的层数越高，网络高层提取的特征就渐渐变得特殊。从普遍的特征过渡到特殊的特征，是一个从底层到高层的学习特征过程。利用深度学习逐层提取图像特征，从网络底层提取的特征具有普遍性，可以将对旧的数据集进行训练过的网络用于新的数据集训练，然后对网络进行微调，获取适用于新的数据集分类的网络模型。

8.2.2 迁移学习的原理

迁移学习的基本原理就是利用预训练模型，即已经通过现成的数据集训练好的模型，这里预训练的数据集可以对应完全不同的待解问题，例如具有相同的输入和不同的输出的情况。开发者需要在预训练模型中找到能够输出可复用特征(feature)的层次(layer)，然后利用该层次的输出作为输入特征来训练那些需要参数较少的规模更小的神经网络。由于预训练模型此前已经学习到了数据的组织模式(pattern)，因此，这个较小规模的网络只需要学习数据中针对特定问题的特定联系就可以了。有一款名为Prisma的修图App就是一个很好的例子，它已经预先习得了梵高的作画风格，并可以将之成功地应用于任意一张用户上传的图片中，将其生成具有梵高风格的作品，如图 8-1 所示。

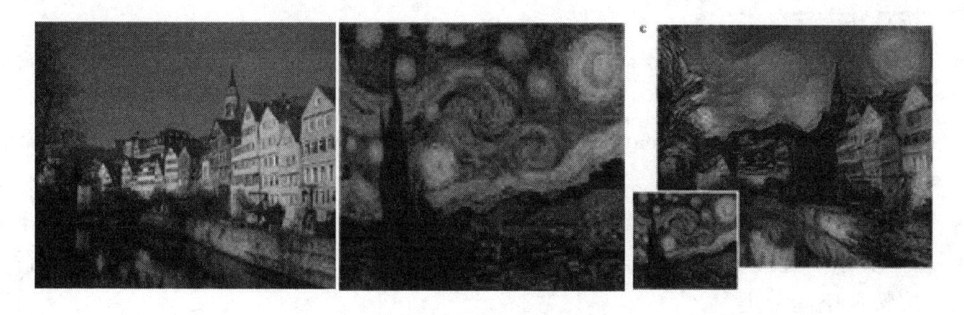

图 8-1　具有梵高风格图片的迁移学习

迁移学习带来的优点并不局限于减少训练数据的规模，还可以有效地避免过度拟合(overfit)，即建模数据超出了待解问题的基本范畴，一旦用训练数据之外的样例对系统进行测试，就很可能出现无法预料的错误。但由于迁移学习允许模型针对不同类型的数据展开学习，因此其在捕捉待解问题的内在联系方面的表现也就更优秀。

8.3　迁移学习的方法

传统机器学习对不同的学习任务需要建立不同的模型，学习不同的参数。而对于迁移学习，只需要利用源域中的数据将知识迁移到目标域，就能完成模型的建立，如图 8-2 所示。

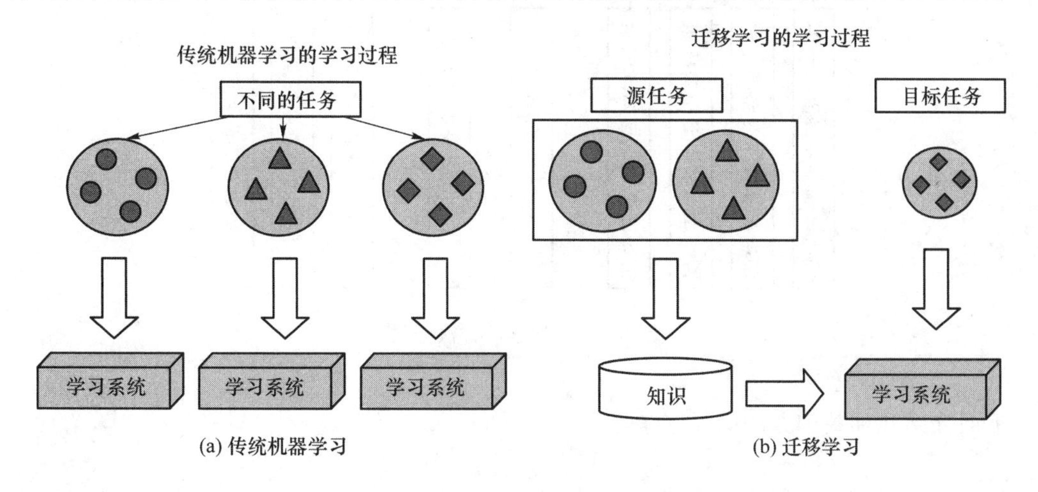

图 8-2　传统机器学习与迁移学习的比较

所谓域(domain)就是指，设某个领域 D 由一个特征空间 X 和特征空间上的边际概率分布 $P(X)$ 组成，其中，$X=x_1,x_2,\cdots,x_n$。举个例子：对于一个文档，其有很多词袋表征(bag-of-words representation)，X 是所有文档表征的空间，而 x_i 是第 i 个单词的二进制特征，则 $P(X)$ 代表对 X 的分布。在迁移学习中，我们通常把已有的知识叫做源域(source domain)，要学习的新知识叫目标域(target domain)。

所谓任务(task)，就是指在给定一个域 D 之后，一个任务 T 由一个标签空间 y 以及一个条件概率分布 $P(Y/X)$ 构成。其中，这个条件概率分布通常是从由“特征-标签”对 (x_i,y_i) 组成的训练数据中学习得到的。

迁移学习方法有很多,如图 8-3 所示。

(1) 按迁移方法分类

- 基于实例的迁移学习(instance based TL)方法:通过权重重用源域和目标域的样例进行迁移。
- 基于特征的迁移学习(feature based TL)方法:将源域和目标域的特征变换到相同空间。
- 基于模型的迁移学习(parameter based TL)方法:利用源域和目标域的参数共享模型。
- 基于关系的迁移学习(relation based TL)方法:利用源域中的逻辑网络关系进行迁移。

(2) 按特征空间分类

- 同构迁移学习(homogeneous TL)方法:源域和目标域的特征维度相同,但分布不同。
- 异构迁移学习(heterogeneous TL)方法:源域和目标域的特征空间不同。

(3) 按迁移情景分类

- 归纳式迁移学习(inductive TL)方法:源域和目标域的学习任务不同。
- 直推式迁移学习(transductive TL)方法:源域和目标域不同,学习任务相同。
- 无监督式迁移学习(unsupervised TL)方法:源域和目标域均没有标签。

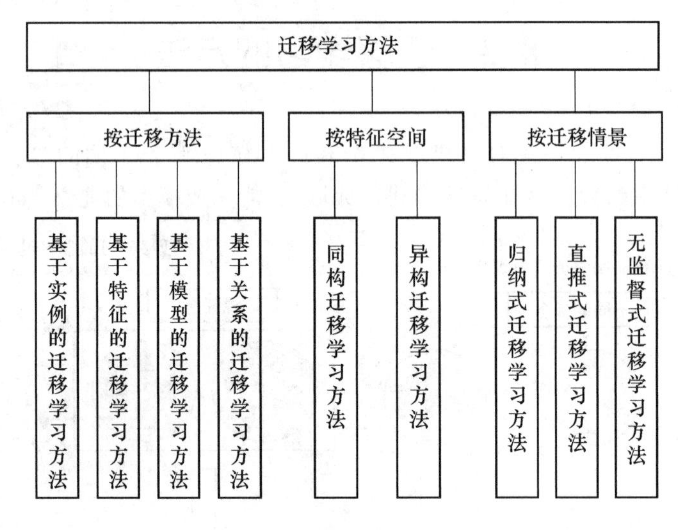

图 8-3　迁移学习方法分类

下面介绍几种基于方法的迁移学习。

8.3.1 基于实例的迁移学习方法

基于实例的迁移学习方法就是在源域中找到与目标域相似的数据,把这个数据的权值进行调整,使得新的数据与目标域的数据进行匹配,然后再进行训练学习,得到适用于目标域的模型。如图 8-4 所示,从源域中的鳄鱼、大象、花猫中选择花猫数据,将其迁移到白猫的目标域中。这种方法的优点是简单,实现容易。缺点在于权重的选择与相似度的度量依赖经验,且源域与目标域的数据分布往往不同。

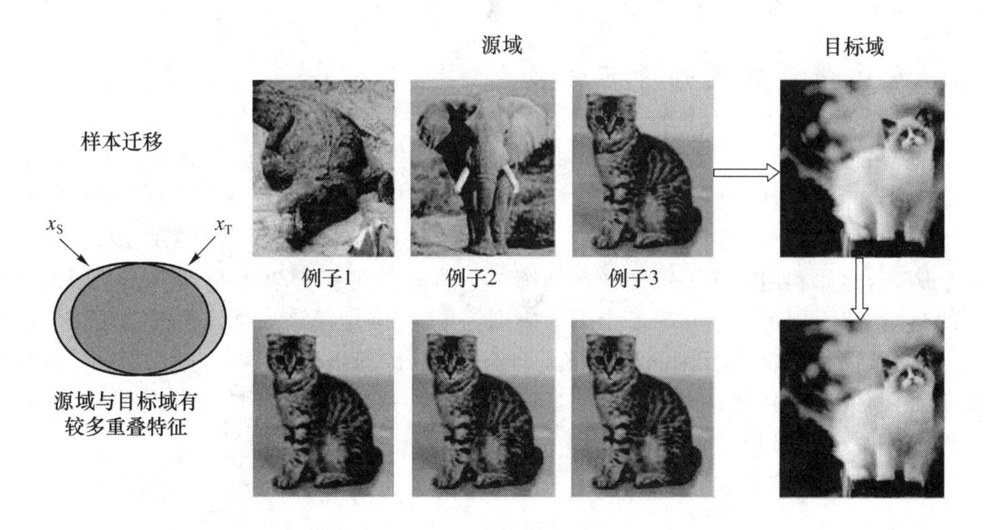

图 8-4　基于实例的迁移学习方法

8.3.2　基于特征的迁移学习方法

当源域和目标域含有一些共同的交叉特征时，我们可以通过特征变换，将源域和目标域的特征变换到相同空间，使得该空间中源域数据与目标域数据具有相同的数据分布，然后采用传统的机器学习。如图 8-5 所示，在源域中提取猫的特征，通过变换后迁移到豹的目标域中。

该方法的优点是对大多数方法适用，效果较好。缺点在于难于求解，容易发生过适配。

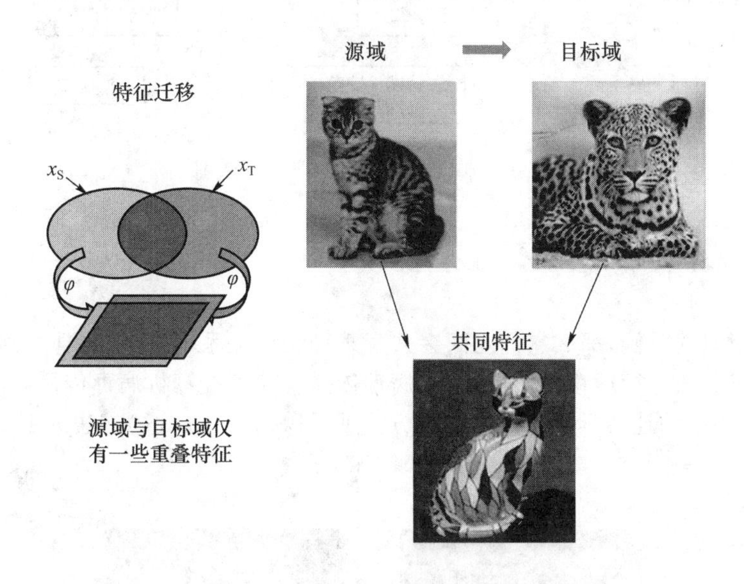

图 8-5　基于特征的迁移学习方法

需要注意的是，基于特征的迁移学习方法和基于实例的迁移学习方法的不同是：基于特征的迁移学习方法需要进行特征变换来使得源域和目标域数据到同一特征空间，而基于实例的迁移学习方法只是从实际数据中进行选择，来得到与目标域相似的部分数据，然后直接学习。

8.3.3 基于模型的迁移学习方法

基于模型的迁移学习方法就是源域和目标域共享模型参数,也就是将之前在源域中通过大量数据训练好的模型应用到目标域上进行预测。基于模型的迁移学习方法比较直接,这样的方法优点是可以充分利用模型之间存在的相似性,缺点在于模型参数不易收敛。

举个例子,比如利用上千万的图像来训练一个图像识别系统,当我们遇到一个新的图像领域问题的时候,就不用再去找几千万个图像来训练了,只需把原来训练好的模型迁移到新的领域,在新的领域往往只需几万个图像就够了,同样可以得到很高的精度。如图 8-6 所示,短腿猫和波斯猫具有很多相似的特征,可以共享许多模型参数,这样在猫的识别过程中,可以将短腿猫的识别模型迁移到波斯猫的识别中来。

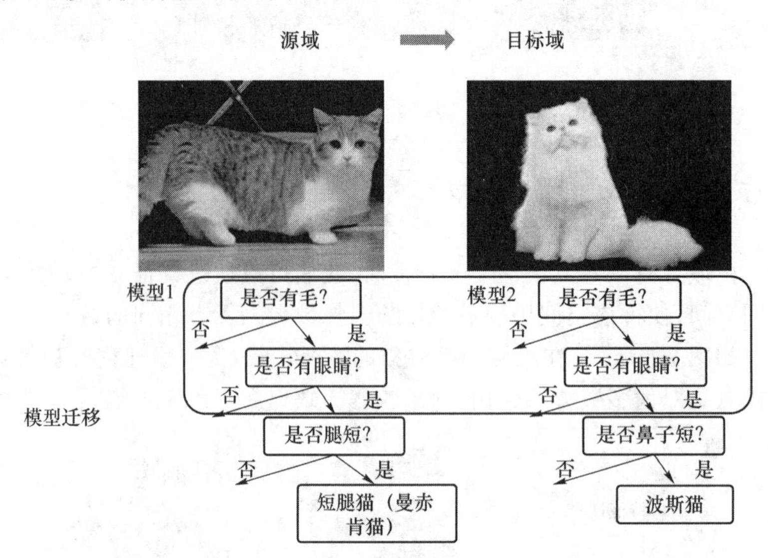

图 8-6　基于模型的迁移学习方法图

8.3.4 基于关系的迁移学习方法

当两个域相似的时候,那么它们之间会共享某种相似关系,将源域中学习到的逻辑网络关系应用到目标域上来进行迁移,比方说生物病毒传播规律到计算机病毒传播规律的迁移,如图 8-7 所示。基于关系的迁移学习方法的典型方法就是映射(mapping)方法。

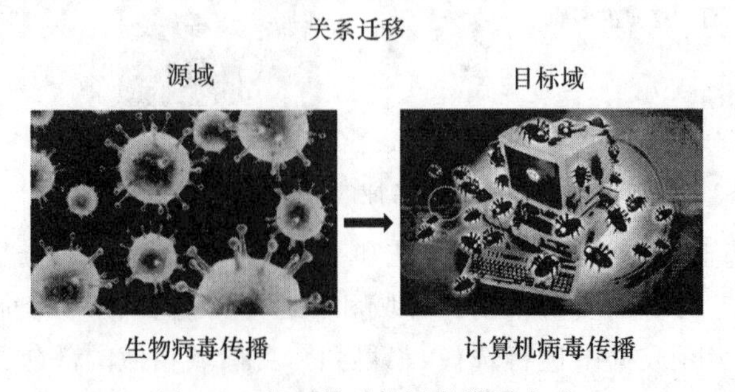

图 8-7　基于关系的迁移学习方法

下面将这几种迁移方法进行比较，如表 8-1 所示。从表 8-1 中可以看出归纳式迁移学习应用最为广泛。

表 8-1　4 种迁移方法的比较

TL 方法	说　明	归纳式	直推式	无监督
基于实例的 TL	通过调整源域标签和目标标签的权重，协同训练得到目标模型。典型方法：TrAdaBoost	√	√	
基于特征的 TL	找到“好”特征来减少源域和目标域之间的不同，能够降低分类，回归误差。典型方法：Self-taught Learning、Multi-task Structure Learning	√	√	√
基于模型的 TL	发现源域和目标域之间的共享参数或者先验关系。典型方法：Learning to learn、Regularized Multi-task Learning	√		
基于关系的 TL	建立源域和目标域之间的相关知识映射。典型方法：Mapping	√		

8.4　深度迁移学习概述

深度迁移学习(Deep Transfer Learning，DTL)就是研究如何通过深度神经网络利用其他领域的知识。由于深度神经网络在各个领域都很受欢迎，人们已经提出了相当多的深度迁移学习方法，所以对它们进行分类和总结非常重要。基于深度迁移学习中使用的技术，本节将深度迁移学习分为 4 类：基于实例的深度迁移学习、基于映射的深度迁移学习、基于网络的深度迁移学习和基于对抗的深度迁移学习。下面对这几种深度迁移学习进行介绍。

8.4.1　基于实例的深度迁移学习

基于实例的深度迁移学习是指使用特定的权重调整策略，通过为那些选中的实例分配适当的权重，从源域中选择部分实例作为目标域训练集的补充。它主要基于这个假设：尽管两个域之间存在差异，但源域中的部分实例可以分配适当权重供目标域使用。基于实例的深度迁移学习的示意如图 8-8 所示。

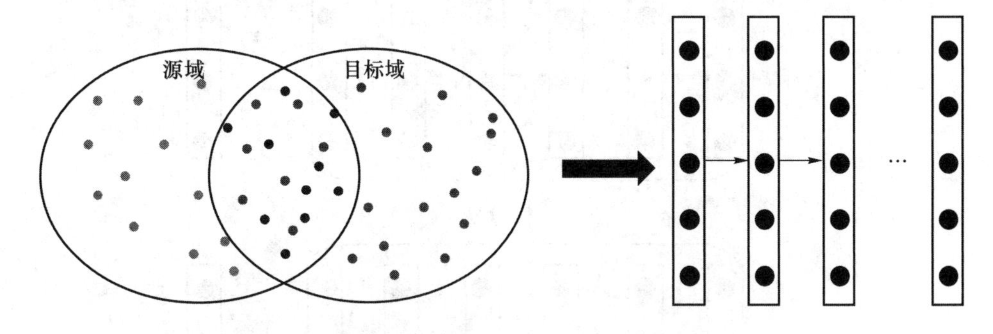

图 8-8　基于实例的深度迁移学习示意

源域中与目标域不相似的灰色实例被排除在训练数据集之外；源域中与目标域相似的黑色实例以适当权重包括在训练数据集中。

8.4.2 基于映射的深度迁移学习

基于映射的深度迁移学习是指将源域和目标域中的实例映射到新的数据空间。在这个新的数据空间中,来自两个域的实例都相似且适用于联合深度神经网络。它基于如下假设:尽管两个原始域之间存在差异,但它们在精心设计的新数据空间中可能更为相似。基于映射的深度迁移学习的示意如图 8-9 所示。

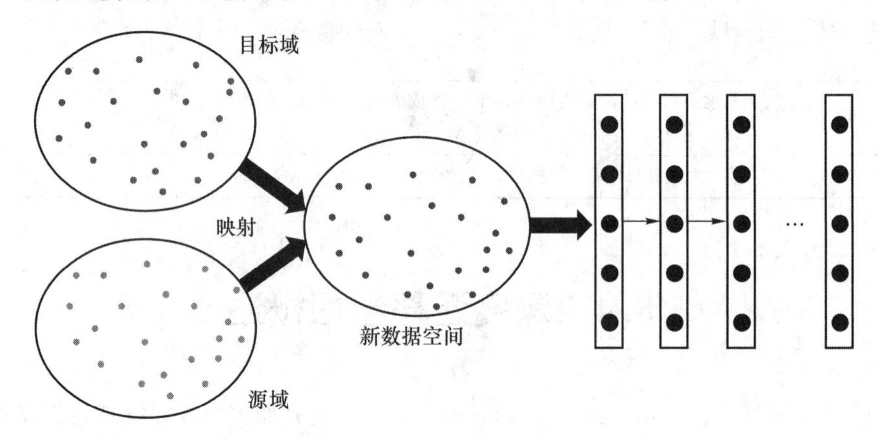

图 8-9 基于映射的深度迁移学习的示意图

来自源域和目标域的实例同时以更相似的方式映射到新数据空间,将新数据空间中的所有实例都视为神经网络的训练集。

8.4.3 基于网络的深度迁移学习

基于网络的深度迁移学习是指复用在源域中预先训练好的部分网络,包括其网络结构和连接参数,将其迁移到目标域中使用的深度神经网络的一部分。基于网络的深度迁移学习基于这个假设:神经网络类似于人类大脑的处理机制,它是一个迭代且连续的抽象过程。网络的前面层可被视为特征提取器,提取的特征是通用的。基于网络的深度迁移学习示意如图 8-10 所示。

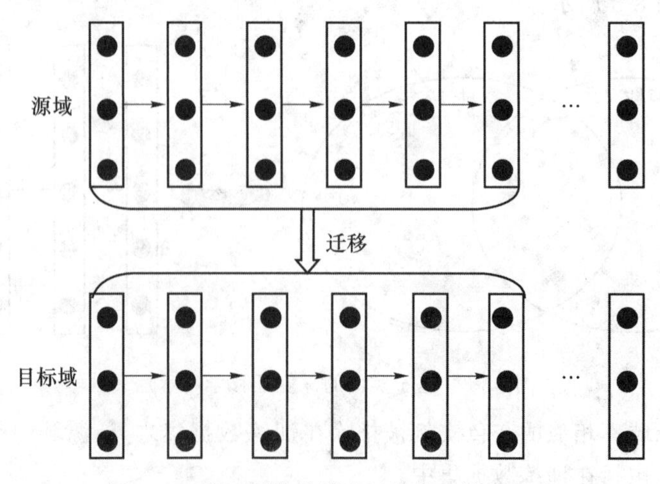

图 8-10 基于网络的深度迁移学习的示意图

首先，在源域中使用大规模训练数据集训练网络。然后，基于源域预训练的部分网络被迁移到为目标域设计的新网络的一部分。最后，它就成了在微调策略中更新的子网络。

8.4.4 基于对抗的深度迁移学习

基于对抗的深度迁移学习是指引入受生成对抗网络启发的对抗技术，以找到适用于源域和目标域的可迁移表征。它基于这个假设：为了有效迁移，良好的表征应该为主要学习任务提供辨判别力，并且在源域和目标域之间不可区分。基于对抗的深度迁移学习的示意如图 8-11 所示。

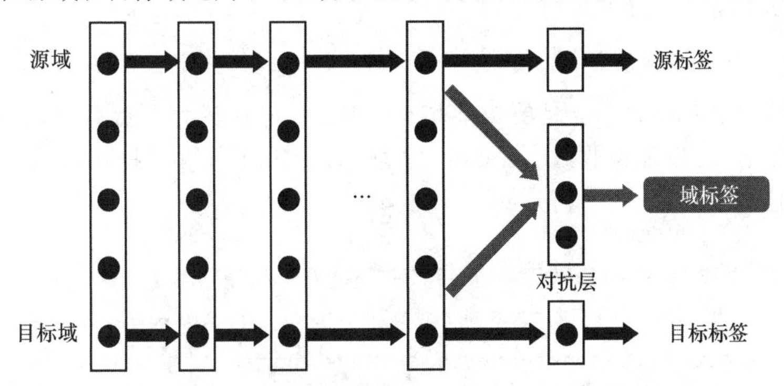

图 8-11　基于对抗的深度迁移学习的示意图

在源域大规模数据集的训练过程中，网络的前面层被视为特征提取器。它从两个域中提取特征并将它们输入到对抗层。

对抗层试图区分特征的来源。如果对抗网络的表现很差，则意味着两种类型的特征之间存在细微差别，可迁移性更好，反之亦然。在以下训练过程中，将考虑对抗层的性能以迫使迁移网络发现更多具有可迁移性的通用特征。

8.5 深度迁移学习实验

利用深度迁移学习实现基于风格的图像迁移，比如给定一副黎锦的图画，如图 8-12(a)所示，利用深层神经网络学习黎锦图画的风格，然后将黎锦风格迁移到另外一种纺织品上，如图 8-12(b)所示，进而迁移出具有黎锦风格的图画。

(a) 黎锦图画

(b) 将黎锦风格迁移到另外一种纺织品上

图 8-12　基于风格的图像迁移

1. 图像提取

```
if __name__ == '__main__':
    style = Image.open('LiBrocade.jpg')
    style = np.array(style).astype(np.float32) - 128.0
    content = Image.open('Clothes.jpg')
    content = np.array(content).astype(np.float32) - 128.0
    stylize(style,content,0.5,500)
    print(content.shape)
    print(style.shape)
```

style 读取的 LiBrocade.jpg 是要提取风格的图片，将其转为浮点数组，并且减去 128.0，这样就以 0 为中心，可以加快收敛。content 读取的是 Clothes.jpg，操作相同。

2. 风格转换

```
def stylize(style_image,content_image,learning_rate = 0.1,epochs = 500):
    target = tf.Variable(tf.random_normal(content_image.shape),dtype = tf.float32)
    style_input = tf.constant(style_image,dtype = tf.float32)
    content_input = tf.constant(content_image, dtype = tf.float32)
    cost = loss_function(style_input,content_input,target)
    train_op = tf.train.AdamOptimizer(learning_rate).minimize(cost)
    with tf.Session(config = tf.ConfigProto(log_device_placement = True)) as sess:
        tf.initialize_all_variables().run()
        for i in range(epochs):
            _,loss,target_image = sess.run([train_op,cost,target])
            print("iter:%d,loss:%.9f" % (i, loss))
            if (i+1) % 100 == 0:
                image = np.clip(target_image + 128,0,255).astype(np.uint8)
            Image.fromarray(image).save("./neural_me_%d.jpg" % (i + 1))
```

我们这里使用已经训练好的 VGGNet19 模型的参数，下载地址：http://www.vlfeat.org/matconvnet/models/beta16/imagenet-vgg-verydeep-19.mat。然后在这个基础上加载数据即可。

```
def vgg_params():
    global _vgg_params
    if _vgg_params is None:
        _vgg_params = sio.loadmat('imagenet-vgg-verydeep-19.mat')
    return _vgg_params

def vgg19(input_image):
    layers = (
        'conv1_1','relu1_1','conv1_2','relu1_2','pool1',
```

```
        'conv2_1','relu2_1','conv2_2','relu2_2','pool2',
        'conv3_1','relu3_1','conv3_2','relu3_2','conv3_3','relu3_3','conv3_4','
        relu3_4','pool3',
        'conv4_1','relu4_1','conv4_2','relu4_2','conv4_3','relu4_3','conv4_4','
        relu4_4','pool4',
        'conv5_1','relu5_1','conv5_2','relu5_2','conv5_3','relu5_3','conv5_4','
        relu5_4','pool5'
    )

    weights = vgg_params()['layers'][0]
    net = input_image
    network = {}
    for i,name in enumerate(layers):
        layer_type = name[:4]
        if layer_type == 'conv':
            kernels,bias = weights[i][0][0][0][0]
            kernels = np.transpose(kernels,(1,0,2,3))
            conv = tf.nn.conv2d(net,tf.constant(kernels),strides = (1,1,1,1),
                   padding = 'SAME',name = name)
            net = tf.nn.bias_add(conv,bias.reshape(-1))
            net = tf.nn.relu(net)
            elif layer_type == 'pool':
            net = tf.nn.max_pool(net,ksize = (1,2,2,1),strides = (1,2,2,1),
                  padding = 'SAME')
        network[name] = net

    return network
```

3. 损失函数

```
def loss_function(style_image,content_image,target_image):
    style_features = vgg19([style_image])
    content_features = vgg19([content_image])
    target_features = vgg19([target_image])
    loss = 0.0
    for layer in CONTENT_LAYERS:
        loss += CONTENT_WEIGHT * content_loss(target_features[layer],content_
                features[layer])

    for layer in STYLE_LAYERS:
```

```
            loss += STYLE_WEIGHT * style_loss(target_features[layer],style_fea-
                    tures[layer])

        return loss
```

可以看到权重 STYLE_WEIGHT 和 CONTENT_WEIGHT 可以控制优化更趋于风格还是趋于内容。STYLE_LAYERS 的层数越多,就能挖掘出《星夜》越多样的风格特征,而 CONTENT_LAYERS 中的越深的掩藏层得到的特征越抽象。

建议 STYLE_LAYERS 中的层数尽可能地多,这样更加能挖掘出《星夜》的风格特征。当然层数多了或者深了,所需的迭代次数需要很大才能得到比较好的效果。本例只迭代了 500 轮,选了 3 个隐藏层' relu1_2 '、' relu2_2 '、' relu3_2 '。而 CONTENT_LAYERS 中的隐藏层越浅,表示目标图中原内容就越具象。

内容损失函数很简单。特征值误差:

```
def content_loss(target_features,content_features):
    _,height,width,channel = map(lambda i:i.value,content_features.get_shape())
    print ('content_features.get_shape():')
    print (content_features.get_shape())
    content_size = height * width * channel
    return tf.nn.l2_loss(target_features - content_features) / content_size
```

我们现将三维特征矩阵(−1,channel)重塑为二维矩阵,即一行代表一个特征值,3 列分别是 R、G、B。使用其格拉姆矩阵($\mathbf{A}^{\mathrm{T}}\mathbf{A}$)误差作为返回结果。

```
def style_loss(target_features,style_features):
    _,height,width,channel = map(lambda i:i.value,target_features.get_shape())
    print ('target_features.get_shape():')
    print (target_features.get_shape())
    size = height * width * channel
    target_features = tf.reshape(target_features,(-1,channel))
    target_gram = tf.matmul(tf.transpose(target_features),target_features) / size

    style_features = tf.reshape(style_features,(-1,channel))
    style_gram = tf.matmul(tf.transpose(style_features),style_features) / size

return tf.nn.l2_loss(target_gram - style_gram) / size
```

迭代 100,200,…,500 轮,结果分别如图 8-13 所示。

通过以上实验可以得出如下结论。

① 通过 VGG-19 深度神经网络模型可以提取图片的内容特征和风格特征。通过调整权重参数 CONTENT_WEIGHT 和 STYLE_WEIGHT 可以控制迁移是倾向于风格还是内容。风格层数越多,可以挖掘的图案风格特征就越多。反之,内容层数越多,图像就越清晰,但是风格特征就越不明显。

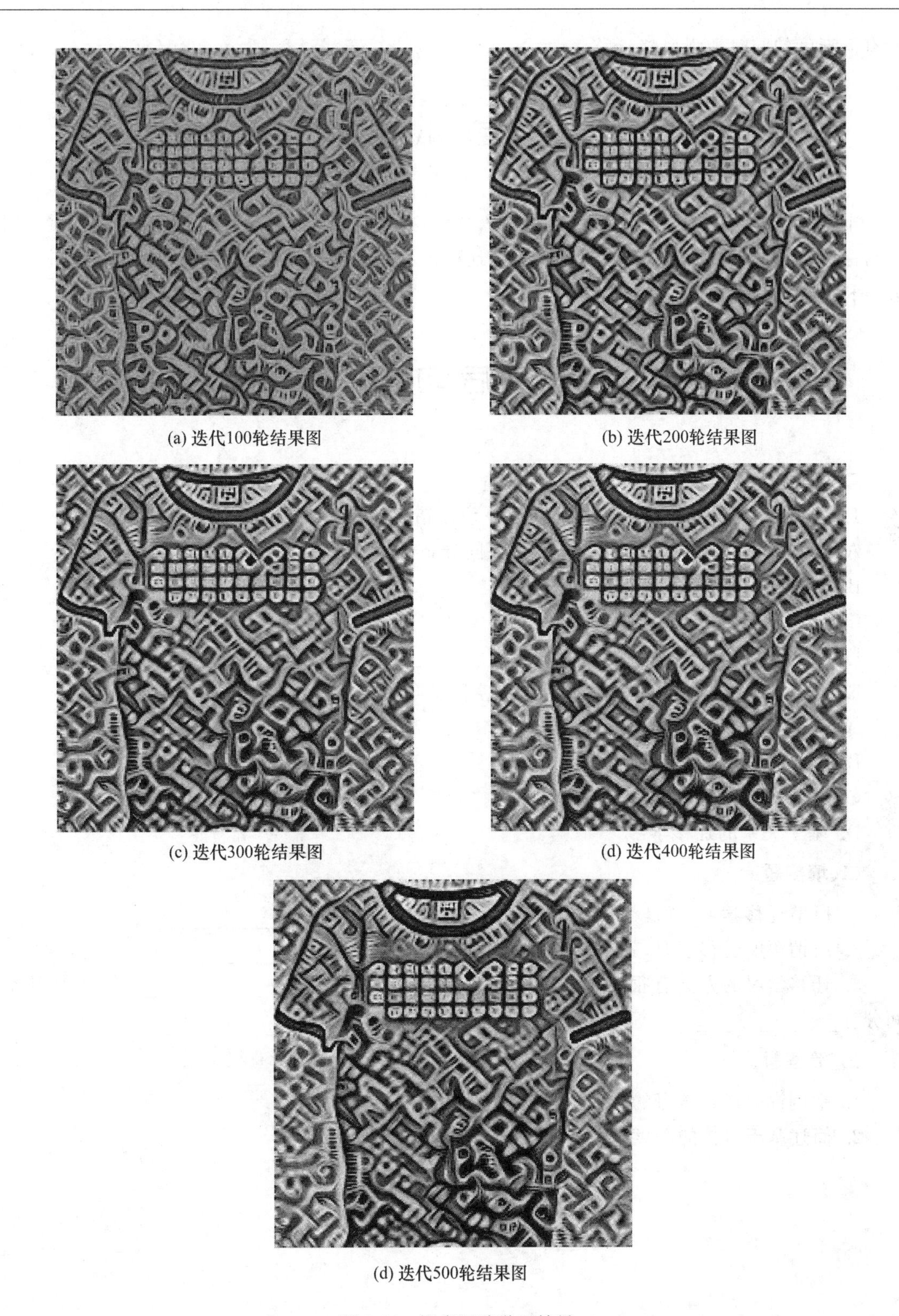

(a) 迭代100轮结果图

(b) 迭代200轮结果图

(c) 迭代300轮结果图

(d) 迭代400轮结果图

(d) 迭代500轮结果图

图 8-13　深度迁移学习结果

② 随着迭代次数的增加，原始图像的内容会得到更好的保留，并且会更加清晰。但是，如果画面太清晰，就会缺乏源图像的风格特征。因此，可以适当加深内容层中的隐藏层，在保持

原有清晰度的同时加强风格迁移。

本章小结

本章对迁移学习的原理及方法进行深入介绍，并对深度学习领域的迁移应用进行重点研究与探讨，通过实验案例详细地讲解了深度迁移学习的原理与方法，对迁移结果和效果进行了分析和比较。

课后习题

一、选择题

1. 迁移学习与传统机器学习相比，以下说法错误的是(　　)。

A. 迁移学习的训练和测试数据不需要同分布

B. 迁移学习不需要足够的数据标注

C. 迁移学习可以重用之前的模型

D. 迁移学习需要对每个任务分别建模

2. 将源域和目标域的特征变换到相同空间的学习方法是(　　)。

A. 基于实例的迁移学习

B. 基于特征的迁移学习

C. 基于模型的迁移学习

D. 基于关系的迁移学习

二、填空题

1. 所谓迁移学习，就是____。

2. 所谓深度迁移学习，就是研究____。

3. 迁移学习的方法有很多，按迁移情景分有________、________、________等，按特征空间分有________、________等。

三、简答题

1. 举例说明迁移学习的主要应用领域。

2. 简述基于对抗的深度迁移学习的基本原理。

参 考 文 献

[1] Bae J,Young-Jae C,Lee H,et al. Social networks and inference about unknown events: a case of the match between Google's AlphaGo and Sedol Lee[J]. PloS one,2017,12(2):e0171472.

[2] 杨博雄,李社蕾.新一代人工智能学科的专业建设与课程设置研究[J].计算机教育,2018(10):26-29.

[3] 崔雍浩,商聪,陈锶奇,等.人工智能综述:AI的发展[J].无线电通信技术,2019,45(3):225-231.

[4] 侯宇青阳,全吉成,王宏伟.深度学习发展综述[J].舰船电子工程,2017,37(4):5-9.

[5] Xing H, Zhang G, Shang M. Deep Learning[J]. International Journal of Semantic Computing, 2016, 10(3):417-439.

[6] 亚伯拉罕,哈夫纳,厄威特.面向机器智能的TensorFlow实践[M].机械工业出版社,2017:10-45.

[7] 潘崇煜,黄健,郝建国.融合零样本学习和小样本学习的弱监督机器学习方法综述[J].系统工程与电子技术,2020:1-15.

[8] 焦嘉烽,李云.大数据下的典型机器学习平台综述[J].计算机应用,2017,37(11):3039-3047.

[9] 巴桂.基于卷积神经网络的图像分类算法[J].电脑与信息技术,2020,28(1):1-3.

[10] 李楠,蔡坚勇,李科,等.基于多Inception结构的卷积神经网络人脸识别算法[J].计算机系统应用,2020,29(2):157-162.

[11] 吴明晖.深度学习应用开发在线开放课程建设及教学实践[J].计算机教育,2020(1):155-159.

[12] 刘阳阳,张骏,高欣健,等.基于卷积递归神经网络和核超限学习机的3D目标识别[J].模式识别与人工智能,2017,30(12):1091-1099.

[13] Goodfellow I J, Pouget-Abadie J, Mirza M, et al. Generative adversarial nets[C]//Advances in neural information processing systems. [S. l. :s. n.], 2014:2672-2680.

[14] Radford A, Metz L, Chintala S. Unsupervised representation learning with deep convolutional generative adversarial networks [J]. arXiv preprint arXiv: 1511.06434, 2015.

[15] Gauthier J. Conditional generative adversarial nets for convolutional face generation [J]. Class Project for Stanford CS231N: Convolutional Neural Networks for Visual

Recognition, Winter semester, 2014(5): 2.

[16] Salimans T, Goodfellow I, Zaremba W, et al. Improved techniques for training gans [C]//Advances in neural information processing systems. [S. l. : s. n.], 2016: 2234-2242.

[17] Karras T, Aila T, Laine S, et al. Progressive growing of gans for improved quality, stability, and variation[J]. arXiv preprint arXiv:1710.10196, 2017.

[18] Kupyn O, Budzan V, Mykhailych M, et al. Deblurgan: blind motion deblurring using conditional adversarial networks[C]//Proceedings of the IEEE conference on computer vision and pattern recognition. [S. l.]:IEEE,2018: 8183-8192.

[19] Berthelot D, Schumm T, Metz L. Began: boundary equilibrium generative adversarial networks[J]. arXiv preprint arXiv:1703.10717, 2017.

[20] Zhu J Y, Park T, Isola P, et al. Unpaired image-to-image translation using cycle-consistent adversarial networks[C]//Proceedings of the IEEE international conference on computer vision. Venice:IEEE,2017: 2223-2232.

[21] Kim T, Cha M, Kim H, et al. Learning to discover cross-domain relations with generative adversarial networks[J]Proceedings of the 34th International Conference on Machine Learning, 2017(70): 1857-1865.

[22] Benaim S, Wolf L. One-sided unsupervised domain mapping[C]//Advances in neural information processing systems. [S. l. :s. n.],2017: 752-762.

[23] Zhao J, Mathieu M, LeCun Y. Energy-based generative adversarial network[J]. arXiv preprint arXiv:1609.03126, 2016.

[24] Chen X, Xu C, Yang X, et al. Attention-GAN for object transfiguration in wild images[C]//Proceedings of the European Conference on Computer Vision (ECCV). [S. l. :s. n.],2018: 164-180.

[25] Chen X, Duan Y, Houthooft R, et al. Infogan: interpretable representation learning by information maximizing generative adversarial nets[C]//Advances in neural information processing systems. [S. l. :s. n.],2016: 2172-2180.

[26] Mao X, Li Q, Xie H, et al. Least squares generative adversarial networks[C]//Proceedings of the IEEE International Conference on Computer Vision. [S. l.]:IEEE, 2017: 2794-2802.

[27] Lin D Y. Deep unsupervised representation learning for remote sensing images[J]. arXiv preprint arXiv:1612.08879, 2016.

[28] Zhang H, Goodfellow I, Metaxas D, et al. Self-attention generative adversarial networks[J]. arXiv preprint arXiv:1805.08318, 2018.

[29] Ledig C, Theis L, Huszár F, et al. Photo-realistic single image super-resolution using a generative adversarial network[C]//Proceedings of the IEEE conference on computer vision and pattern recognition. [S. l.]:IEEE, 2017: 4681-4690.

[30] Wang X, Yu K, Wu S, et al. Esrgan: enhanced super-resolution generative adversarial networks[C]//Proceedings of the European Conference on Computer Vision (ECCV). [S. l. :s. n.],2018.

[31] Isola P, Zhu J Y, Zhou T, et al. Image-to-image translation with conditional adversarial networks[C]//Proceedings of the IEEE conference on computer vision and pattern recognition. [S. l.]:IEEE,2017: 1125-1134.

[32] Choi Y, Choi M, Kim M, et al. Stargan: unified generative adversarial networks for multi-domain image-to-image translation[C]//Proceedings of the IEEE conference on computer vision and pattern recognition. [S. l.]:IEEE,2018: 8789-8797.

[33] Zhang H, Xu T, Li H, et al. Stackgan: text to photo-realistic image synthesis with stacked generative adversarial networks[C]//Proceedings of the IEEE international conference on computer vision. [S. l.]:IEEE,2017: 5907-5915.

[34] Shuman D I, Narang S K, Frossard P, et al. The emerging field of signal processing on graphs: extending high-dimensional data analysis to networks and other irregular domains[J]. IEEE Signal Processing Magazine, 2013, 30(3):83-98.

[35] Hammond D K, Vandergheynst P, Rémi Gribonval. Wavelets on graphs via spectral graph theory[J]. Applied and Computational Harmonic Analysis, 2011, 30(2): 129-150.

[36] Tremblay N, Borgnat P. Graph Wavelets for Multiscale Community Mining[J]. IEEE Transactions on Signal Processing, 2014, 62(20):5227-5239.

[37] Rumelhart D E, Hinton G E, Williams R J. Learning representations by back-propagating errors[J]. 1986, 323(6088):399-421.

[38] 杨丽,吴雨茜,王俊丽,等.循环神经网络研究综述[J].计算机应用,2018,38(S2):1-6.

[39] 梁志勇,肖衡,杨琳.基于 DeblurGAN 对运动图像的去模糊化研究[J].现代计算机,2019(31):25-27.

[40] 岑冠军,华俊达,潘怡颖,等.基于深度学习的芒果图像在线识别与计数方法研究[J].热带作物学报,2020(3):1-8.

[41] Lim Z V,Akram F,Ngo C P,et al. Automated grading of acne vulgaris by deep learning with convolutional neural networks[J]. Skin research and technology,2019,26(1):187-192.

[42] Schmidhuber J. Deep learning in neural networks: an overview[J]. Neural Networks, 2015(61): 85-117.

[43] Girshick R. Fast R-CNN[EB/OL]. [2020-03-06]. https:arxiv. org/pdf/1504. 08083. pdf.

[44] Szegedy C, Liu W, Jia Y Q, et al. Going Deeper with Convolutions[C]//IEEE Conference on Computer Vision and Pattern Recognition(CVPR). Boston: IEEE, 2015: 1-9.

[45] Rampasek L,Goldenberg A. TensorFlow: Biology's Gateway to Deep Learning[J]. Cell Systems,2016,2(1):12.

[46] Sebe N,Tian Q,Lew M S,et al. Similarity Matching in Computer Vision and Multimedia[J]. Computer Vision & Image Understanding,2008,110(3):309-311.

[47] Hinton G E,Salakhutdinov R R. Reducing the Dimensionality of Data with Neural Networks[J]. Science, 2015, 313(5786): 504-507.

[48] Zhuang F Z, Luo P, He Q, et al. Survey on Transfer Learning Research[J]. Journal

of Software,2015,26(1):26-39.

[49] Han S,Pool J,Tran J,et al. Learning both weights and connections for efficient neural networks[J]. International Conference on Neural Information Processing System, 2015(1):1135-1143.

[50] Zeiler M D, Fergus R. Visualizing and understanding convolutional networks[C]//European Conference on Computer Vision. [S. l.]:Springer International Publishing, 2014: 818-833.

[51] 杨博雄,杨雨绮.利用PCA进行深度学习图像特征提取后的降维研究[J].计算机系统应用,2019,28(1):279-283.

[52] Arjovsky M, Chintala S, Bottou L. Wasserstein gan[J]. arXiv preprint arXiv:1701.07875, 2017.

[53] 李娜娜,胡坚剑,顾军华,等.深度置信网络优化模型在人才评价中的应用[J].计算机工程,2020,46(2):80-87.

[54] 侯国栋,徐敏,章飞.基于迁移学习的艺术化风格图像的创作[J].南方农机,2019,50(23):173-174.

[55] 杨强,董咏昕.迁移学习:回顾与进展[J].中国计算机学会通讯,2018,14(9):36-42.

[56] 方园,王水花,张煜东.深度置信网络模型及应用研究综述[J].计算机工程与应用,2018,54(1):11-18.

[57] 易军凯,王超,李辉.面向文本分类的深度置信网络特征提取方法研究[J].北京化工大学学报(自然科学版),2018,45(3):90-94.

[58] Tan C, Sun F, Kong T, et al. A survey on deep transfer learning[C]//International Conference on Artificial Neural Networks. Cham:Springer, 2018: 270-279.

[59] Yang B X, Xiao H, Yang T, et al. Research on Feature Extraction and Transfer Learning of Convolutional Neural Network to the Style of Li Brocade[J]. International Journal of Intelligent Information and Management Science,2019, 12: 190-196.

[60] Graves A, Mohamed A R, Hinton G. Speech Recognition with Deep Recurrent Neural Networks[J]. Acoustics Speech & Signal Processing ICASSP International Conference on, 2013:6645-6649.